普通高等教育系列教材

新编C语言程序设计教程

第2版

钱雪忠　吕莹楠　高婷婷　主编

宋　威　吴　秦　程建敏　参编

机 械 工 业 出 版 社

本书在编者多年教学实践的基础上编写而成，在有所创新的同时，希望能做到：概念清晰但不烦琐；例题精选又不失通用性；从实际操作出发且重视应用编程能力；把握语言知识点又敢于面对能力考核。

全书内容全面，重点突出，共 13 章，主要内容包括 C 语言概述、结构化程序设计与算法、数据类型及其运算、顺序结构程序设计、选择结构程序设计、循环结构程序设计、数组及其应用、函数及其应用、指针及其应用、自定义类型及其应用、文件及其应用、预处理命令、位运算等。

本书既可作为高等院校理工科专业“C 语言程序设计”相关课程的教材，也可供参加自学考试人员、应用系统开发设计人员、工程技术人员及其他对程序设计感兴趣的读者参阅。

本书配套授课电子课件，需要的老师可登录 www.cmpedu.com 免费注册、审核通过后下载，或联系编辑索取（QQ：2399929378，电话：010-88379753）。

图书在版编目（CIP）数据

新编 C 语言程序设计教程 / 钱雪忠，吕莹楠，高婷婷主编．—2 版．—北京：机械工业出版社，2020.7（2023.7 重印）

普通高等教育系列教材

ISBN 978-7-111-65434-6

Ⅰ．①新…　Ⅱ．①钱…　②吕…　③高…　Ⅲ．①C 语言－程序设计－高等学校－教材　Ⅳ．①TP312.8

中国版本图书馆 CIP 数据核字（2020）第 066320 号

机械工业出版社（北京市百万庄大街 22 号　邮政编码 100037）

策划编辑：胡　静　　责任编辑：胡　静

责任校对：张艳霞　　责任印制：单爱军

北京虎彩文化传播有限公司印刷

2023 年 7 月第 2 版・第 4 次印刷

184mm×260mm・19.75 印张・490 千字

标准书号：ISBN 978-7-111-65434-6

定价：65.00 元

电话服务

客服电话：010-88361066

010-88379833

010-68326294

网络服务

机　工　官　网：www.cmpbook.com

机　工　官　博：weibo.com/cmp1952

金　　书　　网：www.golden-book.com

机工教育服务网：www.cmpedu.com

前　言

百年大计，教育为本。习近平总书记在党的二十大报告中强调“教育、科技、人才是全面建设社会主义现代化国家的基础性、战略性支撑”，首次将教育、科技、人才一体安排部署，赋予教育新的战略地位、历史使命和发展格局。

计算机科学是建立在数学、物理等基础学科之上的一门基础学科，对于社会发展以及现代社会文明都有着十分重要的意义。程序设计语言是计算机基础教育的最基本的内容之一。

C 语言是国内外广泛使用的计算机程序设计语言，是高等院校相关专业重要的专业基础课程。C 语言具有功能丰富、表达能力强、使用灵活方便、应用面广、目标程序效率高、可移植性好等特点。自 20 世纪 90 年代以来，C 语言迅速在全世界普及推广。目前，它仍然是最优秀的程序设计语言之一。

本书是编者在一线教学实践的基础上，为适应当前本科教育教学改革创新的要求，更好地践行语言类课程注重实践教学与创新能力培养的需要，组织新编而成的教程。教程编写中融合了同类其他教材的优点，力求创新，新编教程具有以下特点。

1）突出 C 语言实用的重点概念，在讲解清楚重点概念的情况下，并不求语法概念的详尽与全面，而只求轻快明晰、循序渐进、通俗易懂、深入浅出。

2）精选例题，引入了大量趣味性、游戏性应用实例，注重加强程序阅读、参考、编写和上机调试实践的能力，重在编程思路的培养与训练。

3）从实际操作出发，发现问题解决问题，举一反三，一题多解，增强实用性。

4）明晰 C 语言各语言成分的内涵，以“数据+算法”为核心，提高读者的编程能力。

5）基本知识学习、上机实验、典型习题与知识点把握等多方面相结合，便于读者扎实掌握相关知识，敢于面对 C 语言能力考核。

6）语言编程环境以 Visual C++ 2010 为主，同时能兼顾 Visual C++ 6.0、Turbo C、Win-TC 等传统编程环境，比较不同编程环境程序运行差异，能更好地了解语言程序与编译器的依存关系。

本书在第 1 版基本上主要完成了如下修订。

1）全面修订第 1 版中已发现存在的错误与不足。

2）采用二维码提供更丰富多样的教学资源。

3）取长补短，精雕细琢，吸取同类优秀教材的优点，不断改进与优化本教材。

4）C 语言运行环境的更新，由 Visual C++ 6.0 转到 Visual C++ 2010，同步全国二级 C 语言考试的运行环境要求。同时也可采用 Code::Blocks 等多种 C/C++集成开发平台。

本书内容充实全面，每章除基本知识外，还有章节要点、本章引例、应用实例、本章小结、特别注意、适量习题、本章实验等，以配合对知识点的掌握。在讲授课程时可根据学生、专业、课时等情况对内容适当取舍。

本书由钱雪忠、吕莹楠、高婷婷主编，由江南大学、黑龙江东方学院相关师生合作编写，参与编写的还有宋威、吴秦、程建敏。参与程序调试的有钱恒、任看看、马亮、施亮、邓杰等。编写中还得到江南大学物联网工程学院“智能系统与网络计算研究所”同仁们的大力协助与支持，使编者获益良多，谨此表示衷心的感谢。

由于时间仓促，编者水平有限，书中难免有错误、疏漏和欠妥之处，敬请广大读者与同行专家批评指正。

编　者

目　录

第1章 C语言概述

C 语言功能丰富、表达能力强、使用灵活方便、应用面广、目标程序效率高、可移植性好；既具有高级语言的优点，又具有低级语言的许多特点；既适于编写系统软件，又能方便地用来编写应用软件。20 世纪 90 年代以来，C 语言迅速在全世界普及推广。目前，C 语言仍然是优秀的程序设计语言之一。

学习重点和难点：

- C 语言介绍与语言的特点
- C 语言程序结构
- 程序运行环境

读者在学习本章后，将对C语言及C语言程序有初步认识，并能运行C语言程序。

1.1 程序设计语言简介

语言？程序？程序设计？

自从第一台计算机诞生以来，程序设计语言和程序设计方法不断发展。

语言是思维的载体。人和计算机打交道，必须要解决“语言”沟通的问题。计算机并不能理解和执行人们使用的自然语言，而只能接收和执行二进制的指令。计算机能够直接识别和执行的这种指令，称为机器指令，机器指令的集合就是机器语言指令系统，简称为机器语言。为了解决某一特定问题，需要选用指令系统中的某些指令，将这些指令按要求选取并组织起来就组成一个“程序”。如下程序是 8086 指令系统对应的二进制代码程序，能完成两个十六进制数相加的功能。

```
10111000 0011111100001011
10001110 11011000
10100001 0000000000000010
00000001 0000110 0000000000000000
10110100 01001100
11001101 00100001
```

换言之，一个程序是完成某一特定任务的一组指令序列，或者说，为实现某一算法的指令序列称为**“程序”**，机器世界中真正存在的就是这样的二进制程序。

用机器语言编制的程序虽然能够直接被计算机识别、执行，但是机器语言本身随不同类型的机器而异，所以可移植性差，而且机器语言本身难学、难记、难懂、难修改，给使用者带来极大的不便。于是，为了绕开机器指令，克服机器指令程序的缺陷，人们提出了程序设计语言的构想，即使用人们熟悉、习惯的语言符号来编写程序，设计实现某功能任务（即程序设计），最好是直接使用人们交流的自然语言来编程。在过去的几十年中，人们创造了许多介于自然语言和机器指令之间的各种程序设计语言。按语言的级别来分，则大致可分为：汇编语言（低级）和高级语言（第三代、第四代、……）。

汇编语言的特点是使用一些“助记符号”来替代那些难懂难记的二进制指令，所以汇编语言相对于机器指令更便于理解和记忆，但它和机器语言的指令基本上是一一对应的，两者都是针对特定的计算机硬件系统的，为此，可移植性差，因此称它们都是“面向机器的低级语言”。为了直观地了解汇编语言程序，如下给出一段实现 X、Y 两个 16 位二进制数相加的 8086 汇编程序。

```
;X，Y 分别为 16 位二进制数，程序实现 X=X+Y（不考虑 溢出）。
DATA SEGMENT                    ;定义数据段开始
X DW 123H                       ;定义一个字变量（16 位）X
Y DW 987H                       ;定义一个字变量（16 位）Y
DATA ENDS                       ;定义数据段结束
CODE SEGMENT                    ;定义代码段开始
ASSUME CS:CODE,DS:DATA          ;建立段寄存器与段名之间的映射关系
START:MOV AX,DATA               ;取 DATA 段地址送 AX 寄存器
MOV DS,AX                       ;将数据段段地址送数据段寄存器 DS
MOV AX,Y                        ;取变量 Y 值送给寄存器 AX
ADD X,AX                        ;将 X 的值与 AX 的内容相加，结果送给 X，实现 X=X+Y
MOV AH,4CH                      ;将 DOS 调用的 4CH 功能号送 8 位寄存器 AH
INT 21H                         ;执行 DOS 功能调用，退出程序，回到 DOS
CODE ENDS                       ;定义代码段结束
END START                       ;源程序结束，主程序从标号 START 开始
```

高级语言类似自然语言（主要是英语），由专门的符号根据词汇规则构成单词，由单词根据句法规则构成语句，每种语句有确切的语义并能由计算机解释。高级语言包含许多英语单词，有“自然化”的特点；高级语言书写的计算式子接近于熟知的数学公式的规则。高级语言与机器指令完全分离，具有通用性，一条高级语言语句常常相当于几条或几十条机器指令。所以高级语言的出现，给程序设计从形式和内容上都带来了重大的变革，大大方便了程序的编写，提高了可读性。例如，Basic、C、Visual Basic（简称 VB）、Visual C++（简称 VC++）、VB.NET、C#.NET、Java 等都是高级语言。高级语言一般能细分为第三代高级语言、第四代高级语言、……，分类依据是高级语言的逻辑级别、表达能力、接近自然语言的程度等。如 Turbo C 2.0（简称 TC）为第三代高级语言，而 VB 6.0、VC++ 6.0、C#、VB.NET、Java 等可认为是第四代高级语言。第四代高级语言一般是具有面向对象特性、具有快速或自动生成部分应用程序能力的高级语言，它表达能力强，编写程序效率高，更接近人的使用语言，高一级别的语言一般具有低一级别语言的语言表达能力。如下是输入两个整数并随即显示两整数之和的 Turbo C 2.0 语言程序。

```
#include <stdio.h>                      /* Turbo C 2.0 在 DOS 环境运行的 */
int main(void)                          /* main()主函数 */
{   int num1,num2;                      /* 定义两个整型变量 */
    printf("Input two numbers: ");      /* 屏幕上显示输入提示 */
    scanf("%d %d",&num1,&num2);         /* 通过键盘读取(输入)两个整数 */
```

```
    printf("The sum is %d\n",num1+num2);           /* 屏幕上显示两整数之和 */
    return 0;                                       /* 结束程序，返回 0 */
}
```

显然，高级语言程序要比面向机器的低级语言要易懂、明了、简短得多。

应该看到的是，高级语言是不断发展变化的，不断有新的、更好的语言产生，同时也有旧的且功能差而不再实用的语言消亡。而 C 语言自产生以来，即将历经 50 年，依然具有强大的生命力与活力，该语言依然是当今最热门、最实用的高级语言之一。

1.2 C 语言发展过程

在学习 C 语言之前，先了解一下 C 语言的历史。

C 语言是一门通用的、模块化、程序化的编程语言，被广泛应用于操作系统和应用软件的开发。由于其高效和可移植性，适应于不同硬件和软件平台，深受程序员的青睐。

1．C 语言早期发展

1969—1973 年，AT&T 贝尔实验室开始了 C 语言的最初研发。根据 C 语言的发明者丹尼斯·里奇（Dennis Ritchie）说，C 语言最重要的研发时期是在 1972 年。

1970 年，美国贝尔实验室的 Ken Thompson 以 BCPL（Basic Combined Programming Language）语言为基础，设计出很简单且很接近硬件的 B 语言（取 BCPL 的首字母），并且用 B 语言编写了第一个 UNIX 操作系统。

1972 年，美国贝尔实验室的 Dennis Ritchie 在 B 语言的基础上最终设计出了一种新的语言，他取了 BCPL 的第二个字母作为这种语言的名字，这就是 C 语言。由此可知，C 语言的祖先是 BCPL 语言。

C 语言的诞生是和 UNIX 操作系统的开发密不可分的，原先的 UNIX 操作系统都是用汇编语言写的，1973 年 UNIX 操作系统的核心用 C 语言改写，从此以后，C 语言成为编写操作系统的主要语言。

2．ANSI C 标准

20 世纪 70 年代到 80 年代，C 语言被广泛应用，从大型主机到小型微机，也衍生了 C 语言的很多不同版本。

为统一 C 语言版本，1983 年美国国家标准局（American National Standards Institute，ANSI）成立了一个委员会，来制定 C 语言标准。1989 年 C 语言标准被批准，被称为 ANSI X3.159—1989“Programming Language C”。这个版本的 C 语言标准通常被称为 ANSI C（C89）。目前，几乎所有的开发工具都支持 ANSI C 标准，它是 C 语言用得最广泛的一个标准版本。

3．C99 标准

在 ANSI C 标准确立之后，C 语言的规范在很长一段时间内都没有大的变动。1995 年 WG14 小组对 C 语言进行了一些修改，成为后来的 1999 年发布的 ISO/IEC 9899:1999 标准，通常被称为 C99。但是各个公司对 C99 的支持所表现出来的兴趣不同。当 GCC 和其他一些商业编译器支持 C99 的大部分特性的时候，微软和 Borland 却似乎对此不感兴趣。

4. ISO 发布 C 语言标准新版本

ISO（International Organization for Standardization）于 2011 年 4 月正式公布 C 语言新的国际标准草案，之前被命名为 C1X 的新标准将被称为 ISO/IEC 9899:2011（C11 版）。新的标准修订了 C11 版本，提高了对 C++的兼容性，并将新的特性增加到 C 语言中。

新功能包括支持多线程，基于 ISO/IEC TR 19769:2004 规范下支持 Unicode，提供更多用于查询浮点数类型特性的宏定义和静态声明功能等。根据草案规定，最新发布的标准草案修订了许多特性，支持当前的编译器。

5. C 语言对其他语言的影响

很多编程语言都深受 C 语言的影响，如 C++（原先是 C 语言的一个扩展），C#，Java，PHP，JavaScript，Perl，LPC 和 UNIX 的 C Shell。也正因为 C 语言的影响力，掌握 C 语言的人再学其他编程语言，大多能很快上手，触类旁通。

6. 目前C 语言的商用版本

目前最流行的 C 语言有以下几种：Microsoft C 或称 MS C；Borland C（简称 BC）或 Turbo C；Win-TC；AT&T C；Objective-C。这些 C 语言版本不仅实现了 ANSI C 标准（C89 版），而且在此基础上各自作了一些扩充，使之更加方便与实用。

1.3 C 语言是优秀的程序语言

早期的 C 语言主要是用于 UNIX 系统。由于 C 语言的强大功能和各方面的优点逐渐为人们认识，到了 20 世纪 80 年代，C 语言开始进入其他操作系统，并很快在各类大、中、小和微型计算机上得到了广泛的使用，成为当代最优秀的程序设计语言之一。

1. C 语言的优点

（1）语言简洁，使用方便灵活

C 语言是现有程序设计语言中规模最小的语言之一，而小的语言体系往往能设计出较好的程序。C 语言的关键字很少，ANSI C 标准一共只有 37 个关键字（详见附录 C）、9 种控制语句，压缩了一切不必要的成分。C 语言的书写形式比较自由，表达方法简洁，使用一些简单的方法就可以构造出相当复杂的数据类型和程序结构。

（2）可移植性好

C 语言抽象了针对 CPU 编程的细节，能广泛应用于针对大型操作系统和系统软件的编写。C 语言是通过编译来得到可执行代码的，统计资料表明，不同机器上的 C 语言编译程序 80%的代码是公共的，C 语言的编译程序便于移植，从而使在一种单片机上使用的 C 语言程序，可以不加修改或稍加修改即可方便地移植到另一种结构类型的单片机上去。这大大增强了使用各种单片机进行产品开发的能力。

（3）数据结构类型丰富，表达能力强

C 语言具有丰富的数据结构类型，可以根据需要采用整型、实型、字符型、数组类型、指针类型、结构类型、共用体类型、枚举类型等多种数据类型来实现各种复杂数据结构的运算。C 语言还具有多种运算符，灵活使用各种运算符可以实现其他高级语言难以实现的运算。

（4）运算符多，表达方式灵活

C 语言提供了 34 种运算符，并把括号、赋值、逗号、强制类型转换等都作为运算符处理，可以组成各种表达式，还可采用多种方法来获得表达式的值，从而使用户在程序设计中具有更大的灵活性，大大提高编程效率。C 语言的语法规则不太严格，程序设计的自由度比较大，程序的书写格式自由灵活。程序主要用小写字母来编写，而小写字母是比较容易阅读的。这些充分体现了C语言灵活、方便和实用的特点。

（5）可进行结构化程序设计

C 语言是以函数作为程序设计的基本单位的，C 语言程序中的函数相当于汇编语言中的子程序。C语言对于输入和输出的处理也是通过函数调用来实现的。各种 C 语言编译器都会提供一个函数库，其中包含有许多标准函数，如各种数学函数、标准输入/输出函数等。此外C语言还具有自定义函数的功能，用户可以根据自己的需要编制满足某种特殊需要的自定义函数。实际上C语言程序就是由许多个函数组成的，一个函数即相当于一个程序模块，因此C语言可以很容易地进行结构化程序设计。

（6）可以直接操作计算机硬件

C 语言可以像汇编语言一样对位、字节和地址进行操作，可以直接访问片内或片外存储器，允许直接访问物理地址对硬件进行操作，把高级语言的基本结构和语句与低级语言的实用性结合起来。

（7）生成的目标代码质量高

众所周知，汇编语言程序目标代码的效率是很高的，这就是为什么汇编语言仍是编写计算机系统软件的重要工具的原因。但是统计表明，对于同一个问题，用 C 语言编写的程序生成代码的效率仅比用汇编语言编写的程序低10%～20%。

（8）具备强大的绘图功能

借助各种图形图像库，C 语言和 C++ 一样也可以写出很优雅的二维、三维图形、图像和动画，也能实现类似 Windows 操作系统样式的窗口式系统程序与各类应用程序。

2．C 语言的不足

尽管C语言具有很多的优点，但和其他任何一种程序设计语言一样也有其自身的缺点，如不能自动检查数组的边界，各种运算符的优先级别太多，某些运算符具有多种用途，较其他高级语言C语言在学习上要困难一些等。

但总的来说，C 语言的优点远远超过了它的缺点。经验表明，程序设计人员一旦学会使用C语言之后，就会对它爱不释手，尤其是单片机应用系统的程序设计人员更是如此。

3．C 语言的应用领域

1）应用软件。Linux 操作系统中的应用软件都是使用 C 语言编写的，因此这样的应用软件安全性非常高。

2）对性能要求严格的领域。一般对性能有严格要求的地方都是用 C 语言编写的，如网络程序的底层和网络服务器端底层、地图查询等。

3）系统软件和图形处理。C 语言具有很强的绘图能力和可移植性，并且具备很强的数据处理能力，可以用来编写系统软件、制作动画、绘制二维图形和三维图形等。

4）数字计算。相对于其他编程语言，C 语言是数字计算能力超强的高级语言。

5）嵌入式设备开发。手机、PDA 等时尚消费类电子产品相信大家都不陌生，其内部的应用软件、游戏等很多都是采用C语言进行嵌入式开发的。

6）游戏软件开发。游戏大家更不陌生，很多人就是由于玩游戏而熟悉了计算机。利用

C 语言可以开发很多游戏，如推箱子、贪吃蛇等。

1.4 C 语言与 C++的关系

C 语言是 C++语言的基础，C++和 C 在很多方面是兼容的。因此，掌握了 C 语言，再进一步学习 C++就能以一种熟悉的语法来学习面向对象的语言，从而达到事半功倍的效果。

C 语言是一种结构化语言，它的重点在于算法和数据结构。C 程序的设计首要考虑的是如何通过一个过程，对输入（或环境条件）进行运算处理得到输出[或实现过程（事务）控制]。

C++首要考虑的是如何构造一个对象模型，让这个模型能够契合与之对应的问题域，这样就可以通过获取对象的状态信息得到输出或实现过程（事务）控制。所以 C 与 C++的最大区别在于它们解决问题的思想方法不一样。之所以说 C++比 C 更先进，是因为“**设计**这个概念已经被融入 C++之中”。

C 语言与 C++的区别有很多，简要概述如下。

1）全新的程序思维，C 语言是面向过程的，而 C++是面向对象的。

2）C 语言有标准的函数库，它们是松散的，只是把同类功能的函数放在一个头文件中；而 C++对于大多数的函数都是集成得很紧密的，特别是 C 语言中没有 C++中的 API，这些 API 是对 Windows 系统的大多数 API 的有机组合，是一个集体。但也可以单独调用 API。

3）C++中的图形处理和 C 语言的图形处理有很大的区别。C 语言中的图形处理函数基本上是不能用在 C++中的。C 语言标准中不包括复合或复杂的图形处理功能。

4）C 和 C++中都有结构的概念，但是在 C 语言中结构只有成员变量，没有成员方法；而在 C++的结构中，它可以有自己的成员变量和成员函数。C 语言中结构的成员是公共的，都可以访问；而在 C++中没有加限定符的为私有的，而非公共的。

5）C 语言可以写很多方面的程序；但是 C++可以写得更多更好，C++可以写基于 DOS 的程序，写 DLL、控件、系统。

6）C 语言对程序文件的组织是松散的，几乎全要程序处理；而 C++对文件的组织是以工程为总领，各文件分类明确并汇集于工程中。

7）C++中的 **IDE（集成开发环境）**很智能，和 VB 一样，有的功能可能比 VB 还强。C++可以自动生成想要的程序结构，节省很多时间。例如，在加入 MFC 中的类或加入变量时，有很多工具可用。C++中的附加工具也有很多，可以进行系统的分析、查看 API、查看控件等。C++调试功能强大，并且方法多样。

C++功能虽强，但它是以 C 语言为基础的，也就是说学习掌握 C 语言是首要的。

1.5 初识简单的 C 语言程序

为了说明 C 语言源程序结构的特点，先看以下几个程序。这几个程序由简到难，表现了 C 语言源程序在组成结构上的特点。虽然有关内容还未介绍，但可从这些例子直观地了解到组成一个 C 语言源程序的基本部分和书写格式等。

【例 1-1】 显示“Hello, World!”。

注意：程序的每行后用“/* …*/”或“//”引出的内容为注释部分，起到说明语句或程序的作用，程序不执行注释部分。

```
#include <stdio.h>        /* include 称为文件包含命令，扩展名为.h 的文件称为头文件 */
int main(void)            /* void 表示 main 主函数无参数的意思，非标准时也可省略 void */
{
    printf("Hello, World !\n");        //显示“Hello, World !”信息
    return 0;                          //结束程序，返回 0
}
```

说明：main 是主函数的函数名，表示这是一个主函数。每一个 C 语言源程序都必须有且只能有一个主函数（main 函数）。函数调用语句 printf 函数的功能是把要输出的内容送到显示器去显示。printf 函数是一个由系统定义的标准函数（即库函数），可在程序中直接调用。

注意：“return 0（或其他整数值);”通常是 main 函数的最后一个语句，表示结束 main 函数执行，返回 0（或其他整数值）到运行 main 程序的环境或调用者（譬如某种操作系统）。对于本书的 main 程序，都不再利用这个返回值，为此，省略 return 语句也无妨。

扩展阅读：
规范标准的
main 函数

【例 1-2】 输入数 x，计算 sin(x)的值。程序每条语句的功能由注释可知。

```
#include <math.h>                    /* 程序要使用到数学库函数 */
#include <stdio.h>
int main(void)                       /* main 函数首部 */
{                                    /* main 函数体开始 */
    double x,s;                      // 定义两个实数变量，以备后面程序使用
    printf("input number:\n");       // 显示提示信息
    scanf("%lf",&x);                 /* 从键盘获得一个实数 x */
    s=sin(x);                        /* 求 x 的正弦，并把它赋给变量 s */
    printf("sin(%lf) = %lf\n",x,s);  /* 显示程序运算结果 */
    return 0;                        /* 返回 0 */
}                                    /* main 函数体结束 */
```

说明：程序的功能是从键盘输入一个数 x，求 x 的正弦值，然后输出结果。

在 main()之前的两行称为预处理命令。预处理命令还有其他几种，这里的 include 称为文件包含命令，其意义是把尖括号<>或引号""内指定的文件包含到本程序来，成为本程序的一部分。被包含的文件通常是由系统提供的，其扩展名为.h，因此也称为头文件或首部文件。C 语言的头文件中包括了各个标准库函数的函数原型。因此，凡是在程序中调用一个库函数时，一般都要包含该函数原型所在的头文件。在本例中，使用了 3 个库函数：输入函数 scanf、正弦函数 sin 和输出函数 printf。sin 函数是数学函数，其头文件为 math.h 文件，因此在程序的主函数前用 include 命令包含了 math.h。scanf 和 printf 是标准输入/输出函数，其头文件为 stdio.h，因此在主函数前也用 include 命令包含了 stdio.h 文件。

需要说明的是，C 语言规定对 scanf 和 printf 这两个函数可以省去对其头文件的包含命

令。所以在本例中也可以删去第二行的包含命令#include <stdio.h>。

例题中的主函数体又分为两部分，一部分为说明部分（可选），另一部分为执行部分。说明是指变量的类型定义或函数声明等。【例 1-1】中未使用任何变量，因此无说明部分。

C 语言规定，**源程序中所有用到的变量都必须先说明，后使用**，否则将会出错。这一点是编译型高级程序设计语言的一个共同特点，与解释型的 BASIC 语言是不同的。说明部分是 C 语言源程序结构中很重要的组成部分。

【例 1-2】中使用了两个变量 x 与 s，用来表示输入的自变量和 sin 函数值。由于 sin 函数要求这两个量必须是双精度浮点型，故用类型说明符 double 来说明这两个变量。

说明部分后的 4 行为执行部分或称为执行语句部分，用以完成程序的功能。执行部分的第一行是输出语句，调用 printf 函数在显示器上输出提示字符串，用于提示操作人员输入自变量 x 的值。第二行为输入语句，调用 scanf 函数，接受键盘上输入的数并存入变量 x 中。第三行是调用 sin 函数并把函数值送到变量 s 中。第四行是用 printf 函数输出变量 s 的值，即 x 的正弦值。程序结束。

在前两个例子中用到了输入函数（scanf）和输出函数（printf），下面先简单介绍一下它们的格式，以便后续使用。

scanf 和 printf 这两个函数分别称为格式输入函数和格式输出函数。其意义是按指定的格式输入/输出值。因此，这两个函数在括号中的参数表都由以下两部分组成："格式控制串"和"参数表"。其中，"格式控制串"是一个字符串，必须用双引号括起来，它表示了输入/输出量的数据类型。各种类型的格式控制符可参阅第 4 章。在 printf 函数中还可以在格式控制串内出现非格式控制字符，这时它们在显示屏幕上将原文照印。"参数表"中给出了输入或输出的量；当有多个量时，用逗号间隔。

例如，"printf("sin(%lf) = %lf\n",x,s);"其中%lf 为格式控制字符串，表示按双精度浮点数处理。它在格式串中出现两次，对应 x 和 s 两个变量。其余字符为非格式字符，则照原样输出到屏幕上。

【例 1-3】 从文件 infile.txt 或键盘输入 x，y 两整数，经处理后，输出两数、两数中的最大值与最小值到显示屏上和输出到文件 outfile.txt 中。

注意：一个 C 语言程序可由一个、两个或多个 C 语言源程序文件组成，如下程序设计分成两个源程序文件（若运行包含多文件的程序有困难，可以先作为一个文件运行）。

```
//file1.c——C 源程序文件 1，含 main()与 max()函数
#include<stdio.h>
int main(void)                              /* 主函数 */
{
    int x,y,z;                              /* 变量说明 */
    FILE *fpi,*fpo;
    int max(int a,int b);                   /* 内部函数声明 */
    extern int min(int a,int b);            /* 外部函数声明 */
    if((fpi=fopen("infile.txt","r"))==NULL) /* 打开 infile.txt 输入文件 */
    {
        printf("Input two numbers:\n");     /* 若打开失败，则提示从键盘输入 */
```

```
        scanf("%d%d",&x,&y);                    /* 从键盘输入 x,y 值 */
    }
    else        /* 若打开文件成功，则从 infile.txt 文件读两数 */
    {
        fscanf(fpi,"%d%d",&x,&y);               /* 从文件输入 x,y 值 */
        fclose(fpi);                            /* 关闭文件指针 fpi */
    }
    z=max(x,y);                                 /* 调用 max 函数 */
    fpo=fopen("outfile.txt","w");               /* 打开 outfile.txt 输出文件 */
    fprintf(fpo,"Two numbers are %d, %d\n",x,y);  /* 输出两数到文件 */
    fprintf(fpo,"Max number is %d\n",z);        /* 输出最大值到文件 */
    fprintf(fpo,"Min number is %d\n", min(x,y));  /* 输出最小值到文件 */
    fclose(fpo);                                /* 关闭文件指针 fpo */
    printf("Two numbers are %d, %d\n",x,y);     /* 输出两数到显示屏 */
    printf("Max number is %d\n",z);             /* 输出两者间最大值到显示屏 */
    printf("Min number is %d\n", min(x,y));     /* 输出两者间最小值到显示屏 */
    return 0;                                   /* 结束程序，返回 0 */
}
int max(int a,int b)            /* 定义 max 函数 */
{
    if(a>b) return a;           /* 把结果按条件返回主调函数 */
    else return b;
}
/* file2.c——C 源程序文件 2，含 min()函数 */
int min(int a,int b)            /* 定义 min 函数 */
{
    int result;
    result= a<b?a:b;            /* 使用?:条件运算符得到最小数 */
    return result;              /* 返回最小值 */
}
```

说明：本程序由 3 个函数组成，main 主函数、max 函数和 min 函数。函数之间是并列关系，可从主函数中调用其他函数。max 函数的功能是比较两个数，然后把较大的数返回给主函数，min 函数把较小的数返回给主函数。max 函数和 min 函数是用户自定义函数。因此在主函数中要给出函数声明（程序第 7、8 行），其中 min 函数还来自另一个源文件，为此是外部函数声明。可见，在程序的说明部分中，不仅可以有变量说明，还可以有内部和外部函数声明。本程序还涉及对文件的打开、输入、输出和关闭等操作。关于函数与文件的详细内容将在本书第 8 章和第 11 章介绍。刚开始学习，读者对本章程序功能与程序结构有初步了解即可。

上例中程序的执行过程是，首先尝试打开 infile.txt，若打开文件失败，则在屏幕上显示提示字符串（Input two numbers），按〈Enter〉键后由 scanf 函数语句接收这两个数赋给变量 x,y；若文件存在并打开成功，则自动由 fscanf 函数语句从该输入文件中读取两个整数（若读取正确，要求在程序所在目录中先建立 infile.txt 输入文件，该文件首行有空格隔开的两个整数），读后关闭文件。然后程序调用 max 函数和 min 函数，并把 x，y 的值及其 max 函数得到的最大值、min 函数得到的最小值分别输出到屏幕上和输出文件 outfile.txt 中。程序运行后观察屏幕上显示结果及 outfile.txt 文件中的输出内容，查看运行结果是否正确。

本程序故意分成两个文件组织存放，只是想让读者尽早了解与实践 C 语言支持多文件的程序结构。实际上，简单的程序完全可以在一个文件中编辑存放、编译、连接与运行。

上面认识了几个简单的 C 语言程序，下面从总体上了解 C 程序的结构、编写规则和组成要素等。

1.6　C 语言程序的结构特点

C 程序的完整结构可以用图 1-1 来表示。

对 C 语言的结构特点说明如下。

1）一个 C 语言源程序可以由一个或多个源程序文件组成。

2）每个源程序文件可由预处理命令（include 命令仅为其中的一种）、全局变量定义、变量或函数声明、一个或多个函数等组成。预处理命令等通常应放在源文件或源程序的最前面。

3）一个 C 程序不论由多少个文件组成，都有且仅有一个 main 函数，即主函数。程序从 main 函数开始执行，到 main 函数执行完成而结束。

4）每个 C 语言函数通常由函数首部[如 int max(int a,int b)]、函数体组成。函数体一般由局部变量定义与函数声明等组成的定义声明部分、程序执行语句等组成的执行部分两部分组成的（如 min 函数所示）。

5）C 语言程序的每一个语句都必须以分号(;)结尾。但**预处理命令，函数头和花括号“}”之后不能加分号**。

6）标识符与关键字之间必须至少加一个空格以示间隔。若已有明显的间隔符，也可不再加空格来间隔。

由上可知，C 语言程序的基本组成单位是函数，函数可分为 main 主函数、库函数（编译系统提供的）和自定义函数（用户自己定义的）3 类。

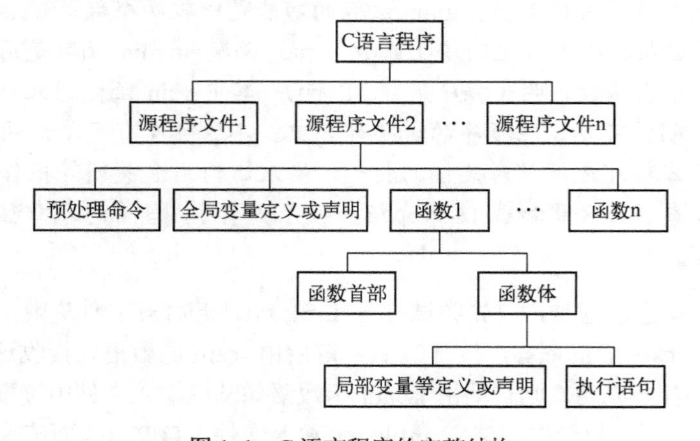

图 1-1　C 语言程序的完整结构

1.7 C 语言程序的书写规则

从书写清晰，便于阅读、理解和维护的角度出发，在书写程序时应遵循以下规则。

1）一般一条语句（包括说明语句）占一行。实际上一行可多句，一句可多行。

2）用{} 括起来的部分，通常表示程序的某一层次结构。{}一般与该结构语句的第一个字母对齐，并且{与}括号符一般分别单独占一行。

3）低一层次的语句或说明可比高一层次的语句或说明缩进若干空格后书写。以便看起来更加清晰，增加程序的可读性。

4）程序中应添加必要的注释，来增强程序的可读性，方便理解。

1.8 C 语言字符集与词汇

1. C 语言的字符集

字符是组成语言的最基本的元素。C 语言字符集由**字母、数字、空格、标点和特殊字符**组成。在字符常量、字符串常量和注释中还可以使用汉字或其他可表示的图形符号。

1）字母：小写字母 a～z 共 26 个；大写字母 A～Z 共 26 个。

2）数字：0～9 共 10 个。

3）空白符：空格符、制表符和换行符等统称为空白符。空白符只在字符常量和字符串常量中起作用。在其他地方出现时，只起间隔作用，编译程序对它们忽略不计。因此，在程序中使用空白符与否，对程序的编译不发生影响，但在程序中适当的地方使用空白符将增加程序的清晰性和可读性。

4）标点和特殊字符。

- 算术运算符：+ - * / % ++ --
- 位运算符　：& | ~ ^ >> <<
- 关系运算符：< > >= <= == !=
- 条件运算符：?:
- 逻辑运算符：&& || !
- 其他运算符：() [] {} . , ;

另外，C 语言可使用转义字符，具体如表 1-1 所示。

表 1-1　C 语言转义字符表

转义字符	意义	ASCII 码值（十进制）	转义字符	意义	ASCII 码值（十进制）
\a	响铃（BEL）	007	\\	反斜杠	092
\b	退格（BS）	008	\'	单引号字符	039
\f	换页（FF）	012	\"	双引号字符	034
\n	换行（LF）	010	\0	空字符（NULL）	000
\r	回车（CR）	013	\ddd	任意 ASCII 字符	最多三位八进制数
\t	水平制表（HT）	009	\xhh	任意 ASCII 字符	最多二位十六进制数
\v	垂直制表（VT）	011			

注意：转义字符给出了表示 ASCII 码表中不可显示控制字符或一般可显示字符的一种有效又通用的方法。编译器对转义字符会按其代表的字符加以显示等处理。

2．C 语言的词汇

在C语言中使用的词汇分为6类：**标识符、关键字、运算符、分隔符、常量和注释符**。

（1）标识符

在程序中使用的变量名、函数名、标号等统称为标识符。除库函数的函数名由系统定义外，其余都由用户自定义。C 语言规定，标识符只能是字母（A～Z，a～z）、数字（0～9）、下划线(_)组成的字符串，并且其第一个字符必须是**字母或下划线**。

合法标识符，如 a，x，x3，BOOK_1，sum5。

不合法标识符，如 3s（以数字开头）；s*T（出现非法字符*）；-3x（以减号开头）；bowy-1（出现非法减号字符-）。

在使用标识符时还必须注意以下几点。

1）标准 C 语言不限制标识符的长度，但受各种版本的 C 语言编译系统限制，同时也受到具体机器的限制。例如，在某版本 C 语言中规定标识符前 8 位有效，当两个标识符前 8 位相同时，则被认为是同一个标识符。

2）在标识符中，**大小写是有区别**的。例如，Book 和 book 是两个不同的标识符。

3）标识符虽然可由程序员随意定义，但它是用于标识某个量的符号。因此，命名应尽量有相应的意义，以便于阅读理解，做到“顾名思义”。

4）用户定义的标识符不应与系统关键字相同，用户定义的标识符也不应与系统已定义使用的一些标识符相同（尽管可能没有语法错误而可以使用）。系统已使用标识符如：main，define，printf(库函数名)，stdio 等。

（2）关键字

关键字是由 C 语言规定的具有特定意义的字符串，通常也称为保留字。C 语言的关键字分为以下几类。

1）类型说明符：用于定义或说明变量、函数或其他数据结构的类型。如前面例题中用到的 int，double 等。

2）语句定义符：用于表示一个语句的功能。如例 1-3 中用到的 if 与 else 就是条件语句的语句定义符。

3）其他（如 const，sizeof 等）。

最新 ANSI C 标准关键字一共有 37 个关键字（详见附录 C）。

注意：预处理命令字 include，define，ifdef，ifndef 等，库函数名 printf，scanf 等均不是系统关键字，而是系统已定义标识符。

（3）运算符

C 语言中含有相当丰富的运算符。运算符与变量、函数一起组成表达式，表示各种运算功能。运算符由一个或多个字符组成。

（4）分隔符

在 C 语言中采用的分隔符有**逗号和空格**两种。逗号主要用在类型说明和函数参数表中，分隔各个变量。空格多用于语句各单词之间，作间隔符。在关键字与标识符之间必须要有一个以上的空格符作间隔，否则将会出现语法错误，例如，把“int a;”写成“inta;”，C 编译器会把“inta”当成一个标识符处理，其结果必然出错。

（5）常量

C 语言中使用的常量可分为直接常量（如数字常量、字符常量、转义字符、字符串常量等）、符号常量以及常变量等多种。具体在后面章节中将专门介绍。

（6）注释符

C 语言的一种注释符是以“/*”开头并以“*/”结尾的串，在“/*”和“*/”之间的即为注释，注释内容可以跨行。“/*…*/”注释能出现在程序的各个位置，能满足各种注释的要求。具体可参见【例 1-3】。

C 语言的另一种注释符是以“//”开始的单行注释（说明：有的 C 语言版本如 Win-TC，不一定支持），“//”到行末（行末以换行符为结束标记）的内容均为注释，但注释内容不能跨行，注释可占一行或在语句的右侧注释本语句（常见）。当注释内容一行写不下时，可以用连续的多个“//”注释来实现。具体可参见【例 1-1】和【例 1-2】。

程序编译时，不对注释作任何处理。注释可出现在程序中的任何位置，用来向用户提示或解释程序的意义。在调试程序中对暂不使用的语句也可用注释符标注起来，使翻译跳过这些语句不作处理，待调试结束后再按需去掉注释符。

1.9 运行 C 语言程序

运行 C 语言程序必须经过编辑（.c 或.cpp 文件）、编译（.obj 文件）、链接（.exe 文件）、运行等过程，链接得到可执行的程序文件后，运行程序文件得到运行结果。

1．上机实践的重要性

C 语言程序设计是一门实践性很强的课程，该课程的学习有其自身的特点，学习者必须通过大量的编程训练，在实践中掌握程序设计语言，培养程序设计的基本能力，并逐步理解和掌握程序设计的思想和方法。具体地说，通过上机实践，应该达到以下几点要求。

1）使学习者能很好地掌握一种程序设计开发环境的基本操作方法[如 Visual C++ 2010（简称 VC++2010）、Visual C++ 6.0 和 Win-TC 等]，掌握应用程序开发的一般步骤。

2）在程序设计和调试程序的过程中，可以帮助学习者进一步理解教材中各章节的主要知识点，特别是一些语法规则的理解和运用，程序设计中的常用算法与构造及其应用，也就是所谓“在编程中学习编程”。

3）通过上机实践，提高程序分析、程序设计和程序调试的能力。程序调试是一个程序员最基本的技能，不会调试程序的程序员不可能编制出好的软件。通过不断地积累经验，摸索各种比较常用的技巧，可以提高编程的效率和程序代码的质量。

2．上机实践的准备工作

上机前需要做好如下准备工作，以提高上机实践的效率。

1）在计算机上安装一种 C 语言程序设计开发工具，并学会基本的操作方法。

2）复习与本次实践相关的教学内容和主要知识点。

3）准备好编程题、以程序流程图为主的程序算法和全部源程序代码，并且先进行人工程序检查与模拟运行。

4）对程序中有疑问的地方做出标记，充分估计程序运行中可能出现的问题，以便在程序调试过程中给予关注与修改。

5）准备好运行和调试程序所需的数据。

3．上机实践的基本步骤

上机实践可以按如下基本步骤来进行。

1）运行 C 语言程序设计开发工具，进入程序设计开发环境。

2）新建一个程序文件，输入准备好的程序。

3）不要立即进行编译和链接，应该首先仔细检查刚刚输入的程序，如有错误及时改正，保存文件后再进行编译和链接。

4）如果在编译和链接的过程中发现错误，根据系统的提示从第一个错误开始（因为一个错误会引发多个错误点，后序错误与前面错误往往是有关联的），逐个找出出错语句的位置和原因，全部或部分错误得到改正后，再进行编译，然后查错，编译正确后再进行链接，如果链接有错，再查找错误并改正，直到最终成功为止。

5）运行程序，如果运行结果不正确，修改程序中可能有逻辑错误的语句，反复调试直到结果正确为止。

6）保存源程序和相关资源。

7）对学生来说，实验后应提交实验报告，主要内容应包括程序清单、调试数据和运行结果，还应该包括对运行结果的分析、评价与收获体会等内容。

4．上机实践的运行环境

C 语言的编译系统由不同的软件厂商开发，目前已有多种不同的 C 语言编译系统及其编程环境，如 Turbo C 2.0（16 位字符界面编译系统）、Win-TC（16 位图形界面编译系统）、Visual C++ 6.0（32 位图形界面编译系统）、Borland C++ 4.5、Symantec C++ 6.1、VS.NET 集成环境（微软较新开发平台，如 Visual C++ 2010、2012、2013、2015 和 2017 等版本）和 GCC4.0（Linux 开源系统及其编程）等。

说明：Win-TC 是 Turbo C 2.0（简称 TC2.0）的一种扩展形式，是一个 TC2.0 Windows 平台开发工具。该软件使用 TC2.0 为内核，提供 Windows 平台的开发界面，因此也就支持 Windows 平台下的功能，例如，剪切、复制、粘贴和查找替换等，并可用鼠标来操作。而且在功能上也有它的特色，如语法加亮、C 内嵌汇编和自定义扩展库的支持等，使用起来比 TC2.0 方便些。

以上多种不同的 C 语言编程环境对 C 语言的编译功能大同小异，一般都提供对 C 语言程序的编辑、编译、链接与运行功能，并且往往把这些功能集成到一个操作界面，呈现出功能丰富、操作便捷、直观易用等特点。

要注意的是：C 语言集成开发环境或编译系统一般只支持英文，只有在汉化后才能使用汉字串，支持汉字处理。

应选用哪一种编译环境？本书选用 Visual C++ 2010 集成开发环境来开展实践，若不便安装 Visual C++ 2010，本书也适用于轻量型的 Win-TC 环境、Turbo C 2.0 环境等。另外，对 Code::Blocks、Dev C++、VS.NET 2012 等更高版本与 Linux 环境里运行 C 语言程序也应有所了解。绝大多数的 C 语言程序是可以顺畅地运行于多种不同的编译环境里的。

1.10　本章小结

本章简单介绍程序设计语言的发展变化、C 语言的发展与特点、C 语言与 C++语言的区别和联系、C 语言程序的总体结构及程序组成要素等。读者在学习本章后，能对 C 语言有个总体上的认识，对 C 语言程序有个大体把握。在实践操作方面，要逐步掌握 C 语言程序的上机操作方法，对本章的 3 个简单程序能上机运行、熟悉与再认识。

特别注意：

1）一个 C 语言源程序由若干个函数组成，其中有且仅有一个主函数（main 函数）。

2）C 语言区分大小写、区分英文中文字符或标点符号、语句末尾有个分号(;)。

3）学会使用某编辑、编译与运行集成平台来运行 C 语言程序。

1.11　习题

第 1 章
习题参考答案

一、选择题

1．一个 C 程序的执行是从（　　）。

A．本程序的 main()函数开始，到 main()函数结束

B．本程序的 main()函数开始，到本程序文件的最后一个函数结束

C．本程序文件的第一函数开始，到本程序 main()函数结束

D．本程序文件的第一个函数开始，到本程序文件的最后一个函数结束

2．C 语言程序的基本单位是（　　）。

A．程序　　B．字符　　C．语句　　D．函数

3．以下叙述正确的是（　　）。

A．在 C 语言程序中，main()函数必须位于程序的最前面

B．在对一个 C 语言程序进行编译的过程中，可发现注释中的拼写错误

C．C 语言本身没有输入/输出语句

D．C 语言程序的每行中只能写一条语句

4．以下叙述不正确的是（　　）。

A．一个 C 语言源程序可由一个或多个函数组成

B．C 语言程序的基本组成单位是函数

C．一个 C 语言源程序必须包含一个 main()函数

D．在 C 语言程序中，注释说明只能位于一条语句的后面

5．在一个 C 语言程序中，下列说明正确的是（　　）。

A．main()函数必须出现在固定位置

B．main()函数可以在任何地方出现

C．main()函数必须出现在所有函数之后

D．main()函数必须出现在所有函数之前

6．对 C 语言的特点，下面描述不正确的是（　　）。

A．C 语言兼有高级语言和低级语言的双重特点，执行效率高

B．C 语言既可以用来编写应用程序，又可用来编写系统软件

C．C 语言的可移植性较差

D．C 语言是一种结构化程序设计语言

7．C 语言源程序的扩展名为（　　）。

A．.exe　　B．.obj　　C．.c　　D．.cpp

8．C 语言中语句的结束符是（　　）。

A．，　　B．;　　C．。　　D．；

9．编译程序的功能为（　　）。

A．建立并修改程序　　B．将 C 语言源程序编译成目标程序

C．调试程序　　D．命令计算机执行指定的操作

10．二进制代码程序属于（　　）。

A．面向机器语言　　B．面向问题语言

C．面向过程语言　　D．面向汇编语言

二、简答题

1．什么是语言？语言分几类？各有什么特点？

2．什么是程序？

3．汇编语言与高级语言有何区别？

4．C 语言中为何要加注释语句？

5．说说 C 语言程序的组成？C 语言程序包括哪些部分？一个 C 语言函数一般又由哪几部分组成的？

实验 1　初识运行环境和运行过程

一、实验目的

1）了解 C 语言程序设计编程环境 Visual C++ 2010 Express（简写 VC++2010），掌握运行一个 C 语言程序设计的基本步骤，包括编辑、编译、链接和运行。

2）了解 C 语言程序的基本组成，能够模仿编写简单的 C 语言程序。

3）了解程序调试的思想，能找出并改正 C 语言程序中的语法错误。

4）介绍 Code::Blocks、Dev-C++等 C/C++集成开发平台（参考）。

二、实验内容

1．新建文件夹

在“我的电脑”某磁盘上新建一个文件夹，用于存放 C 语言程序，文件夹名字自定。

2．运行示例

在屏幕上显示一个短句“Hello, World!”。源程序如下：

```
#include <stdio.h>
int main(void)
```

```
{
    printf("Hello, World!\n");
}
```

扩展阅读：
VC++ 2010
Express 的基本使用

运行结果：Hello, World!

基本步骤：

（1）启动 VC++ 2010

选择“开始”→“程序”→“Microsoft Visual C++ 2010 Express”→“Microsoft Visual C++ 2010 Express”命令进入 VC++ 2010 编程环境。

（2）创建项目（Project）

在 VC++ 2010 下开发程序首先要创建项目，不同类型的程序对应不同类型的项目，初学者应该从控制台程序学起。打开 VC++ 2010，选择“文件”→“新建”→“项目”命令。

选择“Win32 控制台应用程序”，填写好项目名称，选择好存储路径，单击“确定”按钮即可。如果安装的是英文版的 VC++ 2010，那么对应的项目类型是“Win32 Console Application”。另外还要注意，项目名称和存储路径最好不要包含中文。

在“新建 Win32 应用程序向导”对话框中，取消选中“预编译头”复选框，再选中“空项目”复选框，然后单击“完成”按钮就创建了一个新的项目。

（3）新建源程序文件（*.c 或*.cpp）

在空项目的“源文件”文件夹处右击，在弹出的快捷菜单中选择“添加”→“新建项”命令，在“代码”分类中选择“C++文件(.cpp)”，填写文件名（文件名的扩展名建议指定为“.c”，表示是 C 语言源程序，将来会使用 C 语言编译器进行编译），单击“添加”按钮就添加了一个新的源文件。

（4）编辑和保存

注意：源程序一定要在英文状态下输入，即字符标点都要在半角状态，同时注意大小写，一般都用小写。

在编辑窗口输入源程序，然后按〈Ctrl+s〉键，或单击工具栏上的“保存”按钮，或执行“文件”→“保存”命令或“文件”→“另存为”命令。

（5）编译（生成*.obj）

直接按〈Ctrl+F7〉组合键，对当前源程序文件进行编译。

（6）生成解决方案（即编译+链接，生成*.exe）

选择“调试”菜单→“生成解决方案”命令或直接按〈F7〉键[构建（即编译+链接）整个解决方案]。

（7）运行

选择“调试”→“启用调试”命令或按〈F5〉键直接启用调试运行；直接按〈Ctrl+F5〉快捷键开始运行（不调试），运行时命令行窗口会停留显示结果，最后提示“请按任意键继续…”。

（8）关闭（项目）解决方案

选择“文件”→“关闭解决方案”命令，即可关闭解决方案。

（9）打开文件

选择“文件”→“打开”命令，即可打开文件。

(10）查看 C 源文件、目标文件和可执行文件的存放位置

一般源文件在项目目录下，目标文件和可执行文件在“项目目录\Debug”中。

3．自己编写程序

编写程序，实现在屏幕上显示一个短句“This is my first C program.”。

4．错误程序调试示范

在屏幕上显示一个短句“Welcome to you!”。带有错误的源程序如下：

```
#include <stdio.h>
void mian()
{
    printf(Welcome to you!\n")
}
```

操作步骤：

1）按照实验内容“2．运行示例”中介绍的步骤（1）～（4）输入上述源程序并保存。

2）编译，按〈Ctrl+F7〉组合键或按〈F5〉键启用调试运行，信息输出窗口中显示编译出错信息，如图 1-2 所示。

3）找出错误，在输出窗口中依次双击出错信息，编辑窗口就会出现一个箭头指向程序出错的位置，一般在箭头的当前行或上一行，可以找到出错语句，如图 1-2 所示。

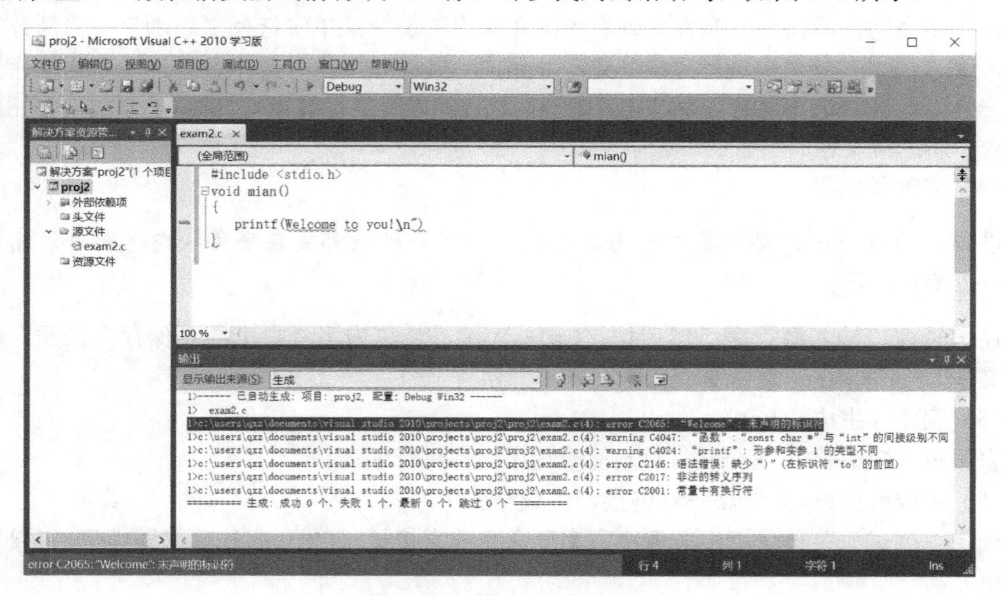

图 1-2　编译错误提示 1

程序第 4 行的出错信息：Welcome 是一个未定义的变量，但 Welcome 并不是变量，出错的原因是 Welcome 前少了一个双引号。

4）改正错误，重新编译，得到如图 1-3 所示的出错信息。

出错信息：“}”前少了分号（;）。

5）再次改正错误，在“}”前即 printf()后加上“;”（英文状态），重新编译（按〈Ctrl+F7〉键），显示编译结果正确，如图 1-4 所示。

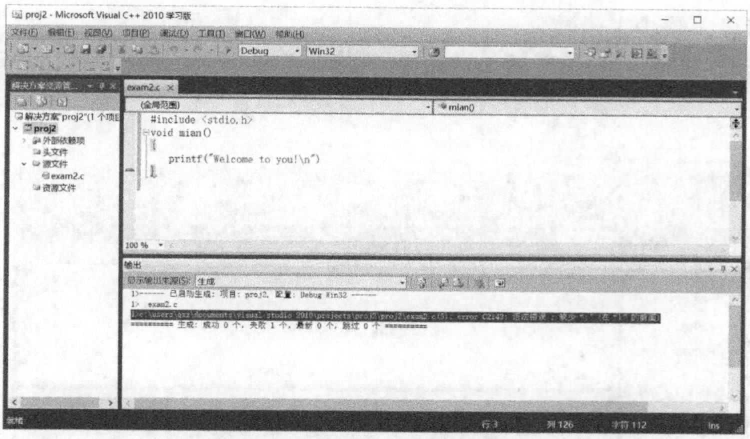

图 1-3　编译错误提示 2

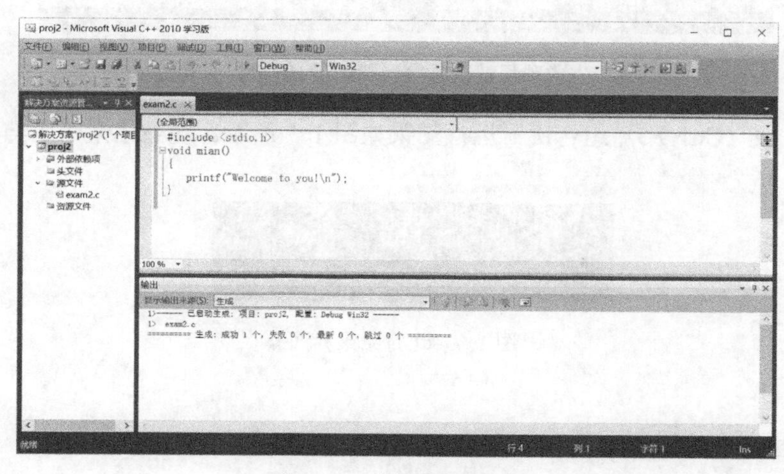

图 1-4　编译成功提示

6）链接。选择“调试”→“生成解决方案”命令或按〈F7〉键，出现如图 1-5 所示的出错信息。

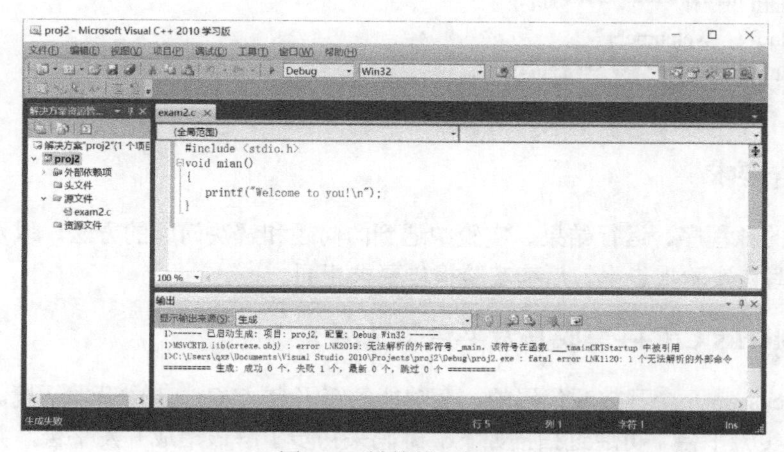

图 1-5　链接错误提示

出错提示信息：缺少主函数。

7）改正错误，即把“mian”改为“main”后，重新生成，输出窗口显示生成成功，如图 1-6 所示。

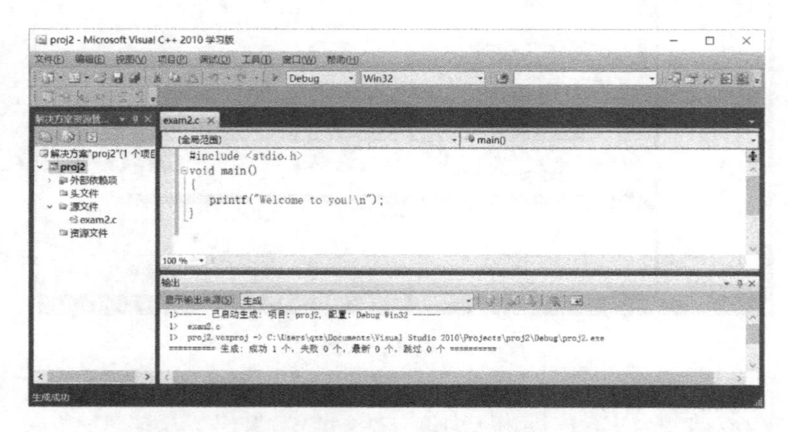

图 1-6　生成项目解决方案（即编译+链接）成功提示

8）运行。按〈Ctrl+F5〉组合键，运行结果如图 1-7 所示。观察结果是否与要求一致。

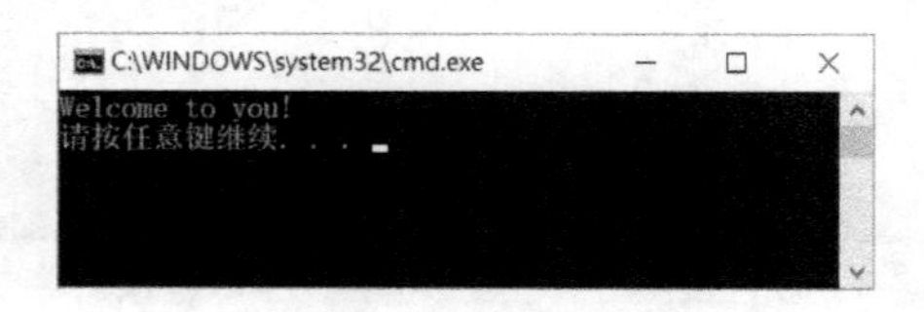

图 1-7　运行结果界面

5．改错

改正下列程序中的错误。

```
#include <stdio.h>
int main(void)
{
    Printf("****************\n");
    Printf("    Welcome")
    Printf("****************\n");
}
```

三、实验报告要求

将实验中的源程序、运行结果、实验中遇到的问题和解决问题的方法，以及实验过程中的心得体会都写在实验报告上。后续实验报告要求相同。

四、Code::Blocks C/C++集成开发平台（选阅）

Code::Blocks 是一个开放源代码的、全功能的跨平台 C/C++集成开发环境。按需也可以作为 C 语言的实验平台。可通过扫描如下二维码来初步了解该集成开发平台，并学会使用。

扩展阅读：
Code::Blocks
C/C++集成开
发平台

操作视频：
Code::Blocks
新建项目

五、Dev-C++ 集成开发平台（选阅）

Dev-C++也是一个 Windows 环境下的 C/C++开发工具，它是一款自由软件，遵守 GPL 协议。按需也可以作为 C 语言的实验平台。可通过扫描下面二维码来初步了解该开发工具，并学会使用。

扩展阅读：
Dev-C++集成
开发平台

操作视频：
Dev-C++新建
控制台项目

第2章　结构化程序设计与算法

现在人们公认的具有“良好风格”的程序设计方法之一是所谓的“结构化程序设计方法”。其核心是规定了算法的 3 种基本结构：顺序结构、选择结构和循环结构。按照结构化程序设计的观点，任何算法功能都可以通过这 3 种基本程序结构的组合来实现。本章主要介绍算法、结构化程序设计及其 3 种基本结构、结构化程序设计方法等。

学习重点和难点：

- 程序设计的基本概念
- 算法的概念和算法的表示
- 结构化程序设计方法

读者在学习本章后，要掌握结构化程序设计方法，并能用某种方式来表示算法。

2.1　初识算法

有了方便人们编写程序的计算机语言，就可以开始进行程序设计了。所谓程序设计就是使用某种计算机语言，按照某种算法编写程序的活动。

如何进行程序设计呢？一般说来，包括以下步骤：①问题定义；②算法设计；③算法表示（如流程图设计）；④程序编制；⑤程序调试、测试及资料编制。下面，重点就其中的算法和程序设计方法作简单介绍。

2.1.1　算法的概念

一个程序应包括以下两部分。

1）对数据的描述。即在程序中要指定数据的类型和数据的组织形式，即数据结构（data structure）。

2）对操作的描述。即操作步骤，也就是算法（algorithm）。

著名的计算机科学家 Nikiklaus Wirth 提出一个公式：**程序=数据结构+算法。**

实际上，随着程序设计技术的不断发展，可以重新定义这个公式：

程序=算法+数据结构+程序设计方法+语言工具和环境

这 4 个方面是一个程序设计人员所应具备的知识。这里主要介绍算法的初步知识。

做任何事情都有一定的步骤，而算法就是解决某个问题或处理某件事的方法和步骤，在这里所讲的算法是专指用计算机解决某一问题的方法和步骤。不管所采用的编程语言如何变化，算法是其核心内容，有了解决问题的算法就不愁编不出能解决问题的语言程序。

计算机算法一般分为两大类：一类是数值计算算法，主要用于解决难以处理或运算量大的一些数学问题，如求解超越方程的根、求解微分方程等；另一类是非数值计算算法，如对非数值信息的排序、检索等，适用于事务管理领域。对于同一个问题，往往有不同的几种解题方法和步骤，即几种算法，为了有效地解题，不仅需要保证算法的正确性，还要考虑算法的质量（时间与空间的效率），选择合适并较优的算法。

2.1.2 算法举例

【例 2-1】 有两个杯子 A 和 B，分别盛放茶和咖啡，要求将杯中的饮料互换，即 A 中盛放咖啡，B 中盛放茶。

根据常识，必须增加一个空杯 C 作为过渡，如图 2-1 所示，其算法可以表示为：

步骤 1：先将 A 杯中的茶倒入 C 杯中。

步骤 2：再将 B 杯中的咖啡倒入 A 杯中。

步骤 3：最后将 C 杯中的茶倒入 B 杯中。

这个算法常常被用于实现两个数据内容的互换（注意：3 个步骤要按序整体完成）。上面的算法可以简化表示为：①A→C；②B→A；③C→B。

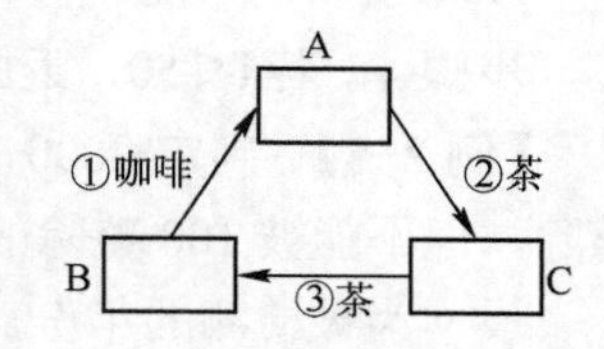

图 2-1　内容互换算法示意图

【例 2-2】 求两个数 A、B 中的最大数。

步骤 1：将数 A、B 进行比较，如果 A 大于 B，则转向步骤 2，否则转向步骤 3。

步骤 2：A 是最大数，转步骤 4。

步骤 3：B 是最大数。

步骤 4：算法结束。

【例 2-3】 求 1×2×3×4×5×6×7。

最原始方法：

步骤 1：先求 1×2，得到结果 2。

步骤 2：将步骤 1 得到的乘积 2 乘以 3，得到结果 6。

步骤 3：将 6 再乘以 4，得 24。

步骤 4：将 24 再乘以 5，得 120。

步骤 5：将 120 再乘以 6，得 720。

步骤 6：将 720 再乘以 7，得 5040。

这样的算法虽然正确，但太繁琐。

改进的算法：

步骤 1：使 t=1，i=2 （第一步初始化）。

步骤 2：使 t×i，乘积仍然放在变量 t 中，可表示为 t×i→t。

步骤 3：使 i 的值+1，即 i+1→i。

步骤 4：如果 i≤7，返回重新执行步骤 2 以及其后的步骤 3 和步骤 4；否则，算法结束。

如果计算 100！只需将步骤 4：若 i≤7 改成 i≤100 即可。

如果要求 1×3×5×7×9×11，算法也只需做很少的改动，可改为

步骤 1：1→t，3→i。

步骤 2：t×i→t。

步骤 3：i+2→i。

步骤 4：若 i≤11，返回步骤 2；否则，算法结束。

该算法不仅正确，而且是计算机较好实现的算法，因为计算机是高速运算的机器，实现循环轻而易举。

思考：若将步骤 4 写成："步骤 4：若 i>11，算法结束，否则返回步骤 2"是否可以？

【例 2-4】 有 50 个学生，要求将他们之中成绩在 80 分以上者打印出来。如果 n_i 表示第 i 个学生学号，g_i 表示第 i 个学生成绩，则算法可表示如下：

步骤 1：1→i。

步骤 2：如果 $g_i≥80$，则打印 n_i 和 g_i，否则不打印。

步骤 3：i+1→i。

步骤 4：若 i≤50，返回步骤 2；否则，算法结束。

【例 2-5】 判定 2000—2500 年中的每一年是否闰年？将结果输出。闰年的条件：能被 4 整除，但不能被 100 整除的年份；能被 100 整除，又能被 400 整除的年份。

设 y 为被检测的年份，则算法可表示如下：

步骤 1：2000→y。

步骤 2：若 y 不能被 4 整除，则输出 y"不是闰年"，然后转到步骤 6。

步骤 3：若 y 能被 4 整除，不能被 100 整除，则输出 y"是闰年"，然后转到步骤 6。

步骤 4：若 y 能被 100 整除，又能被 400 整除，则输出 y"是闰年"，然后转到步骤 6；否则转到步骤 5。

步骤 5：输出 y"不是闰年"。

步骤 6：y+1→y。

步骤 7：当 y≤2500 时，返回步骤 2 继续执行；否则，算法结束。

2.1.3 算法的特征

算法具有如下特征。

1）有穷性。人们编制算法的目的就是要解决问题，若该算法无法在一个有限合理的时间内完成问题的求解，那么算法也就失去了其原有的意义，人们就会摒弃它。而且人们研究算法，其目的还在于它的高效率，即解决同一个问题的两个算法，人们往往选择运行效率高的算法。

2）确定性。算法的确定性是指算法的每一个步骤都应该确切无误，没有歧义性。

3）有零个或多个输入。执行算法时，有时需要外界提供某些数据，帮助算法的执行。一个算法可以没有输入，也可以有多个输入。例如，求解 N!，该算法就需要输入一个数据 N；而求解两数之和，该算法就需要输入两个数据。

4）有一个或多个输出。算法的目的是求解，解就是结果（就是输出），否则就毫无意义。

5）有效性。算法中的每一步都应该能有效地执行，并且可以实现，执行算法最后应该能得到确定的结果。

2.2 结构化程序设计

本节从结构化程序设计的方法、原则及 3 种基本结构来介绍。

2.2.1 结构化程序设计方法

结构化程序设计是由迪克斯特拉（E. W. dijkstra）在 1969 年提出的，是以**模块化**设计为中心，将待开发的软件系统划分为若干个相互独立的模块，这样使完成每一个模块的工作变得单纯而明确，能为设计一些较大的软件打下良好的基础。

结构化程序设计的基本要点如下。

（1）采用自顶向下，逐步细化的程序设计方法

在需求分析、概要设计中，都采用了自顶向下，逐层细化的方法。

（2）使用 3 种基本控制结构构造程序

任何程序都可由顺序、选择、循环 3 种基本控制结构构造（见图 2-2），具体介绍如下。

1）用顺序方式对过程分解，确定各部分的执行顺序。

2）用选择方式对过程分解，确定某个部分的执行条件。

3）用循环方式对过程分解，确定某个部分进行重复的开始和结束的条件。

4）对处理过程仍然模糊的部分反复使用以上方式分解方法，最终可将所有细节确定下来。

2.2.2 结构化程序设计方法的原则

结构化程序设计方法的原则如下。

1．自顶向下

程序设计时，应先考虑总体，后考虑细节；先考虑全局目标，后考虑局部目标。先从最上层总目标开始设计，逐步使问题具体化，不宜一开始就过多地追求细节。

2．逐步求精（或逐步细化）

对复杂问题，应设计一些子目标作为过渡，需要时，子目标还可以再设计为一些更小的小目标，这样逐步细化。

3．模块化设计

一个复杂问题是由若干稍简单的问题构成的。模块化是把程序要解决的总目标分解为子目标，再进一步分解为具体的小目标，直到小目标能够程序化。一般把每个能程序化的小目标称为一个模块。

由于模块相互独立，因此在设计其中一个模块时，不会受到其他模块的牵连，因而可将原来较为复杂的问题化简为一系列简单模块的设计。模块的独立性还为扩充已有的系统、建立新系统带来了方便，因为用户可以充分利用现有的模块作积木式的扩展。

4．结构化编码——限制使用 goto 语句

结构化程序设计方法的起源来自对goto 语句的认识和争论。作为争论的结论，1974 年 Knuth 发表了令人信服的总结，并总结如下。

1）goto 语句确实有害，应当尽量避免。

2）完全避免使用 goto 语句也并非明智的方法，有些地方使用 goto 语句，会使程序流程更清楚、高效。

3）争论的焦点不应该放在是否取消 goto 语句上，而应该放在用什么样的程序结构上。

其中最关键的是，应在以提高程序清晰性为目标的结构化程序设计方法中限制使用 goto 语句。为此，结构化程序设计方法应只限制 goto 语句在顺序、选择、循环 3 种基本控制结构中使用。

2.2.3 结构化程序设计的 3 种基本结构

结构化程序设计方法使用的顺序、选择、循环 3 种基本控制结构（其流程图表示见图 2-2），理论上已证明，无论多么复杂的问题，其算法都可表示为这 3 种基本结构的组合。依照结构化的算法编写的程序或程序单元（如函数或过程），其结构清晰、易于理解、易于验证其正确性，也易于查错和排错。具体介绍如下。

1．顺序结构

顺序结构表示程序中的各操作是按照它们出现的先后顺序执行的。如图 2-2a 所示，其中的每个处理（A 和 B）顺序执行。

2．选择结构

选择结构表示程序的处理步骤出现了分支，需要根据某一特定的条件选择其中的一个分支执行。选择结构有单选择、双选择和多选择 3 种形式。如图 2-2b 所示，其中 e 为判决条件。进入选择结构，首先判断 e 成立与否，再根据判断结果，选择执行处理 A 或者处理 B 后退出（注意：允许处理 A 或处理 B，其中一个为空处理）。

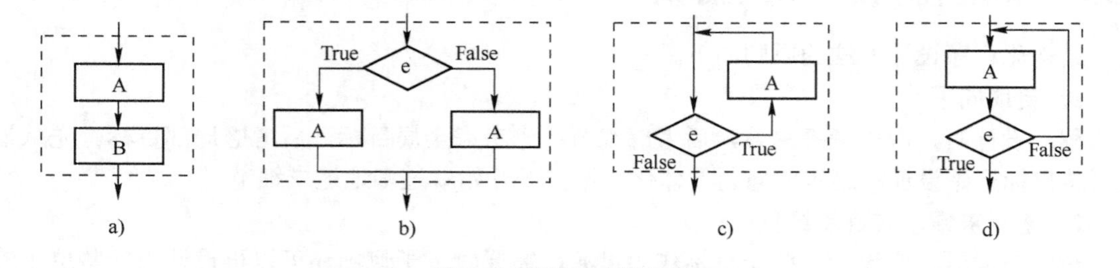

图 2-2 算法基本结构图

a) 顺序结构 b) 选择结构 c) 当型循环结构 d) 直到型循环结构

3．循环结构

循环结构表示程序反复执行某个或某些操作，直到某条件为假（或为真）时才可终止循环。在循环结构中最主要的是：什么情况下执行循环？哪些操作需要循环执行？

循环结构的基本形式有两种：当型循环和直到型循环。

1）当型循环：表示先判断条件，当满足给定的条件时执行循环体，并且在循环体末端处流程自动返回到循环入口；如果条件不满足，则退出循环体直接到达流程出口处。因为是“当条件满足时执行循环”，即先判断后执行，所以称为当型循环。如图 2-2c 所示，循环结构中的 A 是要重复执行的操作，叫作“循环体”；e 是控制循环执行的条件。当型循环是“当”条件 e 成立（即为 True），就继续执行 A；否则（即条件为 False）就结束循环。

2）直到型循环：表示从结构入口处直接执行循环体，在循环体末端处判断条件，如果条件不满足，返回入口处继续执行循环体，直到条件为真时再退出循环到达流程出口处，是先执行后判断。因为是“直到条件为真时为止”，所以称为直到型循环。如图 2-2d 所示，重复执行 A，“直到”条件 e 成立（即为 True），循环结束。

由图 2-2 可以看出，3 种基本结构的共同特点是：①只有单一的入口和单一的出口；②结构中的每个部分都有执行到的可能；③结构内不存在永不终止的死循环。

结构化程序设计的基本思想是采用“自顶向下，逐步求精”的程序设计方法和“单入口单出口”的控制结构。

结构化编码的程序的静态形式与动态执行流程之间具有良好的对应关系。本书介绍的 C 语言完全支持结构化的程序设计方法，并提供了相应的语言成分。

2.3 表示算法的多种方法

为了描述一个算法，可以采用许多不同的方法，常用的有自然语言、流程图、N-S 流程图、伪代码和计算机语言等。其中，自然语言描述算法通俗易懂，但比较烦琐冗长，不直观，容易产生歧异；伪代码描述的算法与自然语言相比，比较紧凑；流程图表示的算法，通过图形描述，逻辑清楚、形象直观、容易理解，所以得到广泛的应用。但总体上各有特色，读者可自行选择，下面来分别说明。

2.3.1 用自然语言表示算法

自然语言表示算法，一般用于比较简单的问题；复杂一些的问题一般不用自然语言来表示算法。自然语言表示算法的例子见“2.1.2 算法举例”。

对于不复杂的简单问题，算法也可用文字来总体分析与叙述。

2.3.2 用流程图表示算法

算法的传统流程图表示法一直是算法表示的主流之一，相对于其他算法表示方法，流程图表示算法直观形象、易于理解。首先通过表 2-1 认识一下常用的传统流程图符号。

表 2-1 流程图图形符号

图形符号	名称	代表的操作
（平行四边形）	输入/输出	数据的输入与输出
（矩形）	处理	各种形式的数据处理
（菱形）	判断	判断选择，根据条件满足与否选择不同路径
（圆角矩形）	起止	流程的起点与终点
（双边矩形）	特定过程	一个定义过的过程或函数
（箭头）	流程线	连接各个图框，表示执行顺序
（圆圈）	连接点	表示与流程图其他部分相连接

根据这些图形符号，可以将前面用自然语言描述的算法，再用流程图表示成如下形式（读者不妨与自然语言描述的算法对比一下）。

【例 2-6】 A 和 B 数据互换，如图 2-3 所示。

【例 2-7】 求两个数 A、B 中的最大数，如图 2-4 所示。

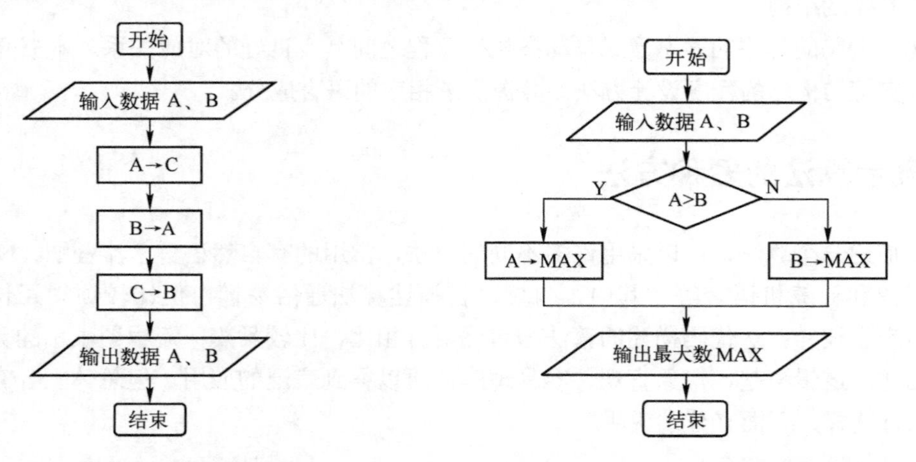

图 2-3 A 和 B 两数交换的流程图　　图 2-4 求 A、B 两数中最大数的流程图

【例 2-8】 求 n！(n≥1)的算法流程图，如图 2-5 所示。

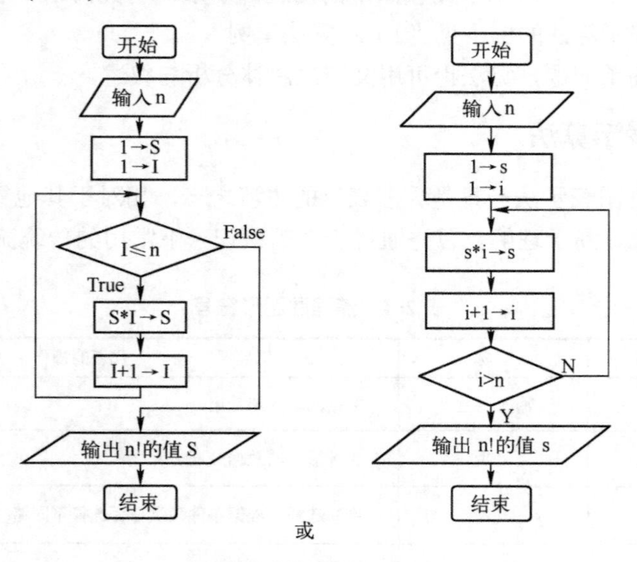

图 2-5 n！算法流程图

【例 2-9】 将【例 2-4】的算法用流程图表示，如图 2-6 所示。

【例 2-10】 将【例 2-5】（判定 2000—2500 年中的每一年是否闰年，将结果输出）的算法用流程图表示，如图 2-7 所示。

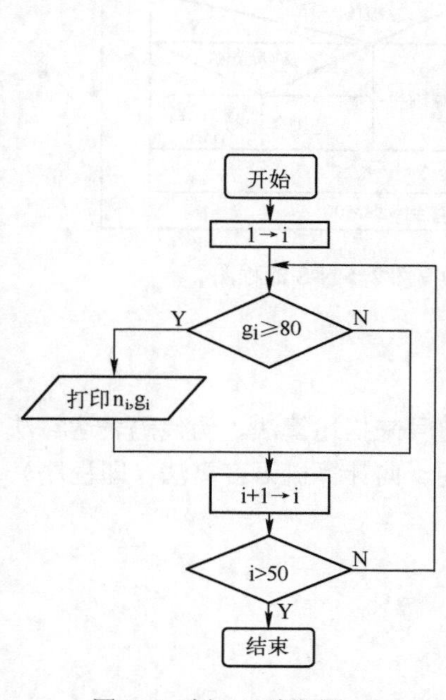

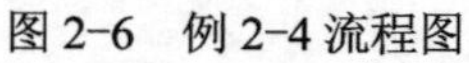
图 2-6　例 2-4 流程图

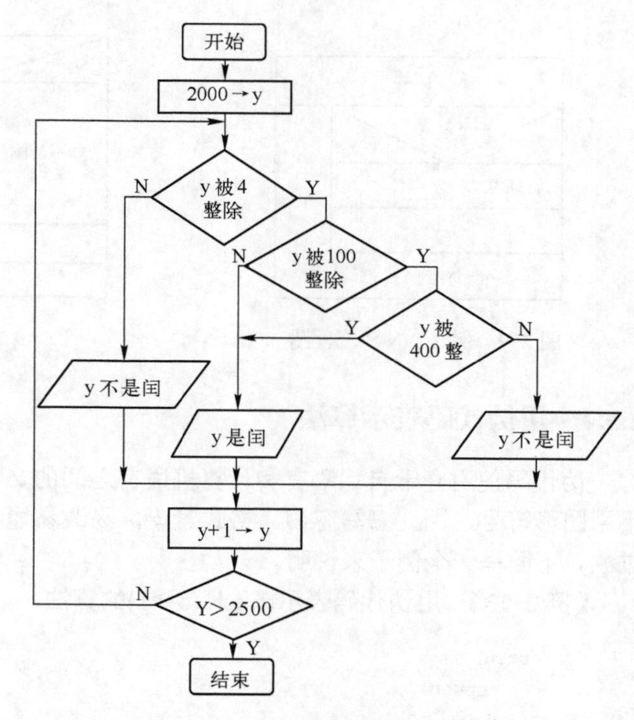

图 2-7　例 2-5 流程图

2.3.3　用 N-S 流程图表示算法

N-S 图也被称为盒图或 CHAPIN 图，这种新型流程图是 1973 年美国学者 I. Nassi 和 B. Shneiderman 共同提出的，为此称为 N-S 图。

传统流程图由一些特定意义的图形、流程线及简要的文字说明构成，它能清晰明确地表示程序的运行过程。在使用过程中，人们发现流程线不一定是必需的，为此，人们设计了一种新的流程图，它把整个程序算法写在一个大框图内，这个大框图由若干个小的基本框图构成，这种流程图简称 N-S 图。

结构化程序设计提倡的 3 种基本程序结构的 N-S 图如图 2-8 所示。

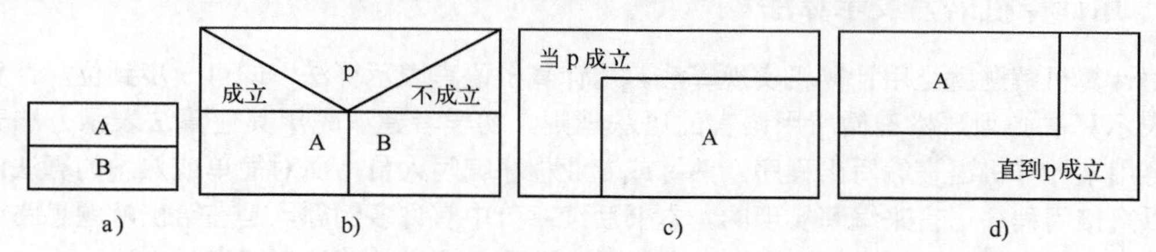

图 2-8　3 种基本程序结构的 N-S 图

a) 顺序结构　b) 选择结构　c) 当型循环结构　d) 直到型循环结构

【例 2-11】　将例 2-4 的算法用 N-S 流程图表示，如图 2-9 所示。

【例 2-12】　将例 2-5 的算法用 N-S 流程图表示，如图 2-10 所示。

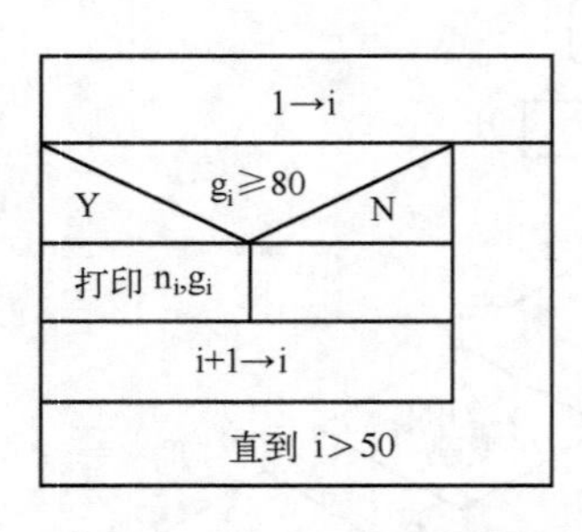

图 2-9　例 2-4 N-S 流程图

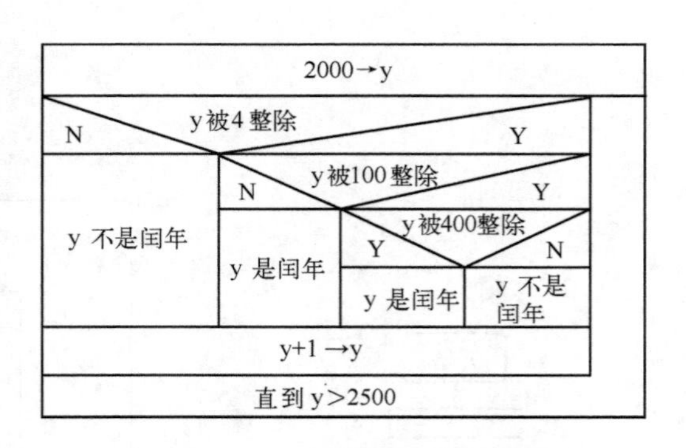

图 2-10　例 2-5 N-S 流程图

2.3.4　用伪代码表示算法

伪代码使用介于自然语言和计算机语言之间的文字和符号来描述算法。伪代码表达算法不用图形符号，因此书写容易，格式紧凑，易改易懂，也便于向计算机语言算法（即程序）过渡。下面举一个例子来说明。

【例 2-13】 用伪代码表示求 n！(n≥1)的算法。

```
begin
    input n
    1=>t
    1=>i
    {
        t*i=>t
        i+1=>i
    }
    until i>n
    print t
end
```

从以上例子可知，伪代码书写格式比较自由，容易表达出设计者的思想，表达的算法也容易修改完善。读者在表达程序思路时可以根据需要与习惯选用。

2.3.5　用计算机语言表示算法

用计算机解题就是用计算机实现算法。用计算机语言表示算法，即可一步到位。计算机语言表示算法必须严格遵循所用语言的语法规则。初学者建议先用其他算法表示方法表示后，再用某计算机语言编写出程序。熟练或专业程序编写人员，面对简单或熟悉的算法问题是可以直接用程序语言来编写实现的。本书后续章节中有许多例题，是在给出解题思路或解题算法后，写出程序的。这里只给出一个例子以说明 C 语言的算法直接表示方法。

【例 2-14】 求 n！(n≥1)的 C 语言程序。

```
#include <stdio.h>
int main(void)
{
```

```
    int i=1,n; long t;
    scanf("%d",&n);
    t=1;
    do
    {
        t=t*i;
        i=i+1;
    }
    while(i<=n);
    printf("%d!=%d\n",n,t);
    return 0;
}
```

2.4 结构化程序设计应用举例

作家编写一部著作，往往不可能一次就把内容写好，一般总是先确定目标和主题，然后构思分成若干章，定出各章题目和大致内容，把每章分成若干节，再细分为若干段……，即由粗到细，逐步具体化，直到能执笔写出文字为止。而人们编写程序与写书一样，常常使用本章前面介绍的结构化程序设计方法：自顶向下；逐步求精；模块化设计；结构化编码。下面举例说明结构化程序设计方法，后续编程将主要采用这种方法。

【例 2-15】 对于 100 个正整数，输出其中的回文数（所谓回文数是指左右数字完全对称的自然数，例如，11，121，1221 等都是回文数）。

采用自顶向下、逐步细化方法来处理这个问题。先将这个问题大体分为 3 个步骤：输入 100 个正整数；把其中的回文数找出来；输出这些回文数，如图 2-11 所示。

从图 2-11 中可以很明显看出，目前找回文数的这三步骤还是非常“笼统”和“抽象”的，需进一步细化；这 3 个部分可以采用 3 个功能模块来实现，即可编写 3 个函数来实现。

对于第一部分输入 100 个正整数，考虑通过 a1～a100（实现时用数组）来接收这 100 个数据，如图 2-12 所示。

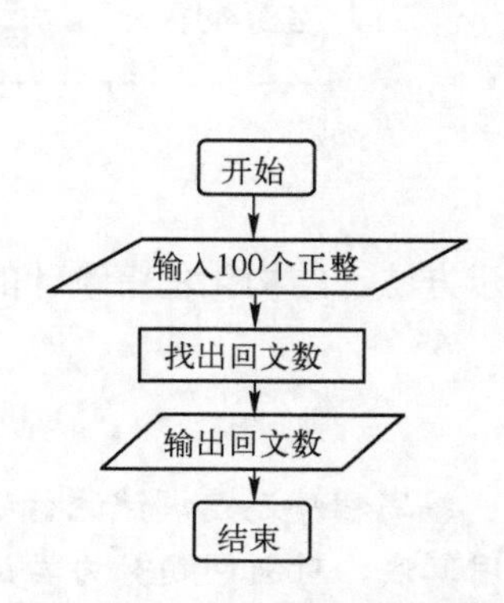

图 2-11　输出回文数初步流程图

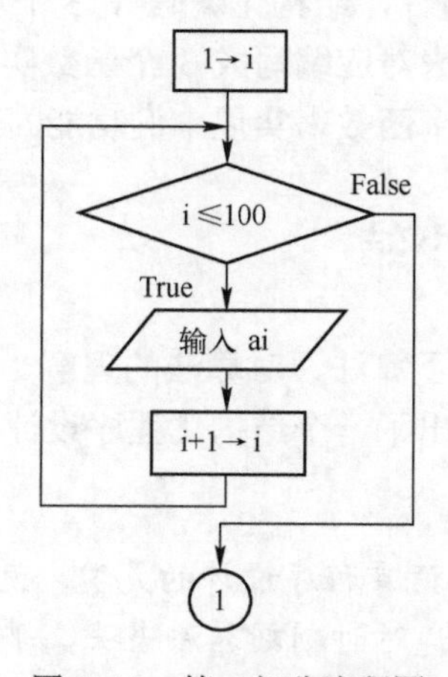

图 2-12　第一部分流程图

对于第二部分的细化：对于 a1～a100 中每一个数逐一判断，若判断它不是回文数，则将它的值置为零，这样最后留下的非零数，即为回文数。那么如何判断是否为回文数呢？将 ai 逆序得到 x，若 ai 等于 x，则说明它是回文数，如图 2-13 所示。

对于第三部分的细化：根据第二部分，只要对于 a1～a100 中每一个数逐一判断 ai 不等于零（它是回文数），即可输出 ai，如图 2-14 所示。

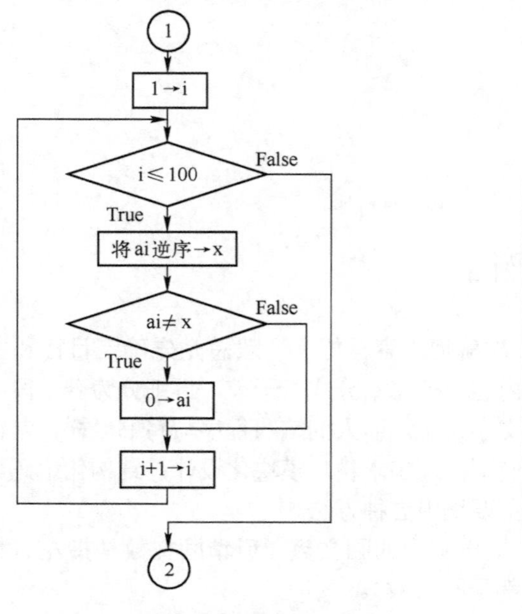

图 2-13　第二部分流程图

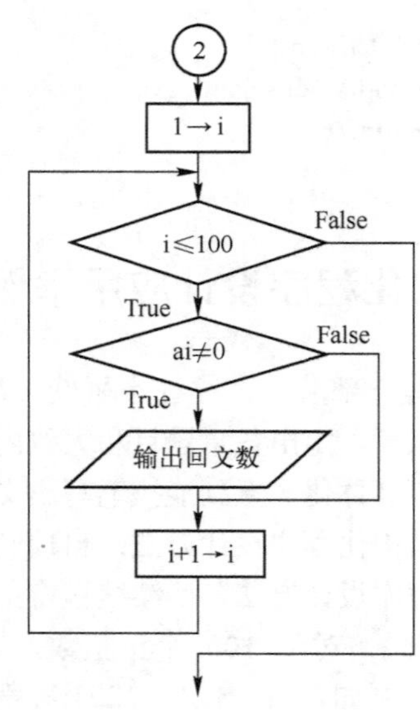

图 2-14　第三部分流程图

到此为止，细化完毕，每一部分基本上都可以用高级语言的语句实现，只要将上述各图综合起来，即可得到完整的算法流程图。

从中可以看出，“自顶向下，逐步求精”是结构程序设计方法的核心。读者应当学会使用这种方法来思考和解决问题。

“模块化设计，结构化编码”，3 个功能模块，采用结构化编码规范，来对应编写成 3 个函数实现，main()主函数中顺序调用这 3 个函数来实现本例功能。

源程序：找回文数 C 语言源程序

2.5　本章小结

本章介绍了算法、对算法的理解、算法的多种表示方法、结构化程序设计的相关概念与知识等，并给出了一个结构化程序设计的应用示例。

特别注意：

算法是 C 语言程序设计的灵魂，无论是阅读程序、编写程序还是调试运行程序，把握程序算法是关键。时时刻刻算法当头，平时注重积累常用算法，对新问题努力尝试自己来设计与表示算法，进而基于算法去编写程序解决问题，这样一定会获益匪浅的。

2.6 习题

第 2 章
习题参考答案

一、选择题

1．下列关于算法的叙述不正确的是（　　）。

A．算法是解决问题的有序步骤

B．一个问题的算法都只有一种

C．算法具有确定性、可行性、有限性等基本特征

D．常见的算法描述方法有自然语言、图示法、伪代码法等

2．使用计算机解题的步骤，以下描述正确的是（　　）。

A．正确理解题意→设计正确算法→寻找解题方法→编写程序→调试运行

B．正确理解题意→寻找解题方法→设计正确算法→调试运行→编写程序

C．正确理解题意→寻找解题方法→设计正确算法→编写程序→调试运行

D．正确理解题意→设计正确算法→寻找解题方法→调试运行→编写程序

3．流程图是一种描述算法的方法，其中最基本、最常用的图形有：（　　）。

A．处理框、矩形框、连接点、流程线和开始、结束符

B．菱形框、判断框、连接点、流程线和开始、结束符

C．处理框、判断框、连接点、圆形框和开始、结束符

D．处理框、判断框、连接点、流程线和开始、结束符

4．下列关于算法的特征描述不正确的是（　　）。

A．有穷性：算法必须在有限步之内结束

B．确定性：算法的每一步必须有确切的定义

C．输入：算法必须至少有一个输入

D．输出：算法必须至少有一个输出

5．下列不属于算法基本特征的是（　　）。

A．有效性　　B．确定性　　C．有穷性　　D．无限性

6．以下描述中最适合用计算机编程来处理的问题是（　　）。

A．确定放学回家的路线　　B．推测某个同学期中考试各科成绩

C．计算 100 以内的奇数平方和　　D．在互联网上查找自己喜欢的歌曲

7．结构化程序设计由 3 种基本结构组成，下面哪个不属于这 3 种基本结构（　　）。

A．顺序结构　　B．输入、输出结构

C．选择结构　　D．循环结构

8．穷举法的适用范围是（　　）。

A．一切问题　　B．解的个数极多的问题

C．解的个数有限且可一一列举　　D．不适合设计算法

9．模块化程序设计方法反映了结构化程序设计（　　）的基本思想。

A．自顶而下、逐步求精　　B．面向对象

C．自定义函数、过程　　D．可视化编程

10．以下不属于对算法的描述方法的是（　　）。

A．流程图　　　　B．N-S 流程图　　　　C．自然语言　　　D．函数

二、简答题

1．什么是算法？算法的特点是什么？

2．结构化程序设计的 3 种基本结构是什么？其共同特点是什么？

3．尝试用自然语言、流程图、N-S 流程图或伪代码写出下面问题的求解算法。

1）根据三边，求三角形的周长和面积。

2）判断用户输入的一个整数是奇数还是偶数。

3）求解一元二次方程 $ax^2+bx+c=0$ 根。

4）找出 10 个数据的最大数。

5）将 20 个考生成绩中不及格者的分数打印出来。

6）求 S=1+2+3+4+…+100。

实验 2　熟悉 VC++ 2010 环境及算法

一、实验目的

1）进一步掌握在 VC++ 2010 环境中 C 语言程序的建立、编辑、编译和执行过程。

2）能设计与表示解题的算法。

3）了解基本输入/输出函数 scanf()、printf()的格式及使用方法。

4）掌握发现语法错误、逻辑错误的方法以及排除简单错误的操作技能。

二、实验内容

1．改错题

下列程序的功能为：计算 x-y 的值并将结果输出。试纠正程序中存在的错误，以实现其功能。

```
#include <stdio.h>
int main(void)
{
    Int x=2;y=3;a
    A=x-y;
    printf(‘a=%d” ,a);
    printf("\n");          /* 换行 */
    return 0;
}
```

2．程序填空题

从键盘输入两个整数，输出这两个整数之积。根据注释信息填写程序，实现其功能。

```
#include <stdio.h>
int main(void)
{
    int a,b,m;
```

```
    printf("Input a,b please!");
    scanf("%d%d ",&a,&b);
    ____________________    /*赋值语句，将 a 和 b 之积值赋给 m*/
    ____________________    /*输出 a 和 b 积的结果值并换行 */
    return 0;
}
```

3．设计与表示算法（能用多种方式表示算法）

判断一个数 n 能否同时被 3 和 5 整除。

4．编程题

1）编写程序，运行后输出如下信息："How are you!"。

2）编写程序，实现从键盘输入 3 个整数，然后输出它们的立方和。

第 3 章　数据类型及其运算

本章包含了 C 语言的一些基本知识和基本概念，包括 C 语言的数据类型、C 语言的数据运算符及表达式等。它们是学习、理解与编写 C 语言程序的基础。

学习重点和难点：

- C 语言的数据类型
- 常量和变量
- 运算符和表达式

学习本章后，读者将全面了解与初步把握 C 语言处理的数据及其运算。

3.1　本章引例

程序=数据结构+算法，数据结构即不同类型数据的表示，简单说就是数据，是算法程序要加工处理的对象，每个程序首要的是对处理的数据明确定义并做好数据准备。程序的数据是有不同类型（数据结构）的，对不同类型数据的加工处理（运算等）语言是有合理规定的。**编写程序的目标实际上是对不同类型数据，利用算法加工处理后输出正确结果**。程序运行时，不同类型数据是分配在内存中的，对内存数据加工处理基本体现在 C 语言会提供哪些运算符，会形成哪些操作表达式。下面是本章的引例：

【例 3-1】 定义不同数据类型并运算输出结果（以计算圆与正方形的面积及周长为例），输出变量与类型内存字节数来认识不同类型数据及其内存分配与使用状况。

```
#include <stdio.h>
#define PI 3.141593                     //预处理命令
int main(void)
{ //①程序变量定义段
  char c1='a',c2,c3;                    //字符变量 c1,c2,c3
  int radius=2,side=4;                  //圆的半径 radius,正方形的边长 side
  double circum1,area1;                 //分别定义圆的周长与面积变量
  float circum2,area2;                  //分别定义正方形的周长与面积变量
  int xor;                              //位操作异或运算结果变量
  //②程序执行操作(数据运算等处理)代码段
  c2=c1+3; c3=c1-32;                    //a 后面第 3 个字母赋值给 c2，a 转成大写字母赋给 c3
  circum1=2.0*PI* radius; area1=PI* radius* radius;       //计算圆的周长与面积值
  circum2=4 * (float)side; area2=(float)(side * side);    //计算正方形的周长与面积值
  xor= side>>2 ^ radius;     //位操作：side>>2 结果为 1，“1^2”结果为 3 即 0001^0010=0011
  //③程序结果输出代码段
  printf("char 类型占 %d bytes, 变量 c1 占 %d bytes, 变量 c2 占 %d bytes\n",sizeof(char), sizeof
```

```
(c1), sizeof(c2));
        printf("int 类型占%d bytes, 变量 radius 占%d bytes, 变量 side 占%d bytes\n",sizeof(int),sizeof
(radius), sizeof(side));
        printf("double 类型占%d bytes, 变量 circum1 占%d bytes, 变量 area1 占%d bytes\n",sizeof(double),
sizeof (circum1),sizeof(area1));
        printf("float 类型占%d bytes, 变量 circum2 占%d bytes, 变量 area2 占%d bytes\n",sizeof(float),
sizeof(circum2),sizeof(area2));
        printf("字母 %c 后面第 3 个字母是 %c，字母 %c 转成大写字母是 %c\n",c1,c2,c1,c3);
        printf("半径为：%d 的圆的周长与面积分别为：%lf, %lf\n",radius,circum1,area1);
        printf("边长为：%d 的正方形的周长与面积分别为：%f, %f\n",side,circum2,area2);
        printf("边长为：%d 的正方形的周长比半径为：%d 的圆的周长长：%lf\n", side,radius,circum2-
circum1); //这里直接输出“circum2-circum1”表达式运算结果
        printf("边长为：%d 的正方形的面积比半径为：%d 的圆的面积大：%lf\n", side,radius,area2-area1);
        printf("边长值右移 2 位后与半径值进行异或操作的结果为：%d\n",xor); //位操作
    }
```

运行结果：

```
char类型占 1 bytes, 变量c1占 1 bytes, 变量c2 占 1 bytes
int类型占 4 bytes, 变量radius占 4 bytes, 变量side占 4 bytes
double类型占 8 bytes, 变量circum1占 8 bytes, 变量area1占 8 bytes
float类型占 4 bytes, 变量circum2占 4 bytes, 变量area2占 4 bytes
字母 a 后面第3个字母是 d, 字母 a 转成大写字母是 A
半径为: 2 的圆的周长与面积分别为: 12.566372, 12.566372
边长为: 4 的正方形的周长与面积分别为: 16.000000, 16.000000
边长为: 4 的正方形的周长比半径为: 2 的圆的周长长: 3.433628
边长为: 4 的正方形的面积比半径为: 2 的圆的面积大: 3.433628
边长值右移2位后与半径值进行异或操作的结果为: 3
请按任意键继续. . .
```

引例程序数据与执行代码内存示意图如图 3-1 所示。

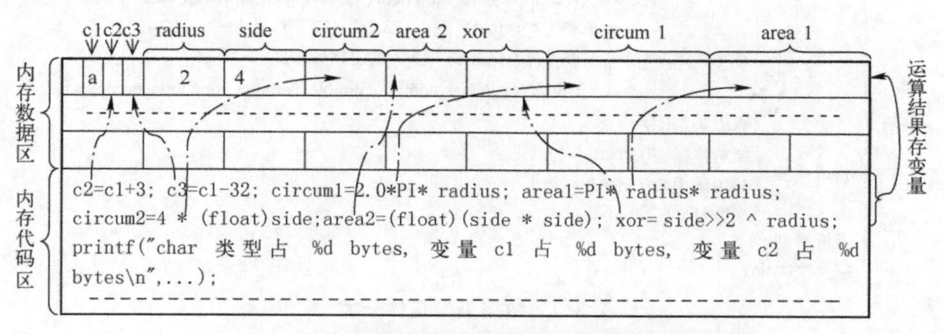

图 3-1　引例程序数据与执行代码内存示意图

3.2　数据类型

在第 1 章中，已经了解到程序中使用的各种变量都应预先加以定义，**即先定义，后使用**。对变量的定义可以包括 3 个方面：数据类型、存储类型、作用域。

在本章只介绍数据类型的说明，关于变量其他方面的说明将在后续各章中介绍。所谓数据类型是按被定义变量的性质、表示形式、占据存储空间的多少、构造特点等来划分的。在 C 语言中，数据类型可分为基本类型、构造类型、指针类型和空类型 4 大类（有+的是 C99 所增加的新类型），如图 3-2 所示。

1）基本类型：基本数据类型最主要的特点是其值不可以再分解为其他类型。也就是

说，基本数据类型是自我说明的。基本数据类型包括整型类与实型（浮点型）两类，整型类中的枚举类型是用户自定义的整型集合类型。

2）构造类型：构造类型是由一个或多个数据类型构造而成。也就是，构造类型可以分解为一个或多个基本类型或小的构造类型。在C语言中，构造类型有以下几种：数组类型、结构体类型、共用体（联合）类型、函数类型。函数类型就是用户自定义的函数，函数类型描述了一个函数的接口，包括函数返回值的数据类型和参数的类型等。

3）指针类型：指针是一种特殊的，同时又是具有重要作用的数据类型。其值用来表示某个变量在内存储器中的地址。虽然指针变量的取值类似于整型量（如变量 i 分配的内存地址为：1245052），但这是两个类型完全不同的量，因此不能混为一谈，即不能把地址看成整型量或把整型量用作地址。

4）空类型：空类型是不知道、不明确或不需要利用的一种标识类型。空类型的说明符为“void”。譬如在调用函数值时，通常应向调用者返回一个函数值。这个返回的函数值是具有一定的数据类型的，为此，需要说明该函数为某数据类型。也有一类函数，调用后并不需要向调用者返回函数值，这种函数可以定义为“空类型”。

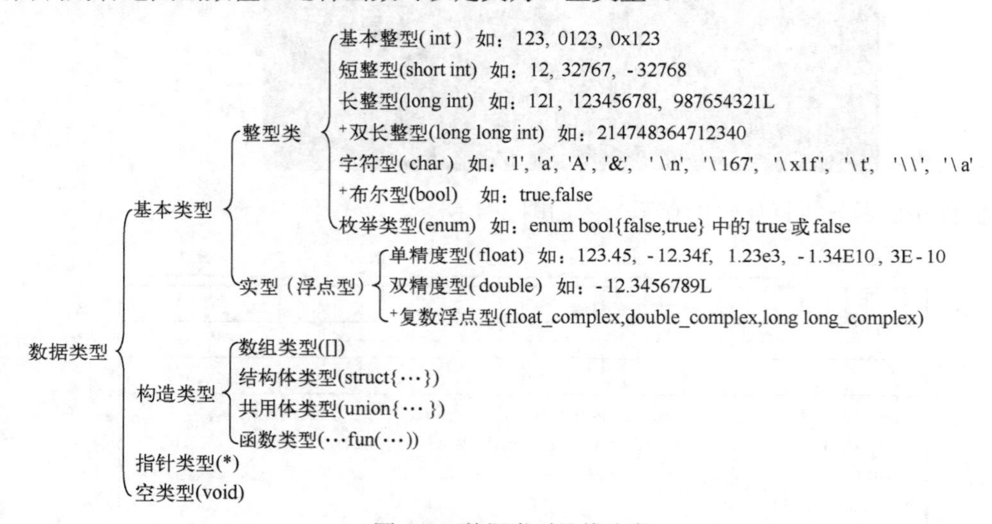

图 3-2 数据类型具体分类

数据为什么要区分类型呢？这个问题从不同类型变量具有不同性质、表示形式、存储空间大小、构造特点和运算种类等来说明。正是由于数据的多样性、不同数据运算处理的不同、所需内存空间的不同等，而不得不区分数据类型以提高程序处理的时间与空间效率、便利性、灵活性等。为此，不同计算机语言都是区分数据类型的，数据类型的多少是因语言而不同的。

了解不同的数据类型，关键要把握其数据表示形式、数据取值范围、数据占用内存空间大小、数据允许的运算种类等。实际上，面对具体问题，确定合适的数据类型及个数是编写程序的关键之一。

3.3 常量与变量

基本数据类型量按其取值是否可改变又分为常量和变量两种（常变量看作常量）。在程序执行过程中，其值不发生改变的量称为常量，其值可变的量称为变量。它们可与数据类型结合起来分类。例如，数据可分为整型常量、整型变量、浮点常量、浮点变量、字符常量、字符变量、枚举常量、枚举变量等。在程序中，常量是可以不经说明而直接引用的，而变量则必须先定义后使用。

3.3.1 常量

常量可分为直接常量、符号常量和常变量（从量不变的角度可归属为常量）等。

1．直接常量（或字面常量）

例如，整型常量：12、0、-3；实型常量：4.6、-1.23；字符常量：'a'、'b'。

2．符号常量

用来标识变量名、符号常量名、函数名、数组名、类型名、文件名的有效字符序列称为标识符。在C语言中，可以用一个标识符来表示一个常量，称之为**符号常量**。**符号常量在使用之前必须先定义**，其一般形式为

#define 标识符 常量

其中，#define 也是一条预处理命令（预处理命令都以"#"开头），#define 命令具体称为宏定义命令，其功能是把该标识符定义为其后的常量值。一经定义，以后在程序中所有出现该标识符的地方均代之以该常量值。

习惯上，符号常量的标识符用大写字母，变量标识符用小写字母，以示区别。

3．常变量

常变量，又名只读变量，由 const 声明，格式为

const 类型名 常变量名=常量

常变量有符号常量或一般常量的功效，其值一经定义初始化后就一直不变。它实质上是个变量，但又具有值不变的常量特性。常变量编译时，编译器会进行类型检查，这也是与符号常量的区别之一。

【例 3-2】 符号常量的使用。

```
#define PRICE 30                //定义符号常量 PRICE
#include <stdio.h>
int main(void)
{
    int total;
    const int num=10;           //定义常变量 num，以后 num 的值不能再改变
    total=num* PRICE;           //两个常量乘运算
    printf("total=%d",total);   //%d 对应于整型量的输出，详见第 4 章
    //return 0; 这里注掉 return 0;，表示后面基本都要省略该语句
}
```

符号常量与变量不同，符号常量在编译时，就被全部替换成它代表的常量而不存在了。为此其值在作用域内不能改变，也不能被赋值。常变量如普通变量一样分配内存空间而一直存在，只是其值不允许改变而已。

使用符号常量与常变量的好处有：含义清楚；能做到“一改全改”；只读不写等。

3.3.2 变量

其值可以改变的量称为变量。一个变量应该有一个名字，在内存中占据一定的存储单元（或若干连续的存储单元），存放相应的变量值。**变量定义必须放在变量使用之前**。一般放在函数体的定义与声明部分，即在第一条可执行语句前定义，否则会出现语法错误。

变量有变量名、变量值、存储单元（有唯一变量地址）3 个不同的属性。例如，变量 sum，它的变量名为 sum，变量值假设为 100，存放 sum 的存储单元的地址（即变量地址，用&sum 获取与表示）可能为：1250000。变量 sum 的 3 个属性如图 3-3 所示。

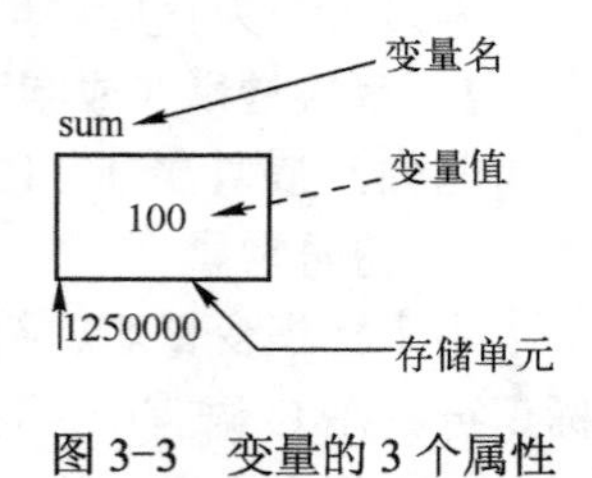

图 3-3 变量的 3 个属性

编译系统根据变量的数据类型自动为其分配内存空间，并将内存地址与变量名进行关联。编程者根据变量名使用变量，运行时程序根据变量对应的内存地址对数据进行读或写。

3.4 整型数据

整型数据分为整型常量数据与整型变量数据两种。

3.4.1 整型常量

整型常量就是整常数。在 C 语言中，使用的整常数有十进制、八进制和十六进制 3 种。

1）十进制整常数：十进制整常数没有前缀，其数码为 0～9。

以下各数是合法的十进制整常数：237、-568、65535、1627。

以下各数不是合法的十进制整常数：028（不能有前导 0）、23D（含有非十进制数码）。

在程序中是根据前缀来区分各种进制数的。因此，在书写常数时不要把前缀弄错，以免结果不正确。

2）八进制整常数：八进制整常数必须以 0 开头，即以 0 作为八进制数的前缀。数码取值为 0～7。八进制数通常是无符号数。

以下各数是合法的八进制数：015（十进制为 13）、0101（十进制为 65）、0177777（十进制为 65535）；以下各数不是合法的八进制数：256（无前缀 0）、03A2（包含了非八进制数码）、-0127（出现了负号，一般不这么用）。

3）十六进制整常数：十六进制整常数的前缀为 0X 或 0x，其数码取值为 0～9，A～F 或 a～f（代表 10～15）。

以下各数是合法的十六进制整常数：0X2A（十进制为 42）、0XA0（十进制为 160）、0XFFFF（十进制为 65535）；以下各数不是合法的十六进制整常数：5A（无前缀 0X）、0X3H（含有非十六进制数码）。

整型常数可以有后缀。在 16 位字长的机器上，基本整型的长度也为 16 位，因此表示的数的范围也是有限定的。如 16 位的基本整型常数，其十进制无符号整常数的范围为 0～65535，有符号数的范围为-32768～+32767；八进制无符号数的表示范围为 0～0177777，十六进制无符号数的表示范围为 0X0～0XFFFF 或 0x0～0xFFFF。如果使用的数超过了上述范围，就必须用长整型数来表示。长整型数是用后缀“L”或“l”来表示的。

例如，十进制长整常数：158L（十进制为 158）、358000L（十进制为 358000）；八进制长整常数：012l（十进制为 10）、077l（十进制为 63）、0200000L（十进制为 65536）；十六进制长整常数：0X15L（十进制为 21）、0XA5L（十进制为 165）、0X10000L（十进制为 65536）。

长整数 158L 和基本整常数 158 在数值上并无区别。但对 158L，因为是长整型量，C 语言编译系统将为它分配 4 个字节的存储空间。而对 158，因为是基本整型，有的系统可能只分配 2 个字节的存储空间。因此，在运算和输出格式上要予以注意，避免出错。

无符号数也可用后缀表示，整型常数的无符号数的后缀为“U”或“u”。例如，358U，0x38Au，235Lu 均为无符号数。

前缀、后缀可同时使用以表示各种类型的数。如 0XA5Lu 表示十六进制无符号长整数 A5，其十进制为 165。

4）枚举常量：enum weekday{ sun,mon,tue,wed,thu,fri,sat }定义了枚举类型 weekday，枚举类型 weekday 中的 sun,mon,tue,wed,thu,fri,sat 等为枚举常量，实际上其缺省值分别为 0,1,2,3,4,5,6。有关枚举类型的详细内容请参阅后续章节。

3.4.2 整型变量

1．整型数据在内存中的存放形式

整型数据是以补码表示的，正数的补码和原码（即该正整数一定字节数的二进制形式）相同；负数的补码是将该数的绝对值的二进制形式按位取反再（末位）加 1。

例如，10 的补码（2 个字节时）为 00000000 00001010；-10 的补码为 11111111 11110110。若为 4 字节整数，则 10 的补码为 00000000 00000000 00000000 00001010；-10 的补码为：11111111 1111111 1 11111111 11110110。

对于整数的补码表示，可以发现一个规律，左面的第一位是表示符号的，正数为 0，负数为 1。

说明：原码表示法在数值前面增加了一位符号位（即最高位为符号位），该位为 0 表示正数，为 1 表示负数，其余二进制位表示数值的大小。例如，假设用 8 位二进制表示一个整数，+10 的原码为 00001010，-10 的原码就是 10001010；假设用 4 个字节即 32 位二进制表示一个整数，+10 的原码为 00000000 00000000 00000000 00001010，-10 的原码就是 10000000 00000000 00000000 00001010。

2．整型变量的分类

1）基本型：类型说明符为 int，在内存中占 2 或 4 个字节。

2）短整量：类型说明符为 short int 或 short。所占字节和取值范围均与基本型相同，但在 VC++ 2010 中字节数为基本型的一半（即基本型为 4 个字节，短整数为 2 个字节）。

3）长整型：类型说明符为 long int 或 long，在内存中占 4 个字节。

4）无符号型：类型说明符为 unsigned。

无符号型又可与上述 3 种类型匹配，构成以下几种类型。

- 无符号基本型：类型说明符为 unsigned int 或 unsigned。
- 无符号短整型：类型说明符为 unsigned short。
- 无符号长整型：类型说明符为 unsigned long。

各种无符号类型量所占的内存空间字节数与相应的有符号类型量相同。但由于省去了符号位，故不能表示负数，而正整数范围扩大1倍。

以VC++ 2010中4字节整数基本型来说，整数的范围及其变化如下。

1）从00000000 00000000 00000000 00000000开始逐个加1变化到01111111 11111111 11111111 11111111，整数范围对应为：0～2147483647（$0\sim(2^{31}-1)$）。

2）从10000000 00000000 00000000 00000000开始逐个加1变化到11111111 11111111 11111111 11111111，整数范围对应为：-2147483648～-1（$-2^{31}\sim-2^{0}$）。

为此，VC++ 2010中4字节基本型整数的范围为：-2147483648～2147483647，其他字节数整数的范围情况类似。

注意：整数按补码方式存储，最大正整数再加1，突变为最小负整数。C语言里整数的表示范围是有限的，变化范围由存储整数的字节数决定，对于4个字节的整数来说，其变化范围如图3-4所示，超出变化范围时就产生整数溢出，超出部分被舍去。

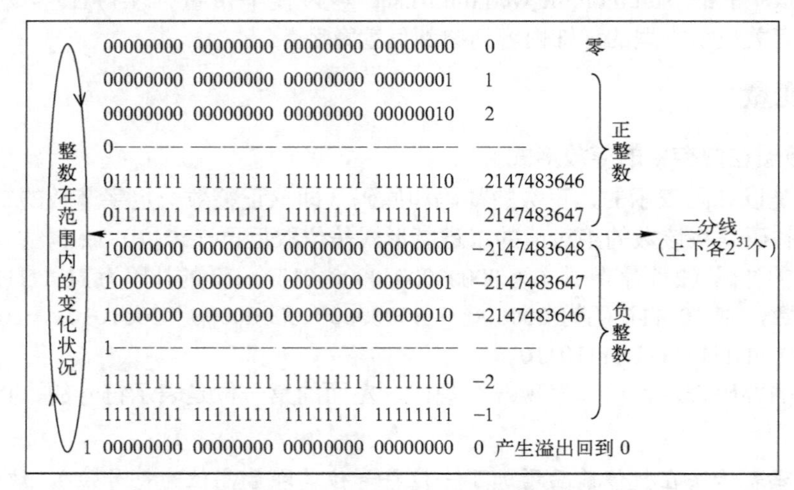

图3-4 C语言整数的变化范围示意图

表3-1列出了Turbo C（或Win-TC）、VC++ 2010中各类整型量所分配的内存字节数及数的表示范围。

表3-1 整型类型的数据及其数值范围

整型类型	Win-TC或Turbo C		Visual C++ 2010	
	字节数	数值范围	字节数	数值范围
int	2	-32768～32767 (即$-2^{15}\sim(2^{15}-1)$)	4	-2147483648～2147483647 (即$-2^{31}\sim(2^{31}-1)$)
unsigned int	2	0～65535 (即$0\sim(2^{16}-1)$)	4	0～4294967295 (即$0\sim(2^{32}-1)$)
short int	2	-32768～32767	2	-32768～32767
unsigned short int	2	0～65535	2	0～65535
long int	4	-2147483648～2147483647	4	-2147483648～2147483647
unsigned long	4	0～4294967295	4	0～4294967295
long long int	无	无	8	-9223372036854775808～9223372036854775807
unsigned long long	无	无	8	0～18446744073709551615

说明：Turbo C与Win-TC，主要是界面不同，实质基本相同。为此，本书在Win-TC环境中的操作，基本适用于Turbo C环境。

下面编程输出各种类型被分配的字节数，不同的C语言编译环境程序运行结果会有差异。

【例3-3】 显示多种类型被分配的字节数。

```
#include <stdio.h>
int main(void)
{ int i=1;
  unsigned int ui=1;
  short int si=1;
  unsigned short int usi=1;
  long int li=1;
  unsigned long ul=1;
  long long ll=1;                       //long long C99 新增类型，VC++ 2010 已支持
  unsigned long long ull=1;             //unsigned long long C99 新增类型，VC++ 2010 已支持
  printf("bytes of int:%d\n",sizeof(i));   //输出各变量占用的字节数
  printf("bytes of unsigned int:%d\n",sizeof(ui));
  printf("bytes of short int:%d\n",sizeof(si));
  printf("bytes of unsigned short int:%d\n",sizeof(usi));
  printf("bytes of long int:%d\n",sizeof(li));
  printf("bytes of unsigned long:%d\n",sizeof(ul));
  printf("bytes of long long:%d\n",sizeof(ll));
  printf("bytes of unsigned long long:%d\n",sizeof(ull));
}
```

说明：这里sizeof(i)或sizeof(int)能显示int类型占用的字节数，其他类型也类似。在不同C语言编译环境中，用sizeof()运算能把数据类型、运算表达式等的占用字节情况完全搞清楚。

运行结果：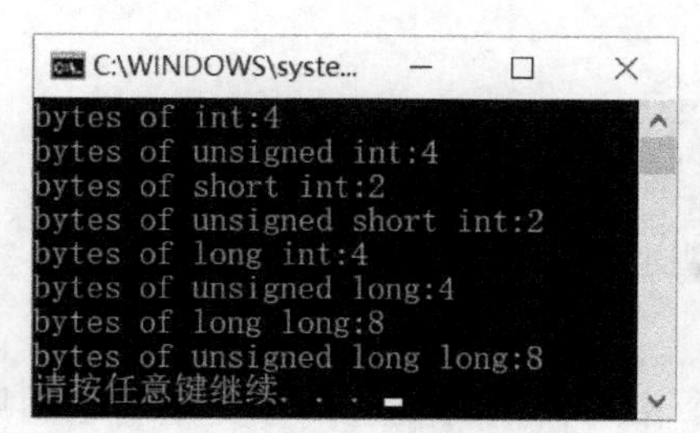

说明：没有特别说明时，运行结果都是指在VC++ 6.0/2010中的运行结果。

【例3-4】 领会整数编码方式。

```
#include <stdio.h>
int main(void)
{ //01111111111111111111111111111111->4 字节最大正整数,16 进制表示为 0x7fffffff
  int i=0x7fffffff;
```

```
    //11111111111111111111111111111111->4 字节最大无符号正整数,16 进制表示为 0xffffffff
    unsigned int ui=0xffffffff;
    //0111111111111111->2 字节最大正整数，十六进制表示为 0x7fff
    short int si=0x7fff;
    //1111111111111111->2 字节最大无符号正整数，十六进制表示为 0xffff
    unsigned short int usi=0xffff;
    long int li=0x7fffffff;
    unsigned long ul=0xffffffff;
    long long int lli=0x7fffffffffffffff;
    unsigned long long ull=0xffffffffffffffff;
    printf("%d \t%d\n",i,i+1);                    //输出最大正整数及其加 1
    printf("%u \t%u\n",ui,ui+1);                  //输出最大无符号整数及其加 1
    printf("%d",si);   printf(" \t\t%d\n",++si);   //输出最大短整数及其加 1
    printf("%u",usi); printf(" \t\t%u\n",++usi);  //输出最大无符号短整数及其加 1
    printf("%ld \t%ld\n",li,li+1);                //输出最大长整数及其加 1
    printf("%lu \t%lu\n",ul,ul+1);                //输出最大无符号长整数及其加 1
    printf("%lld \t%lld\n",lli,lli+1);            //输出最大长长整数及其加 1
    printf("%llu \t%llu\n",ull,ull+1);            //输出最大无符号长长整数及其加 1
}
```

运行结果：

```
2147483647          -2147483648
4294967295          0
32767               -32768
65535               0
2147483647          -2147483648
4294967295          0
9223372036854775807         -9223372036854775808
18446744073709551615        0
请按任意键继续. . .
```

说明：运行本程序，能感受到最大正整数加 1 后突变到最小整数的情况，能进一步理解正、负整数在相应字节范围内的布局情况，也能更好地理解各种整数的表示范围。

3．整型变量的定义

变量定义的一般形式为

```
类型说明符    变量名标识符,变量名标识符,...;
int a,b,c;          //定义 a,b,c 为整型变量
long x,y;           //定义 x,y 为长整型变量
unsigned p,q;       //定义 p,q 为无符号整型变量
```

在书写变量定义时，应注意以下几点。

1）允许在一个类型说明符后定义多个相同类型的变量，各变量名之间用逗号（,）间隔。类型说明符与变量名之间至少用一个空格间隔。

2）最后一个变量名之后必须以分号（;）结尾。

3）变量定义必须放在变量使用之前，一般放在函数体的开头部分。

【例 3-5】 整型变量的定义与使用。

```
#include<stdio.h>
int main(void)
{
```

```
    int a,b,c,d;                    //定义
    unsigned u;
    a=12;b=-24;u=10;                //赋值
    c=a+u;d=b+u;                    //运算
    printf("a+u=%d,b+u=%d\n",c,d); //输出 a+u=22,b+u=-14
}
```

4. 整型数据的溢出

【例 3-6】 整型数据的溢出。

```
#include <stdio.h>
int main(void)
{
    int a,b;                        //可改为：unsigned int a,b;
    a=2147483647;                   //是 VC++ 2010 int 最大值
    b=a+1;
    printf("%d,%d\n",a,b);          //可改为：printf("%u,%u\n",a,b);
}
```

运行结果：2147483647,-2147483648

2147483647 的二进制为 01111111111111111111111111111111

−2147483648 的二进制为 10000000000000000000000000000000

思考：按上面例题中带注释语句给出的提示，做相应替换修改后，看运行结果如何？为什么？

【例 3-7】 不同整型类型间的混合运算。

```
#include <stdio.h>
int main(void){
    long x; int a,c;
    x=5; a=7;
    c=x+a;       //int 与 long 类型变量间的运算
    printf("c=x+a=%d\n",c); //输出 c=x+a=12
}
```

说明：从程序可以看到，x 是长整型变量，a 是基本型变量。它们之间允许进行运算，运算结果为长整型。但 c 被定义为基本型，因此，最后结果为基本型。本例说明，不同类型的量可以参与运算并相互赋值。而其中的类型转换是由编译系统自动完成的。

3.5 实型数据

实型数据分为实型常量数据与实型变量数据两种。

3.5.1 实型常量

实型也称为浮点型。实型常量也称为实数或者浮点数。在 C 语言中，实数只采用十进

制。它有两种形式，即十进制小数形式与指数形式。

1．十进制数小数形式

由符号位（正号可省略）与带小数点的数（数码 0~9 和小数点组成）构成。

例如，0.0，25.0，5.789，0.13，5.0，+300.，−267.8230 等均为合法的实数。注意：必须有小数点。

2．指数形式

由带小数点的十进制数与阶码标志“e”或“E”以及阶码（只能为整数，但可以带符号）组成。其一般形式为：aEn（a 为带小数点的十进制数或为整数，n 为十进制整数，均带符号），其值为 $a*10^n$。下面为合法的实数。

2.1E5 (等于 $2.1*10^5$)　　　3e-2　(等于 $3.0*10^{-2}$)

0.5e7 (等于 $0.5*10^7$)　　　−2.8E−2 (等于 $-2.8*10^{-2}$)

不合法的实数如下所示。

345　(无小数点，是整型数了)　　　E7　(阶码标志 E 之前无数字)

−5　(无阶码标志)　　　53.−E3　(负号位置不对)

2.7E　(无阶码)

标准 C 允许浮点数使用后缀。后缀为“f”或“F”即表示该数为浮点数，如 356.0f 和 356.是等价的。

【例 3-8】 浮点类型数的输出。

```
#include<stdio.h>
int main(void){
   printf("%f\n ",356.); //356.实数常量作为 double，%f 对应于浮点数的输出，详见下一章
   printf("%f\n ",356);   //输出 0.000000，说明整数与%f 不匹配的
   printf("%f\n ",356.0f); //356.0f 为 float
}
```

运行结果：

```
356.000000
 0.000000
 356.000000
```

3.5.2 实型变量

1．实型变量的分类

实型变量分为单精度（float）、双精度（double）和长双精度（long double）3 类。

2．实型数据在内存中的存放形式

实型数据按数据的指数形式存储，在内存中的存放形式如下：

数符	指数部分	小数部分

实数无论是单精度还是双精度在存储中都分为 3 个部分。

1）数符或符号位(s)：0 代表正，1 代表为负。

2）指数部分或指数位(e)：用于存储科学计数法中的指数数据，并且采用指数移位存储。n 位指数位能表示 0～(2^n−1)，为了能表示负指数，往往采用减去偏移量，如减(2^{n-1}−1)来实现负指数的表示。而存储时则用实际指数值加偏移量如(2^{n-1}−1)来存入指数部分，这就是所

谓的指数移位存储。

3）小数部分或尾数部分(f)：存放数据科学计数法中的小数数字部分。

指数部分与小数部分的位数因实数占用字节数及C语言编译系统的不同而异，但一般不论是 float 还是 double，在存储方式上都是遵从 IEEE（Institute of Electrical and Electronic Engineers，美国电气和电子工程师协会）规范的。

1）float 遵从的是 IEEE R32.24——指数部分占 8 位，小数部分占 23 位，如图 3-5a 所示。

2）double 遵从的是 R64.53——指数部分占 11 位，小数部分占 52 位，如图 3-5b 所示。

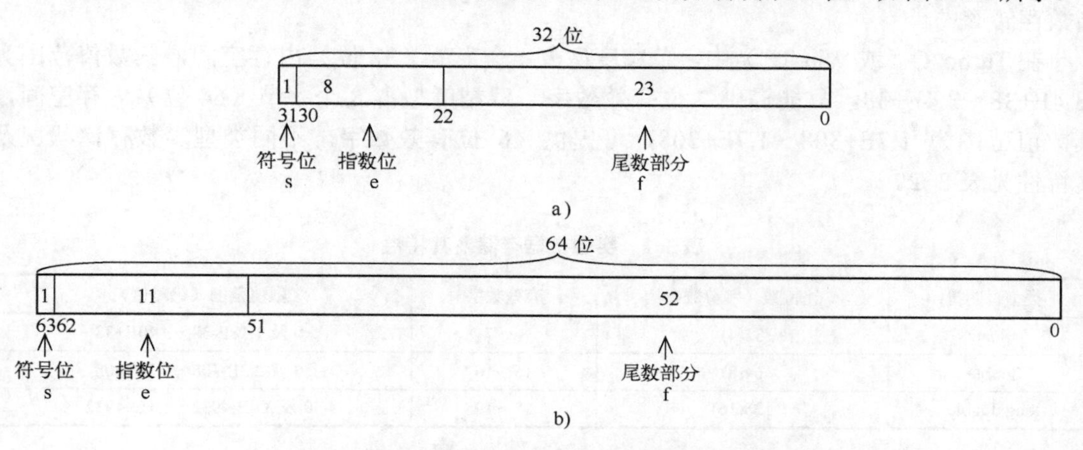

图 3-5　32 位单精度与 64 位双精度实数的存储方式

a) 32 位单精度实数的存储方式　b) 64 位双精度实数的存储方式

注意：小数部分占的位（bit）数愈多，数的有效数字愈多，精度愈高。指数部分占的位数愈多，则能表示的数值范围愈大。

以单精度数 120.5 为例，其存储方式说明如图 3-6 所示。

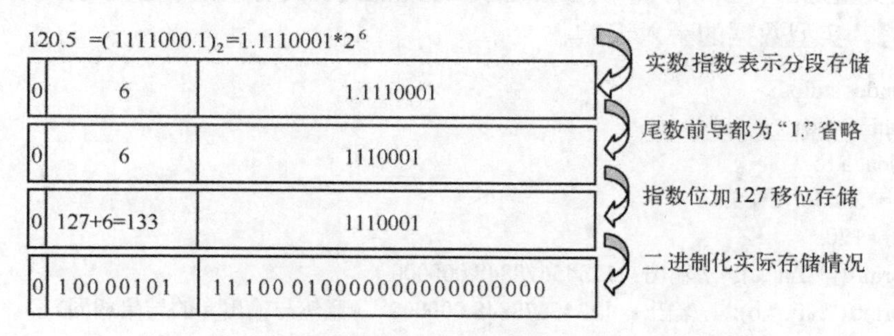

图 3-6　单精度数 120.5 的二进制存储方式

【例 3-9】　验证浮点数的存储方式。

```
#include <stdio.h>
int main(void){
    union                   //定义共用体变量u1
    {   int i;              //int i 与 float f 共用 4 个字节
        float f;            //i 与 f 共用，意味着存入 f 可以以整型数据看待，并通过 i 输出
```

```
    } u1;
    u1.f=(float)120.5;
    printf("%d   %o     %x\n",u1.i,u1.i,u1.i);
}
```

运行结果：`1123090432   10274200000   42f10000`

【例 3-9】及其运行结果表明，（120.5 的 float 二进制指数存储形式）$=(01000010111100010000000000000000)_2=(1123090432)_{10}=(10274200000)_8=(42F10000)_{16}$ 程序结果验证了实数的二进制指数存储形式。

在 Turbo C（或 Win-TC）中，单精度型占 4 个字节（32 位）内存空间，其数值范围为−3.4E+38～3.4E+38，只能提供 **7 位有效数字**。双精度型占 8 个字节（64 位）内存空间，其数值范围为−1.7E+308～1.7E+308，可提供 **16 位有效数字**。不同类型实数存储状况及其特性见表 3-2。

表 3-2　实数数据存储及其特性

类型说明符	比特数（字节数）	有效数字	数值范围（绝对值）
float	32(4)	6～7	0 及 1.18E-38～3.40E+38
double	64(8)	15～16	0 及 2.3E-308～1.7E+308
long double	128(16)	18～19	0 及 3.4E-4932～1.1E+4932

3．实型变量定义

实型变量定义的格式和书写规则与整型相同。举例如下。

```
float x,y;        //定义 x,y 为单精度实型变量
double a,b,c;   //定义 a,b,c 为双精度实型变量
```

4．实型数据的舍入误差

由于实型变量是由有限的存储单元组成的，因此能提供的有效数字总是有限的。

【例 3-10】 实型数据的舍入误差。

```
#include<stdio.h>
int main(void)
{   float a,b;
    a=123456.789e5;
    b=a+20;
    printf("%f\n",a);   //输出：12345678848.000000
    printf("%f\n",b);   //输出：12345678848.000000 （竟然与输出 a 的结果相同？）
}
```

说明：从运行结果看，误差明显。注意：C 语言中 1.0/3*3 的结果并不精确等于 1。

【例 3-11】 浮点数的有效数位。

```
#include<stdio.h>
int main(void)
{
    float a;
```

```
    double b;
    a=33333.33333;
    b=33333.33333333333333;
    printf("%f\n%f\n",a,b);
    printf("%20.10lf\n%20.10lf\n",a,b);
}
```

运行结果：

```
33333.332031
33333.333333
     33333.3320312500
     33333.3333333333
```

说明：由于 a 是单精度浮点型，有效位数只有 7 位。而整数已占 5 位，故小数两位之后均为无效数字。b 是双精度型，有效位为 16 位。

VC++ 6.0/2010、Turbo C（或 Win-TC）都规定，缺省时小数后最多保留 6 位，其余部分四舍五入。

5. 实型常数的类型

C 语言规定：实型常数不区分单、双精度，都按双精度 double 型处理。

3.6 字符型数据

字符型数据包括字符常量和字符变量。字符型数据在内存中用一个字节来存放，可分为有符号字符型和无符号字符型两类。字符型数据的存储空间和值的范围见表 3-3。

表 3-3 字符型数据的存储空间和值的范围

类　型	字节数	取值范围	存储示意图
signed char（有符号字符型）	1	0～127，-128～-1（即-128～127，即-2^7～2^7-1）	00000000～01111111，10000000～11111111
unsigned char（无符号字符型）	1	0～255，即 0～2^8-1	00000000～11111111

1 个字节的字符型数据存储的值对应某一个字符的编码值，即该字符编码。常见的字符编码有 ASCII、Extended ASCII(EASCII)、ISO-8859-1、ANSI、unicode、GB2312、GBK、UTF-8 等。不支持汉字的 C 语言编译器主要是用 ASCII 或 EASCII，ASCII 与 EASCII 编码表见附录 A。

说明：ASCII (**A**merican **S**tandard **C**ode for **I**nformation **I**nterchange)用 7 位二进制编码，从 0～127，共 128 个常用字符。EASCII 扩展了 ASCII 码，用 8 位二进制编码，0～255，共 256 个常用字符。

3.6.1 字符常量

字符常量是用单引号括起来的一个字符。例如，'a'，'b'，'='，'+'，'?'，这些都是合法字符常量。在 C 语言中，字符常量有以下特点。

1）字符常量只能用单引号括起来，不能用双引号或其他括号。

2）字符常量只能是单个字符，不能是字符串。

字符可以是字符集中的任意字符，但数字被定义为字符型之后就不能参与数值运算了。如'5'和 5 是不同的。'5'是字符常量，一般不能参与算术运算。若非常规的字符与整数运算的话（如：x=10+'5';），需要把字符转化成其 ASCII 码再参与运算。

3）''单引号间不含字符的空字符是不允许使用的，它与' '，'\0'是完全不同的。

3.6.2 转义字符

转义字符是一种特殊的字符常量。转义字符以**反斜线**"\"开头，后跟一个或几个字符。转义字符具有特定的含义，不同于字符原有的意义，故称“转义”字符。例如，在前面各例题 printf 函数的格式串中用到的'\n'就是一个转义字符，其意义是“换行”。转义字符主要用来表示那些用一般字符不便于表示的控制代码。

常用的转义字符及其含义，详见表 1-1。

广义地讲，C 语言字符集中的任何一个字符均可用转义字符来表示。表 1-1 中的\ddd 和\xhh 正是因此而提出的。ddd 和 hh 分别为八进制和十六进制表示的 ASCII 代码。如'\101'表示字母'A'，'\102'表示字母'B'，'\134'表示反斜线，'\x0A'表示换行，'\0'表示空字符或字符串结束标志等。

注意：转义字符也要用单引号括起来，在字符串中的转义字符等都是省略单引号的。

【例 3-12】 转义字符的使用。

```
int main(void)   //#include <stdio.h> 有时在程序前省略
{
    printf("   ab    c\tde\rf\n");            //注意\t，\r，\n 的含义
    printf("hijk\tL\bM\n");                   //\b 退格后把 L 删除了
    printf("012x4y8s3\0614w2\n");             //\061 为字符'1'。注意：\ddd，d 为八进制数字
    printf("012x4y8s3\0674w2\n");             //\067 为字符'7'
    printf("012x4y8s3\0684w\1342\n");  //\06 为字符红桃符，\134 为'\'字符
    printf("012x4y8s3\084w2\n");              //\0 字符串结束标志，即空字符
    printf("\n");
}  //请注意字符串中转义符的存在情况，并仔细核查运行结果
```

运行结果：

```
f ab   c de
hijk     M
012x4y8s314w2
012x4y8s374w2
012x4y8s3♠84w\2
012x4y8s3
```

3.6.3 字符变量

字符变量用来存储字符常量，即单个字符。字符变量的类型说明符是 char。字符变量类型定义的格式和书写规则都与整型变量相同，如“char a,b;”。

3.6.4 字符数据的存储与使用

每个字符变量都被分配一个字节的内存空间，用以存放一个字符的字符值。字符值一般采用的是字符的 ASCII 编码值，字符变量中存放的是字符的 ASCII 编码值，而显示或打印时

才会转换成对应的字符或控制功能（如'\n'换行字符产生换行控制效果）。

如 x 的十进制 ASCII 码是 120，y 的十进制 ASCII 码是 121。对字符变量 a，b 赋予'x'和'y'的值“a='x'; b='y';”。实际上是在 a，b 两个单元内存放 120 和 121 的二进制代码，即 a：01111000，b：01111001。

所以也可以把 a，b 看成是整型量。C 语言允许对整型变量赋以字符值，也允许对字符变量赋以整型值。在输出时，允许把字符变量按整型量输出，也允许把整型量按字符量输出，即在输出时按要求转成整数或字符。

整型量为 2 或 4 字节量，字符量为单字节量，当整型量按字符型量处理时，只有低 8 位字节参与处理，如【例 3-13】所示。

【例 3-13】 向字符变量赋以整数。

```
int main(void)
{   char a,b;
    a=1089;                    //(1089)10=(00000100 01000001)2，低 8 位=(01000001)2=(65)10='A'的编码
    b=121;
    printf("%c,%c\n",a,b);   //%c 对应于字符的输出
    printf("%d,%d\n",a,b);   //%d 对应字符的 ASCII 编码值输出
}
```

运行结果：

```
A,y
65,121
```

本程序中定义 a，b 为字符型，但在赋值语句中赋以整型值。从结果看，a，b 值的输出形式取决于 printf 函数格式串中的格式符，当格式符为"%c"时，对应输出的变量值为字符，当格式符为"%d"时，对应输出的变量值为整数。

【例 3-14】 字符型值的输出。

```
int main(void)
{   char a,b;              //定义
    a='a';   b='b';         //赋值
    a=a-32; b=b-32;      //运算
    printf("%c,%c\n%d,%d\n",a,b,a,b);//输出
}
```

运行结果：

```
A,B
65,66
```

本例中，a，b 被定义为字符变量并赋予字符值，C 语言也允许字符变量参与数值运算，即是用字符的 ASCII 码参与运算。由于大小写字母的 ASCII 码相差 32，因此运算后把小写字母换成大写字母，然后分别以整型和字符型输出。

3.6.5 字符串常量

字符串常量是由一对双引号括起的字符序列。例如，"CHINA"，"C program"，"$12.5"等都是合法的字符串常量。**字符串常量和字符常量是不同的量**。它们之间主要有以下区别。

1）字符常量由单引号括起来，字符串常量由双引号括起来。

2）字符常量只能是单个字符，字符串常量则可以含一个或多个字符。

3）可以把一个字符常量赋予一个字符变量，但不能把一个字符串常量赋予一个字符变量。在 C 语言中没有相应的字符串变量，这是与 BASIC 等语言的不同之处。但是，可以用一个字符数组来存放一个字符串常量。

4）字符常量占一个字节的内存空间。字符串常量占的内存字节数等于字符串中所有字符占的字节数加 1。增加的一个字节中存放字符'\0' (ASCII 码为 0)，这是字符串结束的标志。

字符串 "C program" 在内存中所占的字节（共 10 个字节）为 C program\0。

字符常量'a'和字符串常量"a"虽然都只有一个字符，但在内存中的情况是不同的。'a'在内存中占一个字节，可表示为 a；"a"在内存中占二个字节，可表示为 a\0。

注意：<string.h>里定义了一系列专门的字符串处理函数，有些函数后续将介绍。

3.7 变量赋初值

在程序中常常需要对变量赋初值，以便使用变量。C 语言程序中可有多种方法为变量提供初值。本节先介绍在做变量定义的同时给变量赋以初值的方法，这种方法称为初始化。在变量定义中赋初值的一般形式为

类型说明符 变量 1[=值 1],变量 2[=值 2],…;

其中，[=值 1]、[=值 2]表示定义变量的同时，完成对变量的初始化，[]为可选部分。举例如下：

```
int a=3;
int b,c=5;
float x=3.2,y=3f,z=0.75;
char ch1='K',ch2='P';
```

注意：在定义初始化中是不允许连续赋值的，如“int a=b=c=5;”是不合法的。

【例 3-15】 整型变量定义时的初始化。

```
int main(void)
{   int a=3,b,c=5;                          //定义并初始化
    b=a+c;                                  //运算
    printf("a=%d,b=%d,c=%d\n",a,b,c);   //输出  a=3,b=8,c=5
}
```

注意：变量的使用选取合适的类型非常重要，这将直接影响到编写程序的复杂度与程序的效率。更要注意数据处理中可能产生的数据溢出（因数据类型选取不当）和数据舍入误差（因数据混合运算），因为这将直接影响程序运行的正确性。

3.8 数据类型的转换

变量的数据类型是可以转换的。转换的方法有两种，一种是自动转换，另一种是强

制转换。

1．自动转换

自动转换发生在不同数据类型的量混合运算时，由编译系统自动完成。自动转换遵循以下规则：若参与运算量的类型不同，则先转换成同一类型，然后进行运算。

转换按数据长度增加的方向进行，以保证精度不降低。具体转换规则如下：

- char 型和 short 型或 short 型和 short 型参与运算时，先转换成 int 型，结果为 int 型。
- int 型和 long 型运算时，先把 int 量转成 long 型再进行运算，结果为 long 型。
- float 型与 float 单精度型运算，结果为 float 单精度型。
- float 型与 long 型运算，结果为 float 单精度型。
- float 型与 double 型或其他类型与 double 型运算，要先转换成 double 型，结果为 double 型。注意：如 1.2 这样的实数常量是作为 double 型参与运算的。
- 在赋值运算中，赋值号两边的量的数据类型不同时，赋值号右边量的类型将转换为左边量的类型。如果右边量的数据类型长度比左边长时，将丢失一部分数据，这样会降低精度，丢失的部分按四舍五入或直接舍去等方式进行处理。

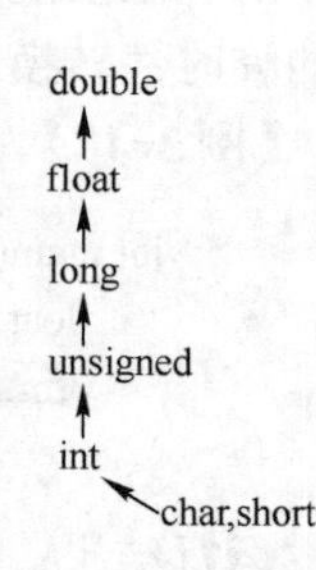

图 3-7　类型自动转换的层次关系

图 3-7 表示了类型自动转换的层次关系。

可以通过如下语句中的 sizeof()运算来显示运算后的表达式的字节数，再判断是否发生了类型自动转化。

```
printf("bytes of \"(float)1.1+1\" is %d",sizeof((float)1.1+1));        //bytes of "(float)1.1+1" is 4
```

表达式字节数为 4，说明是整型与单精度浮点型的运算，结果为单精度浮点型。

```
printf("bytes of (float)1.1+1.0 is %d\n",sizeof((float)1.1+1.0));     //bytes of (float)1.1+1.0 is 8
```

表达式字节数为 8，说明是单精度型与双精度型（1.0 带小数常量系统作为双精度类型）的运算，结果为双精度型。

【例 3-16】 不同类型间的自动转换。

```
int main(void){
    float pi=3.14159;          //编译时显示类型转化警告信息
    int s,r=5;
    s=r*r*pi;                  //编译时显示类型转化警告信息
    printf("s=%d\n",s);
}
```

运行结果：s=78

本例程序中，pi 为实型；s，r 为整型。在执行 s=r*r*pi 语句时，r 转换成 float 型计算，结果也为 float 型。但由于 s 为整型，故赋值结果仍为整型，舍去了小数部分。

2．强制类型转换

强制类型转换是通过类型转换运算来实现的。其一般形式为

```
(类型说明符) (表达式)
```

其功能是把表达式的运算结果强制转换成类型说明符所表示的类型，举例如下。

```
(float) a      //把 a 转换为实型
(int)(x+y)  //把 x+y 的结果转换为整型
```

在使用强制转换时应注意以下问题：

1）类型说明符和表达式都必须加括号（单个变量可以不加括号），如把(int)(x+y)写成(int)x+y 则成了把 x 转换成 int 型之后再与 y 相加。

2）无论是强制转换或是自动转换，都只是为了本次运算的需要而对变量的数据长度进行的临时性转换，并不改变数据说明时对该变量定义的类型。

【例 3-17】 强制类型转换示例。

```
int main(void){
    float f=5.75;
    printf("(int)f=%d,f=%f\n",(int)f,f); //(int)强制类型转换为整型
}
```

运行结果：`(int)f=5,f=5.750000`

说明：本例表明，f 虽强制转为 int 型，但只在运算中起作用，是临时的，而 f 本身的类型并不改变。因此，(int)f 的值为 5（删去了小数），而 f 的值仍为 5.75。

3.9 算术运算符和表达式

C 语言中运算符和表达式数量之多，在高级语言中是少见的。正是丰富的运算符和表达式使 C 语言功能十分完善，这也是 C 语言的主要特点之一。

C 语言的运算符不仅具有不同的优先级，而且还有一个特点，就是它的结合性。在表达式中，各运算量参与运算的先后顺序不仅要遵守运算符优先级别的规定，还要受运算符结合性的制约，以便确定是自左向右进行运算还是自右向左进行运算。这种结合性是其他高级语言的运算符所没有的，因此也增加了 C 语言的学习难度。

3.9.1 运算符简介

C 语言的运算符可分为以下几类。

1）算术运算符：用于各类数值运算。包括加(+)、减(−)、乘(*)、除(/)、求余(或称模运算，%)、自增(++)、自减(−−)共 7 种。

2）关系运算符：用于比较运算。包括大于(>)、小于(<)、等于(==)、 大于等于(>=)、小于等于(<=)和不等于(!=) 6 种。

3）逻辑运算符：用于逻辑运算。包括与(&&)、或(||)、非(!) 3 种。

4）位操作运算符：参与运算的量，按二进制位进行运算。包括位与(&)、位或(|)、位非(~)、位异或(^)、左移(<<)、右移(>>) 6 种。

5）赋值运算符：用于赋值运算，分为简单赋值(=)、复合算术赋值(+=，−=，*=，/=，%=)和复合位运算赋值(&=，|=，^=，>>=，<<=)三类共 11 种。

6）条件运算符：这是一个三目运算符，用于条件求值(?:)。

7）逗号运算符：把若干表达式组合成一个表达式(,)。

8）指针运算符：取内容(*)和取地址(&)两种运算。

9）求字节数运算符：计算数据类型或表达式所占的字节数(sizeof)。

10）特殊运算符：有括号()，下标[]，成员(->，.)等几种。

这些运算符的优先级与结合性，详见附录B。

3.9.2 运算符和表达式

1．基本的算术运算符

- 加法运算符“+”：加法运算符为双目运算符，即应有两个量参与加法运算，如 a+b，4+8 等。具有左结合性。
- 减法运算符“-”：减法运算符为双目运算符。但“-”也可作负值运算符，此时为单目运算，如-x，-5 等具有右结合性；对应的“+”也可作单目正值运算符，如+x+5，但可能应用较少（附录B运算表中也没列出）。
- 乘法运算符“*”、除法运算符“/”：双目运算，具有左结合性。

注意：参与运算量均为整型时，以上运算结果也为整型；参与运算量均为整型时，除法为整型数相除，商为整型（舍去小数部分），这时除运算结果误差较大。

- 求余运算符（模运算符）“%”：双目运算，具有左结合性。要求参与运算的量均为整型。求余运算的结果为两整数相除后的余数。

【例 3-18】 整数整除与求余示例。

```
int main(void){
    printf("\n%d,%d,%d,%d\n",20/7,-20/7,20/-7,-20/-7);           //整除
    printf("%d,%d,%d,%d\n",20%7,-20%7,20%-7,-20%-7);             //求余
    printf("%f,%f,%f,%f\n",20.0/7,-20.0/7,20./-7,-20./-7);       //浮点相除
}
```

运算结果：

```
2,-2,-2,2
6,-6,6,-6
2.857143,-2.857143,-2.857143,2.857143
```

说明：本例中，20/7，-20/7，20/-7，-20/-7 的结果均为整型，整数除法对正数商的取整是舍去小数部分（即下取整方式），但是整数除法对负数商的取整结果和使用的 C 编译器有关。

【参考知识】

从例 3-18 的运行结果可知，VC++ 2010 对负数商的取整也是舍去小数部分，即采用的是上取整方式（上取整意为取大于或等于 x 的最小整数，下取整意为取小于或等于 x 的最大整数），为此，VC++ 2010 商值取整均采用舍去小数部分的方法；取余运算决定于取整方式，因为**余数=被除数-除数*商**，据此，余数不难确定。如-20%7=-20-7*(-2)=-6，20%-7=20-(-7)*(-2)=6。

20.0/7 和-20.0/7 等由于有实数参与运算，因此结果也为实型。

2．算术表达式和运算符的优先级和结合性

表达式是由常量、变量、函数和运算符组合起来的式子。一个表达式有一个值及其类型，它们等于计算表达式所得结果的值和类型。表达式的值按运算符的优先级和结合性的规定及括号强制顺序等运算得到。单个的常量、变量、函数可以看作是表达式的特例。

（1）算术表达式

用算术运算符和括号将运算对象（也称操作数）连接起来的、符合C语法规则的式子。

以下是算术表达式的例子：

a+b、(a*2)/c、(x+r)*8−(a+b)/7、++i、sin(x)+sin(y)、(++i)−(j++)+(k−−)

（2）运算符的优先级

C语言中，运算符的运算优先级共分为15级(详细见附录B)。1级最高，15级最低。在表达式中，优先级较高的先于优先级较低的进行运算。而在一个运算量两侧的运算符优先级相同时，则按运算符的结合性所规定的结合方向处理。

（3）运算符的结合性

C 语言中各运算符的结合性分为两种，即左结合性(自左至右)和右结合性(自右至左)。例如，算术运算符的结合性是自左至右，即先左后右。如有表达式 x−y+z 则 y 应先与“−”号结合，执行 x−y 运算，再执行+z 的运算。这种自左至右的结合方向就称为“左结合性”。而自右至左的结合方向称为“右结合性”。最典型的右结合性运算符是赋值运算符。如 x=y=z，由于“=”的右结合性，应先执行 y=z 再执行 x=(y=z)运算。C 语言运算符中有不少为右结合性，应注意区别，以避免理解错误。

3．自增、自减运算符

自增1，自减1运算符：自增1运算符记为“++”，其功能是使变量的值自增1；自减1运算符记为“−−”，其功能是使变量值自减1。

自增1，自减1运算符均为单目运算，都具有右结合性，可有以下几种形式。

1）++i i 自增1后，再参与其他运算。

2）−−i i 自减1后，再参与其他运算。

3）i++ i 参与运算后，i 的值再自增1。

4）i−− i 参与运算后，i 的值再自减1。

在理解和使用上容易出错的是++和−−。特别是当它们出现在较复杂的表达式或语句中时，常常难于弄清，因此应仔细分析。

【例3-19】 自增、自减运算符的实践。

```
int main(void){
    int i=5,j=5,p,q;
    p=(i++)+(i++); q=(++j)+(++j);
    printf("%d,%d,%d,%d",p,q,i,j);
}
```

扩展阅读：
++与−−复合运算的处理机制探究

VC++ 2010 与 Win-TC 中均输出：10,14,7,7

【参考知识】

在例3-19的p、q后再多加一个(i++)、(++j)，运行情况又如何呢？请扫二维码参阅。

3.10 赋值运算符和表达式

1．赋值运算符

简单赋值运算符和表达式：简单赋值运算符记为“=”。由“=”连接的式子称为赋值表达式，其一般形式为

变量=表达式

例如，x=a+b、w=sin(a)+sin(b)、y=i+++--j 均为赋值表达式。

赋值表达式的功能是计算表达式的值再赋予左边的变量。要特别注意的是赋值号“=”左边一定是变量（包括数组元素等）。如 a+b=100; 这样的赋值语句是错误的。

赋值运算符具有右结合性。因此 a=b=c=5 可理解为 a=(b=(c=5))。

在其他高级语言中，赋值构成了一个语句，称为赋值语句。而在 C 语言中，把“=”定义为运算符，从而组成赋值表达式。凡是表达式可以出现的地方均可出现赋值表达式。

例如，式子 x=(a=5)+(b=8)是合法的，它的意义是把 5 赋予 a，8 赋予 b，再把 a，b 相加，其和赋予 x，故 x 应等于 13。

在 C 语言中也可以组成赋值语句，按照 C 语言规定，任何表达式在其末尾加上分号就构成语句。因此，如 x=8;a=b=c=5;都是赋值语句。

2．类型转换

如果赋值运算符两边的数据类型不相同，系统将自动进行类型转换，即把赋值号右边的类型换成左边的类型，具体规定如下。

1）实型赋予整型，舍去小数部分而非四舍五入。

2）整型赋予实型，数值不变但将以浮点形式存放，即增加小数部分（小数部分值为 0）。

3）字符型赋予整型，由于字符型为一个字节，而整型为两个字节，故将字符的 ASCII 码值放到整型量的低 8 位中，高 8 位为 0。

4）整型赋予字符型，只把低 8 位赋予字符量。

【例 3-20】 赋值表达式中数据类型转换示例。

```
int main(void){
    int a,b=322,d; float x,y=8.88; char c1='k',c2;
    a=y;        /*单精度型转整型*/
    x=b;        /*整型转单精度型*/
    d=c1;       /*字符型转整型*/
    c2=b;       /*整型转字符型*/
    printf("%d,%f,%d,%c",a,x,d,c2);
}
```

运行结果：`8,322.000000,107,B`

说明：本例表明了上述赋值运算中类型转换的规则。a 为整型，赋予实型量 y 值 8.88 后只取整数 8。x 为实型，赋予整型量 b 值 322 后增加了小数部分。字符型量 c1 赋予 d 变为整

型，即字符的 ASCII 码编码值，整型量 b 赋予 c2 后只取其低 8 位作为字符型编码值（整型量 b 的低 8 位为 01000010，即十进制 66，按 ASCII 码对应于字符 B），如图 3-8 所示。

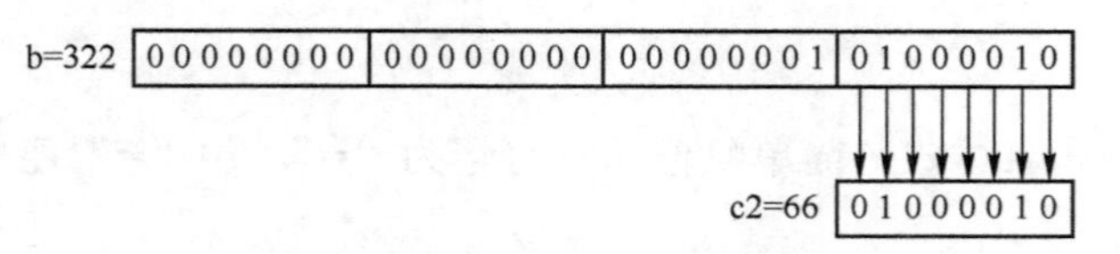

图 3-8　整型赋值给字符型转换示意图

3．复合的赋值运算符

在赋值符“=”之前加上其他二目运算符可构成复合赋值符。如+=，-=，*=，/=，%=，<<=，>>=，&=，^=，|=。

构成复合赋值表达式的一般形式为

变量 双目运算符=表达式　它等效于　变量=变量 运算符 (表达式)

例如：a+=5　等价于 a=a+5

x*=y+7 等价于 x=x*(y+7)

r%=p　等价于 r=r%p

复合赋值符这种写法，对初学者可能不习惯，但表达简洁，复合赋值语句编译处理时能提高编译效率并产生质量较高的目标代码。

【例 3-21】 复合赋值举例。

```
int main(void)
{   int a=2;
    a%=4-1; a+=a*=a-=a*=3;
    printf("a=%d\n",a);   /*a=0  等价于 a=a+(a=a*(a=a-(a=a*3)))*/
    a=12; a+=a-=a*a;
    printf("a=%d\n",a);   /*a=-264  等价于 a=a+(a=a-(a*a))*/
}
```

注意：

1）在进行赋值操作时，会发生类型转换。一般将取值范围小的类型转为取值范围大的类型是安全的，如 int 整数赋给 long 长整型；反之是不安全的，当然大类型的值在小类型能容纳的范围之内，则一般没问题。

2）要注意 C 语言算术表达式与数学公式的不同。特别是乘号（*）不能省略。例如，数学式 b^2-4ac，相应的 C 语言表达式应该写成：b*b-4*a*c。C 语言表达式中只能出现字符集允许的字符，例如，数学 πr^2 相应的 C 表达式应写成：3.14159*r*r 或 PI*r*r（其中 PI 是已经定义的符号常量）；C 语言表达式没有分子分母的表达形式，但可以通过加括号类似写成：(a+b)/(c+d)的形式。

3）C 语言表达式只使用圆括号改变运算的优先顺序。可以使用多层圆括号，此时左右括号必须配对，运算时一般从内层括号开始，由内向外依次计算各层表达式的值。

3.11 逗号运算符和表达式

在 C 语言中逗号“,”也是一种运算符，称为逗号运算符。其功能是把两个表达式连接起来组成一个表达式，称为逗号表达式。其一般形式为

表达式 1,表达式 2,…, 表达式 n

其求值过程是从左到右分别求 n 个表达式的值，并以表达式 n 的值作为整个逗号表达式的值，n 大于等于 2。

【例 3-22】 逗号运算符示例。

```
int main(void){
    int a=2,b=4,c=6,x,y;
    y=(x=a+b),(b+c);        //注意(,)运算优先级最低。为此 y 的值不是 10
    printf("y=%d,x=%d",y,x);
}
```

运行结果：`y=6,x=6`

说明：本例中，因“,”逗号运算优先级最低，y 为(x=a+b)的值，即 x 的值（x 为 a+b 的值），y 赋值得到的并不是(b+c)的值。对于逗号表达式还要说明几点：

1）逗号表达式一般形式中的表达式 n 也可以又是逗号表达式。

例如，表达式 1,(表达式 2,表达式 3) 形成了嵌套情形。

2）整个逗号表达式的值等于表达式 n 的值。程序中使用逗号表达式，通常是要分别求逗号表达式内各表达式的值，并不一定要利用整个逗号表达式的值。

3）并不是在所有出现逗号的地方都组成逗号表达式，如在变量说明中，函数参数表中逗号只是用作各变量之间的间隔符。

3.12 应用实例

【例 3-23】 逗号表达式的计算。

```
int main(void)
{   int a,b,c,x,y=7; float z=4;
    printf("表达式=%d ",(a=3*5,a*4));        printf("a=%d ",a);   /*a=15,逗号表达式 60*/
    printf("表达式=%d ",(a=3*5,a*4,a+5)); printf("a=%d ",a);      /*a=15,逗号表达式 20*/
    printf("\n 表达式=%d ",(x=(a=3,6*3))); printf("x=%d ",x);     /*赋值表达式 18,x=18*/
    printf("表达式=%d ",(x=a=3,6*a));        printf("x=%d ",x);   /*逗号表达式 18,x=3*/
    a=1;b=2;c=3;
    printf("\n%d,%d,%d ",a,b,c);             /*1,2,3*/
    printf("%d,%d,%d ",(a,b,c),b,c);         /*3,2,3*/
    x=(y=y+6,y/z);
    printf("\nx=%d,y=%d\n",x,y);             /* x=3,y=13*/
}
```

运行结果：

```
表达式=60 a=15 表达式=20 a=15
表达式=18 x=18 表达式=18 x=3
1,2,3 3,2,3
x=3,y=13
```

【例 3-24】 显示系统常用数据类型的占用字节数情况。

```
int main(void)
{   printf("Data type          Number of bytes\n");
    printf("------------       -------------------\n");
    printf("char                  %d\n", sizeof(char));
    printf("int                   %d\n", sizeof(int));
    printf("short int             %d\n", sizeof(short));
    printf("long int              %d\n", sizeof(long));
    printf("float                 %d\n", sizeof(float));
    printf("double                %d\n", sizeof(double));
}
```

思考：能否计算出每种数据类型的数据范围？若运算中的数据超出范围会怎样？

【例 3-25】 感性认识整数的编码方式及其大小的变化。

```
int main(void){
    int a=2147483647,b; long c; int x= -1; unsigned int y;
    b=a+1; c=(long)a+1L;
    printf("a=%d,b=%d,c=%ld",a,b,c);
    y=x;
    printf("    x=%d,y=%d,y=%u\n",x,y,y);
}
```

运行结果：

```
a=2147483647,b=-2147483648,c=-2147483648    x=-1,y=-1,y=4294967295
```

【例 3-26】 已知 A=23456，B=56789，C=A+B，打印一个求 A、B 两数和 C 的竖式。

```
int main(void)
{   long a=23456,b=56789,c;
    printf("%8ld\n",a);
    printf("%2c%6ld\n",'+',b);
    printf("%8s\n","--------");
    c=a+b;
    printf("%8ld\n",c);
}
```

运行结果：

```
   23456
 + 56789
--------
   80245
```

【例 3-27】 打印由 ASCII 码表中的桃心字符组成的空心正方形。

```
int main(void)
{   char c;c=3;
    printf("%2c%2c%2c%2c\n",c,c,c,c);
    printf("%2c%6c\n",c,c);
```

```
    printf("%2c%6c\n",c,c);
    printf("%2c%2c%2c%2c\n",c,c,c,c);
}
```

运行结果：

```
 ♥ ♥ ♥ ♥
 ♥     ♥
 ♥     ♥
 ♥ ♥ ♥ ♥
```

【例 3-28】 混合运算示例。

```
int main(void)
{   double x,y; float a,b,c,d;
    x=5.67; y=6.789;
    a=7.89f; b=8.9f;
    printf("sizeofx=%d, sizeofa=%d\n",sizeof(x),sizeof(a));
    c=x+a;   d=y+b;          /*混合运算*/
    printf("c=x+a=%f,d=y+b=%f\n",c,d);
    printf("sizeofx+a=%d, sizeofc=%d\n",sizeof(x+a),sizeof(c));
    printf("sizeofx=%d, sizeofa=%d\n",sizeof(x),sizeof(a));
}
```

运行结果：

```
sizeofx=8, sizeofa=4
c=x+a=13.559999,d=y+b=15.689000
sizeofx+a=8, sizeofc=4
sizeofx=8, sizeofa=4
```

【例 3-29】 通过计算的方法，不借助第三个变量，交换两个变量的值。

```
int main(void)
{   int a=10,b=20;
    printf("a=%d,b=%d\n",a,b);
    a+=b;         /*此时，a 有 a+b 的值*/
    b=a-b;        /*此时，b 有 a 的值*/
    a-=b;         /*此时，a 有 b 的值*/
    printf("a=%d,b=%d\n",a,b);
}
```

【例 3-30】 自增、增减表达式运算。

```
int main(void)
{   int a=1,b=2,c,d,e;
    c=(-a++)+(++b);            /* c=-1+3=2,a=2,b=3 */
    d=(b--)+(++a)+a;           /* d=3+3+3=9,a=3,b=2 */
    e=(a/(++b))-(b/(--a));/* b=3,a=2,e=3/3-3/2=0, Win-TC 中 e=2/3-3/2 */
    printf("c=%d,d=%d,e=%d\n",c,d,e);
}
```

运行结果：VC++ 6.0 中 `c=2,d=9,e=0`；Win-TC/ VC++ 2010 中 `c=2,d=9,e=-1`

说明：e 结果的不同是源于两系统表达式求值规则的不同。VC++ 6.0 中表达式的++或--运算是随着表达式一步步运算中逐步计算的；而 Win-TC 中表达式有++或--运算时，各变量

“左++或--”运算先于表达式计算，变量得到确定值后参与整个表达式计算，之后各变量“右++或--”运算，得到各变量表达式计算后的最终确定值。

3.13 本章小结

本章主要内容是**“程序=数据结构+算法”**中的数据结构，包括 C 语言的数据类型、数据运算符及其优先级和结合性、数据与运算符构成的表达式等。数据是算法设计前首要考虑的，因为数据的选择与确定，会直接影响算法乃至最终程序。因此，本章是学习后续章节的基础，非常重要。

特别注意：

1）认识与把握每种基本数据类型，字符类型用单引号括起(' ')，转义字符('\xxx'形式)是学习难点。

2）整型种类多，有基本型、短整型、长整型、字符型(其 ASCII 码为整型的一小段)等，能充分认识整型的补码编码方式。

3）实型有单精度与双精度之分。

4）数据的各种运算（符）有类型相容、相互转换要求，其中典型代表是赋值(=)运算带来的类型转换。另外，取余(%)运算要求整型类型、除(/)运算有整除与带小数点实数除之分。

5）“a=1”是把 1 赋值给变量 a 的赋值表达式，不是 a 与 1 的相等比较，“a==1”才是相等比较的关系表达式。众多运算与表达式，则需要去逐个认识与实践，包括运算符内涵、优先级与结合性等，它们是处理各类数据的有用“兵器”。

第 3 章
习题参考答案

3.14 习题

一、选择题

1．以下关于 C 语言用户标识符的正确叙述是（　　）。

A．用户标识符中可以出现下划线(_)，但不可以放在用户标识符的开头

B．用户标识符中不可以出现中划线(减号-)，但可以出现下划线(_)

C．用户标识符中可以出现下划线(_)与中划线(减号-)

D．用户标识符中可以出现下划线(_)和数字，它们都可以放在用户标识符的开头

2．下列符号中，属于 C 语言合法标识符的是（　　）。

A．_123　　B．if　　C．a-2　　D．123

3．以下选项中合法的 C 语言字符常量是（　　）。

A．'\128'　　B．'ab'　　C．"a"　　D．'\x43'

4．在 C 语言 Win-TC 系统中，设 int 型数据占 2 个字节，则 char、long、float、double 类型数据所占字节数分别是（　　）。

A．1,2,4,8　　B．1,4,2,8　　C．1,4,4,8　　D．1,4,8,8

5．在 C 语言中，要求运算数必须是整型的运算符是（　　）。

A．/　　　B．++　　　C．!=　　　D．%

6．若有以下语句：char w; int x; float y;，则表达式 w*x+3.14-y 值的数据类型是（　　）。

A．float　　　B．char　　　C．int　　　D．double

7．假设所有变量均为整型，则表达式(a=2,b=5,b++,++a+b)的值是（　　）。

A．7　　　B．8　　　C．9　　　D．2

8．sizeof(float)是（　　）。

A．一个单精度型表达式　　　B．一个整型表达式

C．一个函数调用　　　D．一个不合法的表达式

9．执行语句“x=(a=3,b=a--);”后，x,a,b 的值依次为（　　）。

A．3,3,2　　　B．2,3,2　　　C．3,2,3　　　D．2,3,3

10．已知 letter 是字符变量(字符 ASCII 取值 0～127)，下面不正确的赋值语句是（　　）。

A．letter='m'+'n';　　　B．letter='\0';

C．letter='1'+'2';　　　D．letter=4+5;

二、阅读程序，给出运行结果

1.
```
#include <stdio.h>
int main(void)
{   int i,m,n=2;
    i=7;
    m=++i; n+=i--;
    printf("%d,%d,%d\n",i,m,n);
}
```

2.
```
int main(void)
{
    int a=2,b=3;
    printf("%d,%d\n",--a,b++);
}
```

三、编程题

1．编写程序定义一个字符变量并赋一个初值字符，然后输出该字符及其 ASCII 码值。

2．编写程序定义一个单精度实数变量并赋值一个华氏温度值，要求输出其对应的摄氏温度。公式为：C=5/9（F-32），结果取两位小数（输出时用%.2f 格式控制）。

第 3 章
扩展习题及其
参考答案

实验 3　数据类型及其运算

一、实验目的

1）理解 C 语言中各种数据类型的意义，掌握各种数据类型的定义方法。

2）掌握 C 程序常量、变量的定义与使用。

3）掌握 C 语言数据类型及运算符的基本使用。

二、实验内容

1. 改错题

下列程序的功能为：通过键盘输入两个整数分别存放在变量 x，y 中，不借用第 3 个变量实现变量 x，y 互换值。纠正程序中存在的错误，以实现其功能。

```
#include <stdio.h>
int main(void)
{   int x,y;
    printf("请输入两个整数\n");
    scanf("%d%d",x,y);
    printf("互换前的 x:%d y:%d\n");
    x=x+y
    y=x-y;
    x=x-y;
    printf("互换后的 x:%d y:%d/n",x,y);
}
```

2. 程序填空题

下列程序的功能为：从键盘输入 3 个整数分别存入变量 i1,i2,i3，然后，将变量 i1 的值存入变量 i2，将变量 i2 的值存入变量 i3，将变量 i3 的值存入变量 i1，输出经过转存后变量 i1,i2,i3 的值。补充完善程序，以实现其功能（提示：使用中间变量）。

```
#include <stdio.h>
int main(void)
{   int i1,i2,i3,________;
    printf("Please input i1,i2,i3: ");
    scanf("%d%d%d",_______________);
    ____________________;  /* 注意赋值顺序 */
    ____________________;
    ____________________;
    ____________________;
    printf("i1=%d\ni2=%d\ni3=%d\n",i1,i2,i3);
}
```

3. 编程题

1）定义 3 个字符变量并分别赋值 3 个不同的大写英文字母，把它们转换成小写字母后输出。

2）定义 3 个整型变量并给它们赋值，输出它们的平均值与积。

第 4 章　顺序结构程序设计

C 语言支持结构化的程序设计方法，并提供相应的语言成分。本章介绍顺序结构程序设计及其基本语言语句。

学习重点和难点：

- C 语言语句概述
- 赋值语句与基本输入/输出函数

读者在学习本章后，将能开展主要由顺序结构语句组成的简单程序（定义变量+输入数据+表达式运算等数据处理+输出结果）的分析与设计。

4.1　本章引例

第 3 章引例程序中的部分变量是由赋值语句获得初始值的，读者在学习本章后，赋值初始化可以改用输入函数来读取值，这样运行程序时更具灵活性。

【例 4-1】 输入三角形的三边长，求三角形面积。

分析：已知三角形的三边长 a，b，c，可用海伦公式 $\sqrt{p(p-a)(p-b)(p-c)}$ 来求三角形的面积，其中半周长 p = (a+b+c)/2。图 4-1 是本例 N-S 流程图。

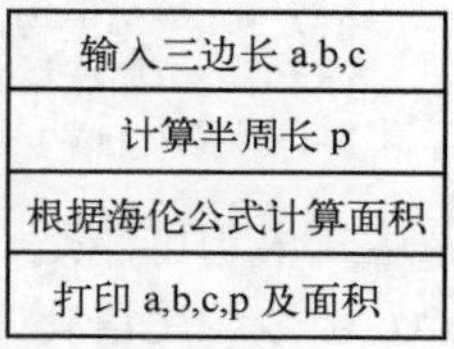

输入三边长 a,b,c
计算半周长 p
根据海伦公式计算面积
打印 a,b,c,p 及面积

图 4-1　N-S 流程图

```
#include <stdio.h>
#include <math.h>
int main(void)
{   float a,b,c,p,area;                              //①变量定义部分
    printf("Input a,b,c: ");                         //输入前的提示信息
    //注意 scanf 输入时边长逗号分隔，空格分隔要使用：scanf("%f%f%f",&a,&b,&c);
    scanf("%f,%f,%f",&a,&b,&c);                      //②输入数据
    p=1.0/2*(a+b+c); //或  p=(a+b+c)/2;              //③表达式运算等数据处理
    area=sqrt(p*(p-a)*(p-b)*(p-c));                  //注意只有 a,b,c 真正构成三角形，本语句才成立
    printf("a=%7.2f,b=%7.2f,c=%7.2f,p=%7.2f\n",a,b,c,p);   //④输出结果
    printf("area=%7.2f\n",area); return 0;
}
```

运行结果 1：

```
Input a,b,c: 3,4,5
a=   3.00,b=   4.00,c=   5.00,p=   6.00
area=   6.00
```

运行结果 2：

```
Input a,b,c: 3.0,4.0,5.0
a=   3.00,b=   4.00,c=   5.00,p=   6.00
area=   6.00
```

运行结果3：

```
Input a,b,c: 3，4，5
a=   3.00,b=-107374176.00,c=-107374176.00,p=-107374174.50
area=161061264.00
```

，错误使用了中文“，”分隔。

运行结果4：

```
Input a,b,c: 3.0 4.0 5.0
a=   3.00,b=-107374176.00,c=-107374176.00,p=-107374174.50
area=161061264.00
```

，错误使用了空格分隔。

通过多次运行程序，给出不同输入数据格式，体会与把握 scanf、printf 函数中数据输入/输出格式控制字符串（含%d 等类型格式符）的正确使用。

4.2 C 语言语句概述

C 语言程序的函数执行部分是由语句组成的，程序的功能就是由执行语句来实现的。

C 语言程序的执行语句可分为以下 5 类：表达式语句、函数调用语句、控制语句、复合语句和空语句。

（1）表达式语句

表达式语句由表达式加上分号“;”组成，其一般形式为

表达式;

执行表达式语句就是计算表达式的值，举例如下。

```
x=y+z;  //赋值语句
y+z;    //加法运算语句，但计算结果不能保留，无实际意义
i++;    //自增 1 语句，i 值增 1，等价于 i=i+1;
```

表达式语句可能是 C 语言程序中出现最多的语句。

（2）函数调用语句

由函数名、实际参数加上分号“;”组成，其一般形式为

函数名(实际参数表)；

执行函数语句就是把实际参数赋予函数定义中的形式参数，然后执行被调函数体中的语句，求取函数值（具体在后面函数章节中再详细介绍），举例如下。

```
printf("C Program");  //调用库函数，输出字符串
max(x,y);  //调用自定义函数 max，这里 x,y 中的最大值未能保留，也无实际意义
```

注意：函数无返回值（void 类型）时，采用函数调用语句形式；否则函数调用一般采用表达式或表达式语句形式，因为，获取函数值是函数调用的主要目的。

（3）控制语句

控制语句用于控制程序的流程，以实现程序的各种结构控制方式。它们由特定的语句定义符组成。C 语言有 9 种控制语句（后续将详细介绍），可分成以下 3 类：

1）条件判断语句：if 语句、switch 语句。

2）循环执行语句：do while 语句、while 语句、for 语句。

3）转向语句：break 语句、goto 语句、continue 语句、return 语句。

（4）复合语句

把多个语句用大括号{}括起来组成的一个整体语句称为复合语句。在程序中应把复合语句看成一个整体，看作是单条语句。

```
{   x=y+z; a=b+c;
    printf("%d%d",x,a);
}
```

以上代码是一条复合语句。复合语句内的各条语句都必须以分号“;”结尾，在括号“}”外，可以不加分号（一般是不加的）。复合语句可出现在任何单个语句的位置，或单个语句位置需要放置由多个语句才能表达的功能时，可考虑使用复合语句。复合语句广泛用于 if 语句与各种循环语句中。复合语句营造了一个相对独立的局部环境，为此，复合语句内还可以如函数体一样出现变量定义等，具体见“8.8.1 局部变量”一节。

（5）空语句

只有分号“;”组成的语句称为空语句。空语句是什么也不执行的语句。在程序中，空语句可用来作空循环体、条件分支空语句等。

```
while(getchar()!='\n');  //连续地读取一行字符，直到一行结束
```

本语句的功能是，只要从键盘输入的字符不是回车则重复输入。这里的循环体为空语句。

```
if (x==0);         //若 x 等于 0，则 x 保持不变
else x=1;          //若 x 非 0，则 x 赋值为 1
```

4.3 C 语言赋值语句

赋值语句是由赋值表达式再加上分号构成的表达式语句，其一般形式为

变量=表达式;

赋值语句的功能和特点都与赋值表达式相同。它是程序中使用最多的语句之一。

在赋值语句的使用中需要注意以下几点。

1）由于在赋值符“=”右边的表达式也可以又是一个赋值表达式。因此，**变量=(变量=表达式);** 是成立的，从而形成嵌套的情形。其展开之后的一般形式为

变量=变量=…=表达式;

例如，“a=b=c=d=e=5;”等价于“a=(b=(c=(d=(e=5))));”，按照赋值运算符的右接合性（见附录 B），实际上等效于“e=5; d=e; c=d; b=c; a=b;”。

2）注意在变量定义中给变量赋初值和赋值语句的区别。

给变量赋初值是变量说明的一部分，赋初值后的变量与其后的其他同类变量之间仍必须用逗号间隔，而赋值语句则必须用分号结尾。例如，“int a=5,b,c;”。

在变量说明中，不允许连续给多个变量赋初值。

```
int a=b=c=5;          /*错误的*/
int a=5,b=5,c=5;      /*正确的*/
```

而赋值语句是允许连续赋值的，如“a=b=c=d=e=5;”。

3）注意赋值表达式和赋值语句的区别。

赋值表达式是一种表达式，它可以出现在任何允许表达式出现的地方，而赋值语句则不能。例如，“if((x=y+5)>0) z=x;”是合法的，语句的功能是若表达式“x=y+5”大于 0 则“z=x”。

语句“if((x=y+5;)>0) z=x;”是非法的，因为“x=y+5;”是语句，不能出现在表达式中。

注意：赋值语句及赋值表达式，体现了 C 语言的运算能力，C 语言丰富的运算符都可以出现在赋值号（=）右边的表达式中，来实现多种多样的运算功能。

4.4 数据输入/输出的概念

所谓输入/输出是以计算机为主体而言的。数据从外存或外设（如键盘、磁盘文件等）进入或读入计算机内存（变量等为代表）为数据输入；相反，数据从计算机内存取出或写出到外存或外部设备（如显示器、磁盘文件等）为数据输出，如图 4-2 所示。

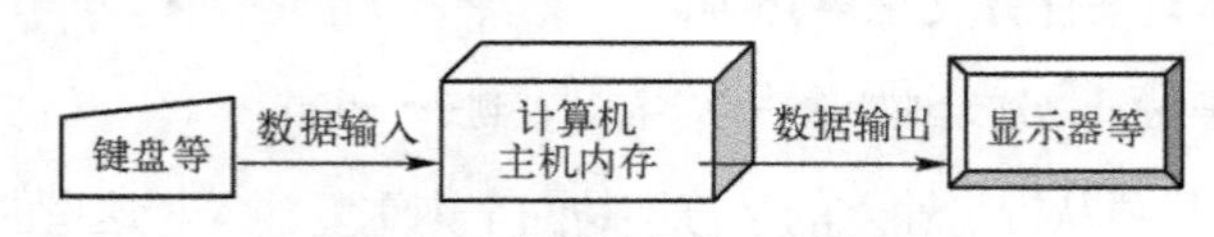

图 4-2　数据输入输出示意图

在 C 语言中，所有的数据输入 / 输出都是由库函数完成的，因此都是函数调用语句，而并非 C 语言本身的语句，因为 scanf、printf 等输入/输出函数名都不是 C 语句关键字。

在使用 C 语言库函数时，要用预编译命令“#include”将有关“头文件”包括到源文件中。使用标准输入/输出库函数时要用到“stdio.h”文件，因此源文件开头应有以下预编译命令：#include <stdio.h> 或 #include "stdio.h"，其中，“stdio”是 standard input &outupt 的意思。

考虑到 printf 和 scanf 函数使用频繁，系统允许在使用这两个函数时可不加 #include <stdio.h> 或 #include "stdio.h"。

说明：#include "stdio.h"用引号引用头文件，代表编译程序会优先在程序的本地目录搜索这个头文件，找不到再搜索系统目录；#include < stdio.h >用尖括号引用头文件，代表编译程序只会在系统目录（系统环境变量和编译本身设置的默认搜索目录）搜索这个头文件。为此，一般是用双引号来引用自己编写的文件，而用尖括号引用系统标准的头文件。

4.5 字符数据的输入/输出

本节主要介绍 putchar 输出函数与 getchar 输入函数。

4.5.1 putchar 函数

putchar 函数是字符输出函数，putchar 是 put character（送出字符）的缩写，其功能是在显示器上输出单个字符，其一般形式为

putchar(字符变量或字符常量或整型值);

函数原型：_Check_return_opt_ _CRTIMP int __cdecl putchar(_In_ int _Ch);

说明：1）所谓函数原型是来自相应头文件（本章介绍的输入/输出函数来自 stdio.h）的函数声明，这样的函数定义首部，其类型定义、函数参数定义等是最“原生态”的，因此，读者对函数可以看得更透彻、更清晰。

本书给出的是 VC++ 2010 的 C 语言函数原型，其他编译系统的函数原型与此类似。

2）_CRTIMP：是个宏定义，是 C run time implement 的简写，表示“C 运行库的实现”，也就是标志此函数是个库函数。

3）int 表示函数返回值是 int 型的，必须要有个输入参数类型也是整型的。

4）__cdecl：是 C Declaration 的缩写（declaration，声明），是一个编译规则标志宏定义，给编译器提供指示。有了这个标志，编译器在编译此函数时按照这个规范去编译。__cdecl 表示 C 语言默认的函数调用方法：所有参数从右到左依次入栈，这些参数由调用者清除，称为手动清栈。被调用函数不会要求调用者传递多少参数，调用者传递过多或者过少的参数，甚至完全不同的参数都不会产生编译阶段的错误。

5）_Check_return_opt_、_In_ 也都是有一定指示意义的宏定义。

6）putchar(_In_ int _Ch)：函数名 putchar，带一个 int 型参数，参数为字符的编码值。举例如下：

```
putchar('A');       //输出大写字母 A
putchar(x);         //输出字符变量 x 的值
putchar('\101');    //也是输出字符 A，其 ASCII 码值为 65，8 进制为 101
putchar('\n');      //换行
```

对控制字符则执行控制功能，不在屏幕上显示。举例如下：

```
putchar('\a');      //产生声音或视觉信号
putchar('\t');      //水平制表符
putchar('\b');      //退格，当前位置后退一格，相当于按一次“Backspace”回退键
```

使用本函数前必须要用文件包含命令：#include <stdio.h> 或 #include "stdio.h"。

【例 4-2】 输出单个字符。

```
#include <stdio.h>
int main(void){
    char a='B',b='o',c='k';
    putchar(a);putchar(b);putchar(b);putchar(c);putchar('\t');
    putchar(a);putchar(b);
    putchar('\n');
    putchar(b);putchar(c); putchar('\n');
}
```

运行结果：

```
Book    Bo
ok
```

4.5.2 getchar 函数

getchar 函数的功能是从键盘上输入一个字符。getchar 是 get character（获取字符）的缩写，其一般形式为

getchar();

函数原型：_CRTIMP int __cdecl getchar(void);

通常它把输入的字符赋予一个字符变量，构成赋值语句，如"c=getchar();"。

【例 4-3】 输入单个字符并显示。

```
int main(void){
    char c;
    printf("input a character\n");
    c=getchar();
    putchar(c);
}
```

多次运行以上程序，体会 getchar()函数读字符的功能。

注意：使用 getchar 函数还应注意以下几个问题。

1）getchar 函数只能接受单个字符，输入数字也按字符处理。输入多于一个字符时，只接收第一个字符。

2）Win-TC 中使用本函数前必须包含文件“stdio.h”。程序运行到本函数时，将等待用户输入。

3）一般键盘输入以回车键（〈Enter〉键）表示输入结束。为此，输入字符数往往是大于等于 2，除非直接按〈Enter〉键。

上面程序最后两行可用下面两句的任意一句代替，是函数嵌套调用的紧凑形式。

```
putchar(getchar()); 或 printf("%c",getchar());
```

【例 4-4】 输入单个字符并显示输入字符的 ASCII 码值。

```
int main(void){
    char c1,c2; printf("input a character\n");
    c1=getchar();c2=getchar();      //仍然输入单个字符，c2 接受〈Enter〉键“字符”
    putchar(c1); putchar(c2); putchar('\n');
    printf("%d  %d\n",c1,c2);       //本语句详见下一节，输出两字符 ASCII 码整数值
}
```

若输入 a 并按〈Enter〉键，运行结果类似为：

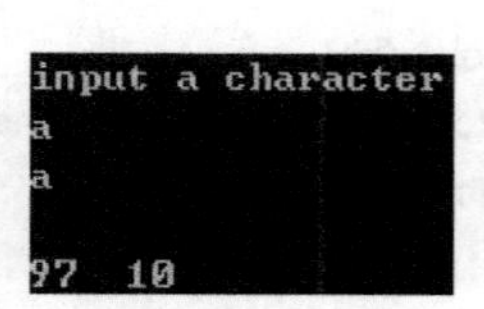

4.6 格式数据的输入/输出

本节主要介绍格式输出函数 printf 与格式输入函数 scanf。

4.6.1 格式输出函数 printf

printf 函数称为格式输出函数，其关键字最末一个字母 f 即为“格式”(format)之意。其

功能是按用户指定的格式，把指定的数据显示到显示器屏幕上。在前面的例题中已多次使用过这个函数。

1．printf 函数调用的一般形式

printf 函数是一个标准库函数，它的函数原型在头文件“stdio.h”中。但作为一个特例，不要求在使用 printf 函数之前必须包含 stdio.h 文件。

函数原型：_Check_return_opt_ _CRTIMP int __cdecl printf(_In_z_ _Printf_format_string_ const char * _Format, …);

其中，const char*是 printf 函数的第一个参数，显然是指向“只读”字符串的字符指针。…表示不定长参数，即函数的参数个数是不确定的。__cdecl 编译规则支持具有不定参数的函数；有了__cdecl 编译规则，在使用 printf 函数时才可以第 2 个参数开始的参数数目可变。

printf 函数调用的一般形式为

printf("格式控制字符串",输出表列)

其中，格式控制字符串用于指定输出格式，往往是双引号括起来的字符串常量。格式控制串可由格式字符串和非格式字符串两种组成。格式字符串是以%开头的字符串，在%后面跟有各种格式字符，以说明输出数据的类型、形式、长度和小数位数等。

- "%d" 表示按十进制整型输出。
- "%ld" 表示按十进制长整型输出。
- "%c" 表示按字符型输出等。

非格式字符串在输出时原样照印，在显示中起提示作用。注意：非格式字符串中含有转义字符时，将输出转义后的字符，例如，"\115oon"将输出 Moon，"\n"将输出换行符而产生换行功能。

输出表列中给出了各个输出项，要求格式字符串和各输出项在数量和类型上应该一一对应匹配。

【例 4-5】 多格式输出两整型变量的值及其对应的字符。

```
int main(void)
{   int a=65,b=97;
    printf("%d %d\n",a,b);
    printf("%d,%d\n",a,b);
    printf("%c,%c\n",a,b);
    printf("a=%d,b=%d",a,b);
}
```

运行结果： 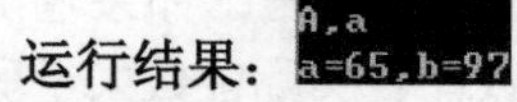

本例中 4 次输出了 a，b 的值，但由于格式控制串不同，输出的结果也不相同。第 3 行的输出语句格式控制串中，两格式串%d 之间加了一个空格（非格式字符），所以输出的 a，b 值之间有一个空格。第 4 行的 printf 语句格式控制串中加入的是非格式字符逗号，因此输出的 a，b 值之间加了一个逗号。第 5 行的格式串要求按字符型输出 a，b 值。第 6 行中为了有提示，输出结果又增加了非格式字符串。

注意：要输出普通%字符，可用 2 个%（即%%）在格式控制字符串中来表示。

2．格式字符串

格式字符串的一般形式为

%[标志][输出最小宽度][.精度][长度]类型

其中，方括号[]中的项为可选项，各项的意义介绍如下。

1）类型：类型字符用以表示输出数据的类型，其类型格式符和含义等如表 4-1 所示。

表 4-1　printf 格式字符串中类型、含义及应用举例

类型格式符	含义	举例	运行结果
d,i	以十进制形式输出带符号整数（正数不输出符号）	printf("%d",i); printf(" %i\n",i);	123 123
o	以八进制形式输出无符号整数（不输出前缀 0）	printf("%o\n",i);	173
x,X	以十六进制形式输出无符号整数（不输出前缀 0x）	printf("%x",i); printf(" %X\n",i);	7b 7b
u	以十进制形式输出无符号整数	printf("%u\n",i);	123
f	以小数形式输出单、双精度实数	printf("%f\n",f); printf("%f\n",d);	3.141500 1234.567890
e,E	以指数形式输出单、双精度实数	printf("%e\n",d); printf("%E\n",d);	1.234568e+003 1.234568E+003
g,G	以%f 或%e 中较短的输出宽度输出单、双精度实数	printf("%g",d); printf(" %G\n",d);	1234.57 1234.57
c	输出单个字符	printf("%c\n",c);	A
s	输出字符串	printf("%s","xyz\n");	xyz

注：表中变量 int i=123;char c='A';float f=3.1415;double d=1234.567890;

2）标志：标志字符为−、+、#、空格 4 种，其含义等如表 4-2 所示。

表 4-2　printf 格式字符串中标志、含义及使用形式

标志等	含义	形式示例
−	结果左对齐，右边填空格	"%-d%-f %-e"
+	输出符号（正号或负号）	"%+d%+f %+e"
空格	输出值为正时冠以空格，为负时冠以负号	"% d% f % e"
#	对 c，s，d，u 类无影响；对 o 类，在输出时加前缀 0；对 x 类，在输出时加前缀 0x；对 e，g，f 类当结果有小数时才给出小数点	"%#o%#x%#e%#f %#g"

3）输出最小宽度(m)：用十进制整数来表示输出的最少位数（包括正负号、小数点）。若实际位数多于定义的宽度，则按实际位数输出，若实际位数少于定义的宽度则补以空格，如"%5d%10f%15e"。

4）.精度(n)：精度格式符以“.”开头，后跟十进制整数。本项的意义是：如果输出数字，则表示小数的位数；如果输出的是字符，则表示输出字符的个数；若实际位数大于所定义的精度数，则截去超过的部分（对小数位数四舍五入截去），如"%10.3f%15.4e%20.5g"。

5）长度：长度格式符为 h，l 两种，h 表示按短整型量输出，l 表示按长整型量输出，l 在 e，f，g 前，指定输出精度为 double。如"%hd,%ho,%hx,%hu,%hi,%ld,%lo,%lx,%lu,%li,%lf,%le,%lg\n"。

【例 4-6】 printf 函数中格式控制符集中示例。

```
int main(void){
```

```
    int i=123;char c='A'; float f=3.1415;double d=1234.567890;
    long l=1234567890;
    printf("%d,%ld,%lo,%lx,%lu\n",l,l,l,l,l);      /*以下多种类型多格式输出*/
    printf("%-d %-f %-e %-f %-e\n",i,f,f,d,d);
    printf("%+d %+f %+e %+f %+e\n",i,f,f,d,d);
    printf("% d % f % e % f % e\n",-i,-f,f,d,d);
    printf("%#o %#x %#e %#f %#g\n",i,i,f,f,f);
    printf("%#e %#f %#g\n",d,d,d);
    printf("\n%5d,%10f,%15e\n",i,f,f);
    printf("%-5d,%-10f,%-15e\n",i,f,f);
    printf("%.3f,%.4e,%.5g\n",f,d,d);
    printf("%10.3f,%15.4e,%20.5g\n",f,f,d);
    printf("%hd,%ho,%hx,%hu,%hi,%ld,%lo,%lx,%lu,%li\n",i,i,i,i,i,l,l,l,l,l);
    printf("%lf,%le,%lg\n",f,f,f);
    printf("%-10.3lf,%-20.5lg,%+15.4le\n",f,d,d);
    printf("%-10.3lf,%-20.5lg,%+15.4le\n",f*d,f*d,f*d);
    printf("%5.2s,%-7.3s,%s,%3s\n","China","China","China","China");
}
```

运行结果：

```
1234567890,1234567890,11145401322,499602d2,1234567890
123 3.141500 3.141500e+000 1234.567890 1.234568e+003
+123 +3.141500 +3.141500e+000 +1234.567890 +1.234568e+003
-123 -3.141500  3.141500e+000  1234.567890  1.234568e+003
0173 0x7b 3.141500e+000 3.141500 3.14150
1.234568e+003 1234.567890 1234.57

  123,  3.141500,  3.141500e+000
123  ,3.141500  ,3.141500e+000
3.141,1.2346e+003,1234.6
     3.141,     3.1415e+000,                1234.6
123,173,7b,123,123,123,11145401322,499602d2,1234567890,1234567890
3.141500,3.141500e+000,3.1415
3.141     ,1234.6              ,    +1.2346e+003
3878.395  ,3878.4              ,    +3.8784e+003
   Ch,Chi    ,China,China
```

说明：请读者逐行对照或使用格式符时查阅，格式符的使用不需要死记硬背，有所了解就行，贵在实践中了解格式符的使用功效。

注意：一个程序的运算结果是否正确？是否有误差？要问答这些问题，至少要能认识到两个方面的内容。一方面计算机的实数运算是非精确运算，是有误差的，整数运算也要注意是否会溢出而产生差错；另一方面程序运行结果，通过 printf 格式化输出时，又有转换处理格式输出的问题，可能会因为有效数位的限制、格式符使用不恰当等而使显示结果有误差或不正确（变量等内存中的值并非显示结果那样）。因此，今后调试程序发现意外结果时，格式符的使用是否得当也该重点检查。

【例 4-7】 printf 函数中格式控制符集中示例（二）。

```
int main(void)
{   int a=15; char d='p';
    float b=123.1234567;
    double c=12345678.1234567;
```

```
    printf("a=%d,%5d,%o,%x\n",a,a,a,a);
    printf("b=%f,%lf,%5.4lf,%e\n",b,b,b,b);
    printf("c=%lf,%f,%8.4lf\n",c,c,c);
    printf("d=%c,%8c\n",d,d);
}
```

运行结果：

```
a=15,   15,17,f
b=123.123459,123.123459,123.1235,1.231235e+002
c=12345678.123457,12345678.123457,12345678.1235
d=p,       p
```

说明：本例第 5 行中以 4 种格式输出整型变量 a 的值，其中“%5d”要求输出宽度为 5，而 a 值为 15 只有两位，故补 3 个空格。第 6 行中以 4 种格式输出实型量 b 的值。其中“%f”和“%lf ”格式的输出相同，说明“l”对“f”类型无影响。“%5.4lf”指定输出宽度为 5，精度为 4，由于实际长度超过 5 故应该按实际位数输出，小数位数超过 4 位部分被四舍五入方式截去。第 7 行输出双精度实数，“%8.4lf ”由于指定精度为 4 位故被四舍五入截去了超过 4 位的部分。第 8 行输出字符量 d，其中“%8c”指定输出宽度为 8，故在输出字符 p 之前补加 7 个空格。

【参考知识】

使用 printf 函数时还要注意一个问题，那就是输出表列中的求值顺序。不同的编译系统不一定相同，可以从左到右，也可从右到左。VC++ 6.0/2010、Win-TC 都是按从右到左进行的，但从运行结果来看，它们的运行机理也是不尽相同的。具体请扫二维码参阅。

扩展阅读：函数参数运行顺序的处理情况探究

C 语言的学习就是要在实践中去深入探究与领会。

4.6.2 格式输入函数 scanf

scanf 函数称为格式输入函数，即按用户指定的格式从键盘上把数据输入到指定的变量之中。

1．scanf 函数的一般形式

scanf 函数是一个标准库函数，它的函数原型也在头文件“stdio.h”中，与 printf 函数相同，C 语言也允许在使用 scanf 函数之前不必包含 stdio.h 文件。

函数原型：_CRTIMP int __cdecl scanf(_In_z_ _Scanf_format_string_ const char * _Format, ...);

scanf 函数的一般形式为

scanf("格式控制字符串", 地址表列);

其中，格式控制字符串的作用与 printf 函数相同，但输入时不能显示非格式字符串，也就是不能显示提示字符串。地址表列中给出各变量的地址。地址是由地址运算符“&”后跟变量名或数组元素组成的。

例如，&a，&b 分别表示变量 a 和变量 b 的地址。这个地址就是编译系统在内存中给 a，b 变量分配的地址。在 C 语言中使用了地址的概念，这是与其他语言的不同之处。应该把变量的值和变量的地址这两个不同的概念区别开来。变量的地址是 C 编译系统分配的，用户不必关心具体的地址是多少。

变量的地址和变量值的关系如下：

在赋值表达式中给变量赋值，如 a=5678，则 a 为变量名，5678 是变量的值，&a 是变量 a 的地址（具体地址值不重要）。

但在赋值号左边是变量名，不能写地址，而 scanf 函数在本质上也是给变量赋值，但要求写变量的地址，如&a。这两者在形式上是不同的。&是一个取地址运算符，&a 是一个表达式，其功能是求变量的地址。

【例 4-8】 通过 scanf 输入 3 个整型变量。

```
int main(void){
    int a,b,c;
    printf("input a,b,c\n"); scanf("%d%d%d",&a,&b,&c);
    printf("a=%d,b=%d,c=%d",a,b,c);
}
```

说明： 在本例中，由于 scanf 函数本身不能显示提示串，故先用 printf 语句在屏幕上输出提示，意为请用户输入 a、b、c 的值。执行 scanf 语句时，在屏幕上则等待用户输入。用户输入“7　8　9”后按〈Enter〉键，此时，系统将打印出刚读到的 a，b，c 的值。在 scanf 语句的格式串中由于没有非格式字符在“%d%d%d”之间作输入时的间隔，**因此，在输入时要用一个或一个以上的空格键或〈Enter〉键作为每两个输入数之间的间隔。**

```
7  8  9  〈Enter〉键
或
7  〈Enter〉键
8  〈Enter〉键
9  〈Enter〉键
```

2．格式字符串

格式字符串的一般形式为

%[*][输入数据宽度][长度]类型

其中，方括号[]项为任选项，各项的意义如下。

1）类型：表示输入数据的类型，其格式符和含义如表 4-3 所示。

表 4-3　scanf 格式字符串中类型格式符、含义及应用示例

类型格式符	含义	输入语句	输入值	读到的值(十进制)
d	输入十进制整数	scanf("%d",&i);	123	123
o	输入八进制整数	scanf("%o",&i);	123	83
x	输入十六进制整数	scanf("%x",&i);	1af	431
u	输入无符号十进制整数	scanf("%u",&i);	32768	32768
f 或 e	输入实型数（用小数形式或指数形式）	scanf("%f",&f);	3.1415926	约 3.141592503（读取后双精度显示值）
c	输入单个字符	scanf("%c",&c);	a	a
s	输入字符串	scanf("%s",a);	China	China

【例 4-9】 scanf 函数中格式控制符集中示例（对多种类型变量等的输入与输出）。

```
int main(void){
    int i1,i2,i3,i4;char c='A'; float f=3.14;double d1,d2;
    long l=1234567890;   //定义了长整型 l
    char a[10];          //定义了 a 字符数组
    printf("Please input:\n");
    scanf("%d",&i1); scanf("%o",&i2); scanf("%x",&i3); scanf("%u",&i4);
    scanf("%f",&f);   scanf("%c",&c);   scanf("%s",a);
    printf("Output1:\n");
    printf("%d,%d,%d,%d,%f,%c,%s\n",i1,i2,i3,i4,f,c,a);
    printf("Please input again:\n");
    scanf("%ld",&l); scanf("%lf",&d1); scanf("%le",&d2);
    printf("Output2:\n%ld,%lf,%le,%20.10lf,%lg\n",l,d1,d2,d2,d2);
}
```

运行结果 1：

```
Please input:
123 123 1af 32768 3.1415926aChina
Output1:
123,83,431,32768,3.141593,a,China
Please input again:
1234567890 123.45678901 1.2345678901e+2
Output2:
1234567890,123.456789,1.234568e+002,       123.4567890100,123.457
```

运行结果 2：

```
Please input:
123
123
1af
32768
3.1415926aChina
Output1:
123,83,431,32768,3.141593,a,China
Please input again:
1234567890
123.45678901 1.2345678901e-2
Output2:
1234567890,123.456789,1.234568e-002,         0.0123456789,0.0123457
```

说明：请试着输入不同数据或不同输入数据间隔，来体会格式输入是如何进行的。为何字符变量 c 与数组 a 输入时要紧挨着一起输入“aChina”？是否可以有其他输入方式来让 c 读取到“a”，a 数组读取到“China”呢？

2）“*”符：用以表示该输入项，读入后不赋予相应的变量，即跳过该输入值。如“scanf("%d %*d %d",&a,&b);”。当输入 1　2　3 时，把 1 赋予 a，2 被跳过，3 赋予 b。

3）输入数据宽度：用十进制整数指定输入的宽度（即字符数）。

例如，“scanf("%5d",&a);”，则输入 12345678 只把 12345 赋予变量 a，其余部分被截去。

又如，“scanf("%4d%4d",&a,&b);”，则输入 12345678 将把 1234 赋予 a，而把 5678 赋予 b。

4）长度：长度格式符为 l 和 h，l 表示输入长整型数据(如%ld) 和双精度浮点数(如%lf)，h 表示输入短整型数据。

使用 scanf 函数还必须注意以下几点。

1）scanf 函数中没有精度控制，如“scanf("%5.2f",&a);”是不合法的（输入时不能正确获取实数）。不能用此语句输入小数位数为 2 位的实数。而“scanf("%5f",&a);”是合法的，其中的“5”为输入数据宽度。

2）scanf 中要求给出变量地址，如给出变量名则会出错。例如，“scanf("%d",a);”是不合法的，应改为“scanf("%d",&a);”才是合法的。

3）在输入多个数值数据时，若格式控制串中没有非格式字符作输入数据之间的间隔则可用空格、〈TAB〉键或〈Enter〉键作间隔。

输入数据时，遇以下情况时认为该数据输入已结束：遇空格、〈Enter〉键、〈TAB〉键等；满宽度（如%3d，则满 3 位数字即输入结束）；遇非法字符输入。

4）在输入字符数据时，若格式控制串中无非格式字符，则认为所有输入的字符均为有效字符。

例如，“scanf("%c%c%c",&a,&b,&c);”，若输入 d e f 则把'd'赋予 a，' '赋予 b，'e'赋予 c。只有当输入为 def 时，才能把'd'赋予 a，'e'赋予 b，'f'赋予 c。

5）如果在格式控制中加入空格作为间隔，如“scanf ("%c %c %c",&a,&b,&c);”，则输入时各数据之间可以加若干空格类分隔符。

说明：空格类分隔符，是指空格、〈Tab〉键、〈Enter〉键等。

【例 4-10】 scanf 输入两个字符到两字符变量示例（一）。

```
int main(void){
    char a,b; printf("input character to a,b\n");
    scanf("%c%c",&a,&b);   //"%c%c"之间无空格
    printf("%c%c\n",a,b);
}
```

由于 scanf 函数"%c%c"中没有空格，输入 M N，结果输出只有 M。而输入改为 MN 时则可输出 MN 两字符。

【例 4-11】 scanf 输入两个字符到两字符变量示例（二）。

```
int main(void){
    char a,b; printf("input character to a,b\n");
    scanf("%c %c",&a,&b);   //"%c %c"之间有空格
    printf("\n%c%c\n",a,b);
}
```

本例表示 scanf 格式控制串"%c %c"之间有空格时，输入的数据之间可以有若干空格等分隔符间隔。

6）如果格式控制串中有非格式字符则输入时也要原样输入该非格式字符。

例如，“scanf("%d,%d,%d",&a,&b,&c);”，则用非格式符“,”作间隔符，故输入时应为：5,6,7。

而语句“scanf("a=%d,b=%d,c=%d",&a,&b,&c);”，则输入应为：a=5,b=6,c=7。

如在 Win-TC 中，输入的数据与输出的类型不一致时，虽然编译能够通过，但结果将不

正确。如果输入数据类型为整型，而输出语句的格式串中说明为长整型，因此输出结果和输入数据不符。

【例 4-12】 输入的数据与输出的类型不一致的情况。

```
int main(void){
    int a; printf("input a number\n");
    scanf("%d",&a);
    printf("%ld",a);   //a 是 int 类型，与格式符%ld 不一致
}
```

在 Win-TC 中的运行结果：

```
input a number
12345
809054265
```

，即当输入 12345 时输出 809054265 了。

说明：本程序在 Win-TC 中运行有异常，输入与输出不一致。在 VC++ 2010 中，虽能正确运行，但还是建议变量类型与格式串中说明类型要保持一致，这是始终能保持正确的做法。

【例 4-13】 输入的数据与输出的类型一致。

```
int main(void){
    long a; printf("input a long integer\n");
    scanf("%ld",&a);   //输入长整型，格式符用%ld
    printf("%ld\n",a);
}
```

运行结果：

```
input a long integer
1234567890
1234567890
```

当输入数据改为长整型后，输入与输出数据完全一致。

【例 4-14】 输出各类型变量的字节数

```
int main(void){
    int i;long l;float f;double d;char c;
    printf("int:%d,long:%d,float:%d,double:%d,char:%d\n",sizeof(i),sizeof(l),sizeof(f),sizeof(d),sizeof(c));
}
```

运行结果：在 VC++ 2010 中运行结果：`int:4,long:4,float:4,double:8,char:1`；

在 Win-TC 中运行结果：`int:2,long:4,float:4,double:8,char:1`

4.7 应用实例

【例 4-15】 i++为 printf 输出参数时的输出情况。

```
#include<stdio.h>
int main(void)
{   int i=1;
    printf("%d,%d ",i,i++);   printf("i=%d\n",i); i=1;
```

```
    printf("%d,%d ",i,(i++));    printf("i=%d\n",i); i=1;
    printf("%d,%d ",i,(i++,i++));    printf("i=%d\n",i); i=1;
    printf("%d,%d ",i,(i++,i++,i++));    printf("i=%d\n",i); i=1;
    printf("%d,%d ",i,(i++,i+1,i++,i+1));    printf("i=%d\n",i); i=1;
    printf("%d,%d ",(i++,i++),i);                printf("i=%d\n",i);
}
```

运行结果：在 VC++ 2010 中

```
2,1 i=2
2,1 i=2
3,2 i=3
4,3 i=4
3,4 i=3
2,3 i=3
```

；在 VC++ 6.0 中

```
1,1 i=2
1,1 i=2
2,2 i=3
3,3 i=4
3,4 i=3
2,2 i=3
```

；在 Win-TC 中

```
2,1 i=2
2,1 i=2
3,2 i=3
4,3 i=4
3,4 i=3
2,1 i=3
```

。对本题结果的理解请参照“4.5 节”。

【例 4-16】 输入 3 个小写字母，输出其 ASCII 码和对应的大写字母。

```
int main(void){
   char a,b,c; printf("input character to a,b,c\n");
   scanf("%c %c %c",&a,&b,&c);
   printf("%d,%d,%d\n%c,%c,%c\n",a,b,c,a-32,b-32,c-32);          //大小写字母 ASCII 相差 32
   printf("%c,%c,%c\n",toupper(a),toupper(b),toupper(c));          //也可用库函数来实现转换
}
```

若输入“x y z”，运行结果：

```
input character to a,b,c
x y z
120,121,122
X,Y,Z
X,Y,Z
```

【例 4-17】 设计程序使得用户可以以任意字符（回车、空格、制表符、逗号或其他）作为分隔符进行数据的输入（%*的一种应用）。

```
int main(void)
{   int a, b;
    scanf("%d%*c%d", &a, &b);    //%*有跳过第 2 输入值的功能
    printf("a = %d, b = %d\n", a, b);
}
```

【例 4-18】 输入半径，计算圆的周长和面积，并将结果输出到屏幕。

```
int main(void)    /*main 函数根据输入的半径，输出圆的面积和周长*/
{   float r,area,circumference;                   /*定义实数变量*/
    printf("Please input r:");                    /*显示提示信息*/
    scanf("%f",&r);                               /*从键盘读取一个实数 r*/
    area= 3.1415926 * r * r;                      /*计算面积并赋给 area 变量*/
    circumference=2*3.1415926*r;                  /*计算周长并赋给 circumference 变量*/
    printf("area = %f\n", area);                  /*输出面积*/
    printf("circumference = %f\n",circumference);     /*输出周长*/
}
```

以上程序中 3.1415926 是一个多次出现的常量，可以使用符号常量来替换，这样程序增强了可读性，并且具有只需一次修改常量值（如果需要修改的话）就能改变所有相同常量值

的便捷功效。

```
#define   PI   3.14159   /*预处理命令*/
int main(void)
{   float r,area,circumference;          /*定义实数变量*/
    printf("Please input r:");           /*显示提示信息*/
    scanf("%f",&r);                      /*从键盘读取一个实数 r*/
    area= PI * r * r;                    /*计算面积并赋给 area 变量*/
    circumference =2 * PI * r;           /*计算周长并赋给 circumference 变量*/
    printf("area = %f\n", area);         /*输出面积*/
    printf("circumference = %f\n",circumference); /*输出周长*/
}
```

【例 4−19】 求 $ax^2+bx+c=0$ 方程的根，a，b，c 由键盘输入，设 $b^2-4ac>0$。

```
#include<math.h>
int main(void)
{   float a,b,c,disc,x1,x2,p,q;
    scanf("a=%f,b=%f,c=%f",&a,&b,&c);   /* 注意输入格式 */
    disc=b*b−4*a*c; p=−b/(2*a);
    q=sqrt(disc)/(2*a); //disc 是否能保证大于等于 0？更完整的程序见后续章节
    x1=p+q;x2=p−q;
    printf("\nx1=%5.2f\nx2=%5.2f\n",x1,x2);
}
```

【例 4−20】 整数的拆分。从键盘输入任意一个三位正整数 x，输出这个数的百位、十位和个位数字。

分析：可知个位数字等于 x%10，x/10 为截掉个位数字后变成的两位数，为此，原整数的十位数字等于 x/10%10（或 ix%100/10），百位数字等于 x/100。

```
int main(void)
{   short int ix,ig,is,ib;
    printf("Please input integer ix:");
    scanf("%hd",&ix);  /*从键盘获得数据*/
    ig=ix%10;
    is=ix/10%10;         //或 is= ix%100/10;
    ib=ix/100;
    printf("%hd 的百位数字是%hd,十位数字是%hd,个位数字是%hd。\n",ix,ib,is,ig);
}
```

【例 4−21】 输入任意无符号整数作为产生随机数的种子，调用 rand()产生 3 个随机数。

分析：系统库函数中提供了两个函数用于产生随机数：srand()和 rand()。函数在 stdlib.h 中的原型如下。

函数 srand()的原型为“void srand(unsigned seed);”参数 seed 是 rand()的种子，用来初始化 rand()的起始值。

函数 rand()的原型为“int rand(void);”从 srand (seed)中指定的 seed 开始，返回一个[0,RAND_MAX（0x7fff，32767）]间的随机整数。

这两个函数的使用方法如下：如果调用 rand()函数之前没有先调用 srand()函数，则每次产生的随机数序列都是相同的；srand()函数使用自变量 n 作为种子，用来初始化随机数产生器。如果把相同的种子传入 srand()，然后调用 rand()函数，则每次产生的随机数序列也是相同的；如果要使每次运行程序所产生的随机数序列均不同，则可以给 n 提供不同的值。

```
#include <stdlib.h>            /*srand()和 rand()函数的头文件*/
int main(void)
{ unsigned int n;
  printf("Please input n:"); scanf("%u", &n);
  srand(n);                    /*种子函数，初始化 rand()。Win-TC 中用 randomize()来初始化*/
  printf("%8d",rand());        /*调用 rand()函数一次，输出一个随机数。Win-TC 可用 random(n)*/
  printf("%8d",rand());        /*调用 rand()函数一次，输出下一个随机数*/
  printf("%8d\n",rand());      /*调用 rand()函数一次，输出下一个随机数*/
}
```

多次运行程序，输入不同的 n 种子值，查看随机数的随机情况。

【例 4-22】 利用时间函数 time()来得到不同的时间值，并以此作为 srand()函数的种子，再调用 rand()来产生 3 个 3～102 的随机数并输出。

分析：可以把时间函数 time()的时间值作为 srand()函数的种子值，其格式为"srand((unsigned)time(NULL));"这样每次运行程序时，因时间值不同，而可以得到不同的随机数。

```
#include <stdlib.h>
#include <time.h>   //time()所需的头文件
int main(void)
{   unsigned short count;
    srand((unsigned)time(NULL));   /*种子函数*/
    count= rand()%100+3; printf("%hu\n",count);
    count= rand()%100+3; printf("%hu\n",count);
    count= rand()%100+3; printf("%hu\n",count);
}
```

多次运行程序，查看随机数的随机情况。

思考：复制"count= rand()%100+3; printf("%hu\n",count);"若干次，查看一次性产生更多的随机数；调节"count= rand()%100+3;"语句中的 100 与 3，观察产生随机数的范围；请问若要产生[x,y](x<=随机数<=y)间的随机数，该如何修改程序。

4.8 本章小结

本章的程序都比较简单，但更能清晰地领略到 C 语言程序通常是由"变量类型定义+变量赋值或输入+数据运算或处理+结果输出"4 部分组成的程序布局。

特别注意：

1）正确使用输入/输出语句，格式控制符（以掌握常用基本的为主）与变量的个数、类型应对应并保持一致。

2）“scanf("…",&变量,…);” 输入函数中变量前必须要有取地址符(&)。

3）输入/输出函数格式控制字符串中众多格式符(%d、%f 等)、标志符、输出/读取宽度、精度、长度等的认识与学习是难点，但以一般了解与基本掌握为主。

4.9 习题

第 4 章
习题参考答案

一、选择题

1．用函数从终端输出一个字符，可以使用函数（　　）。

A．getchar()　　B．putchar()　　C．gets()　　D．puts()

2．要输出长整型的数值，需用格式符（　　）。

A．%d　　B．%ld　　C．%f　　D．%c

3．设 x，y 为整型变量，z 为双精度变量，以下不合法的 scanf 函数调用语句是（　　）。

A．scanf("%d%lx,%le",&x,&y,&z);　　B．scanf("%3d%d,%lf",&x,&y,&z);

C．scanf("%x%o%5.2f",&x,&y,&z);　　D．scanf("%d%*d,%o",&x,&y,&z);

4．设 a，b 为 float 型变量，则以下不合法的赋值表达式是（　　）。

A．--a　　B．b=(a%4)/5　　C．a*=b+9　　D．a=b==10

5．以下程序的输出结果是（　　）。

```
#include <stdio.h>
int main(void)
{ printf("%d\n",NULL); }
```

A．不确定值　　B．-1　　C．0　　D．1

6．以下程序的输出结果是（　　）。

```
int main(void)
{   int i1=20,i2=50;
    printf("i1=%%d,i2=%%d\n",i1,i2);
}
```

A．i1=%20,i2=%50　　B．i1=20,i2=50

C．i1=%%d,i2=%%d　　D．i1=%d,i2=%d

7．以下程序的输出结果是（　　）。

```
int main(void)
{   int i1,i2,i3=241;
    i1=i3/100%8; i2=(-1) && (-2); //&& 逻辑与运算，参见 5.2 节
    printf("%d,%d\n",i1,i2);
}
```

A．6,1　　B．6,0　　C．2,1　　D．2,0

8．以下程序的输出结果是（　　）。

```
int main(void)
{   int i; printf("%d\n",(i=3*5,i*4,i+5)); }
```

A．65　　B．20　　C．15　　D．10

9．以下程序的输出结果是（　　）。

```
int main(void)
{   char c1='6',c2='0';
    printf("%c,%c,%d,%d\n",c1,c2,c1-c2,c1+c2);
}
```

A．6,0,7,6　　B．6,0,5,7　　C．输出出错信息　　D．6,0,6,102

10．有以下程序：

```
int main(void)
{   int m,n,p;
    scanf("%d%d%d",&m,&n,&p);
    printf("m+n+p=%d\n",m+n+p);
}
```

当从键盘上输入的数据为：2,3,4〈Enter〉，则正确的输出结果是（　　）。

A．m+n+p=9　　B．m+n+p=5　　C．m+n=7　　D．不确定值

二、阅读程序，给出运行结果

```
1. int main(void)
   {   int x; float y=3.4567;
       x=100*y;
       y=(int)(y*100+0.5)/100.0;
       printf("x=%d,y=%f \n",x,y);
   }
```

```
2. int main(void)
   {   int a=1,b=3,temp;
       printf("a=%d,b=%d\n",a,b);
       temp=a; a=b; b=temp;
       printf("a=%d,b=%d\n",a,b);
   }
```

三、编程题

1．根据行驶的里程数（单位：千米）和总耗油量（单位：加仑），计算每加仑汽油跑出的里程数和每千米里程的耗油量。

2．根据用户输入的一个带有小数的实数，要求拆分显示该数的整数部分和小数部分。

第 4 章
扩展习题及其
参考答案

实验 4　顺序结构程序设计

一、实验目的

1）掌握 scanf()、printf()以及其他常用输入/输出函数的使用。

2）掌握格式控制符的基本使用。

3）掌握顺序结构程序设计的方法。

二、实验内容

1．改错题

下列程序的功能为：按公式 $x=\frac{2ab}{(a+b)^2}$ 计算并输出 x 的值，其中，a 和 b 的值由键盘输入。纠正程序中存在的错误，以实现其功能。

```
#include <stdio.h>
int main(void)
{   int a,b; float x;
    scanf("%d,%d",a,b);
    x=2ab/(a+b)(a+b);
    printf("x=%d\n",x);
}
```

2．程序填空题

下列程序的功能为：设圆半径 r=1.5，圆柱高 h=3。求圆周长、圆面积、圆球表面积、圆球体积、圆柱体积。用 scanf 输入数据 r，h，输出计算结果，保留小数点后两位（圆周长 ly=2πr，圆面积 $sy=\pi r^2$，圆球表面积 $sq=4\pi r^2$，圆球体积 $vq=4/3\pi r^3$，圆柱体积 $vz=\pi hr^2$）。补充完善程序，以实现其功能。

```
#include <stdio.h>
int main(void)
{ float pi=3.1415926,h,r,ly,sy,sq,vq,vz;
   printf("请输入圆半径 r，圆柱高 h：\n");
   ________________;
   ly =____________; sy =____________; sq=____________;
   vq=____________;    vz=____________;
   printf("圆周长为：________________); printf("圆面积为：________________);
   printf("圆球表面积为：____________); printf("圆球体积为：____________);
   printf("圆柱体积为：____________);
}
```

3．编程题

1）编写程序实现如下功能：从键盘输入 3 个字符，然后在屏幕上分 3 行输出这 3 个字符。

2）编写程序实现如下功能：输入一元二次方程 $ax^2+bx+c=0$ 的系数 a，b，c 后求方程的根。要求：运行该程序时，输入 a，b，c 的值，分别使 b^2-4ac 的值大于、等于和小于 0，观察并分析运行结果。求根公式为 $x=\frac{-b\pm\sqrt{b^2-4ac}}{2a}$。

第5章 选择结构程序设计

应用程序的执行过程中可能会遇到多种不同的情况，程序必须依据指定的条件执行不同的操作，所有可能的情况都必须在程序编制过程中考虑好，用来实现这种情况的语句通常称为选择结构语句或分支结构语句（结构化程序设计的第 2 种结构）。C 语言中用来实现选择结构的语句有两种：if语句和switch 语句。

学习重点和难点：

- 关系运算符与关系表达式
- 逻辑运算符与逻辑表达式
- if语句及其几种格式
- switch 语句实现多分支选择

学习本章后，读者将会掌握按条件选择不同功能的处理程序。

5.1 本章引例

在例 4-1 的程序有个不足，就是若输入的边长 a，b，c 可能不构成三角形时，海伦公式就不适用了。学习本章后这类问题就能得到较好解决。

【例 5-1】 出租车计价程序：设某城市普通出租车收费标准：起步里程为 3 千米，起步价 10 元；超过起步里程后 10 千米内（即 4-10 千米），每千米 2 元；超过 10 千米以上的部分每千米 3 元；营运过程中，因路阻或因乘客要求临时停车等产生等待时间的，按每 5 分钟 2 元收取（不足 5 分钟则不收费）。运价计费尾数四舍五入，保留到元（即不含小数）。编写程序，根据实际行驶里程（千米，截断式只保留 1 位小数）与等待时间（分钟），计算并输出乘客应付的出租车费（元）。

分析：行驶里程费与等待时间费分开计算后累加，里程费按规则分段计算，等待分钟不含小数，等待时间费直接按 5 的倍数计算。图 5-1 是本例的 N-S 流程图。

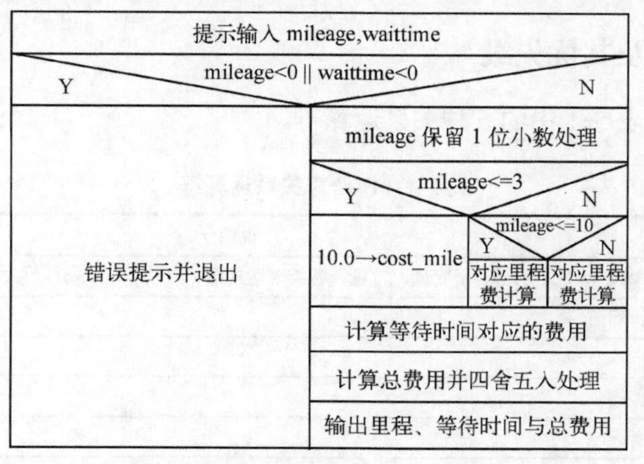

图 5-1 例 5-1 的 N-S 流程图

```
#include <stdio.h>
int main(void)
{   int waittime,cost_time,cost_all;
    double mileage,cost_mile;                          //①变量定义部分
    printf("请输入里程数(公里，含 1 位小数)："); scanf("%lf",&mileage);          //②输入里程数
    printf("请输入等待时间(分钟)："); scanf("%d",&waittime);                    //输入等待时间
    if (mileage<0 || waittime<0) {                     //③按条件计算等的数据处理部分
        printf("输入的里程数或等待时间(分钟)有误。");
        return 1;
    }
    mileage=((int)(mileage*10))/10.0;                  //截断式处理，只保留 1 位小数
    if (mileage<=3.0)
        cost_mile=10.0;
    else if (mileage<=10.0)
        cost_mile=10.0+(mileage-3.0)*2.0;
    else
        cost_mile=10.0+(10.0-3.0)*2.0+(mileage-10.0)*3.0;
    cost_time= (waittime/5) * 2;
    cost_all=(int)(cost_mile+cost_time+0.5);           //加 0.5 后转成 int，实现四舍五入功能
    printf("本次乘坐里程数(公里)：%5.1lf，等待时间(分钟)：%d，费用共计：%d 元\n",mileage,
waittime,cost_all);                                    //④输出结果
    return 0;
}
```

运行结果：

```
请输入里程数(公里，含1位小数)：12.5
请输入等待时间(分钟)：6
本次乘坐里程数(公里)： 12.5，等待时间(分钟)：6，费用共计：34 元
```

读者在学习本章内容后，编写的程序逻辑会更缜密，程序面对不同输入等情况的应对处理将更周全。简而言之，编写的程序将会更健壮、更适用。

5.2 关系运算符和表达式

在程序中经常需要比较两个量的大小关系，以决定程序下一步的工作。比较两个量的运算符称为关系运算符。

5.2.1 关系运算符及其优先级

在 C 语言中有以表 5-1 中的 6 种关系运算符。

表 5-1　C 语言关系运算符

符号	说明
<	小于，如 x<y（说明：x，y 变量、常量、各类表达式等）
<=	小于或等于
>	大于
>=	大于或等于
==	等于
!=	不等于（注意：“<>”不是 C 语言的不等于运算符）

关系运算符都是双目运算符，其结合性均为左结合。关系运算符的优先级低于算术运算符，高于赋值运算符。在 6 个关系运算符中，<，<=，>，>=的优先级相同，高于==和!=，==和!=的优先级相同（注意：关系运算符还分优先等级在其他语言中是少有的）。

5.2.2 关系表达式

关系表达式的一般形式为

表达式 关系运算符 表达式

例如，“a+b>c−d”“x>3/2”“'a'+1<c”“−i−5*j= =k+1”都是合法的关系表达式。由于表达式又是关系表达式。因此，也允许出现嵌套的情况。例如，“a>(b>c)”“a!=(c= =d)”等。

关系表达式的值是“真”和“假”，用 1 和 0 表示。如“5>0”的值为真，即为 1。“(a=3)>(b=5)”由于“3>5”不成立，故其值为假，即为 0。“5>2>7>8”在 C 语言中是允许的，相当于“(((5>2)>7)>8)≡((1>7)>8)≡(0>8)”，其值为 0。

【例 5-2】 输出一些关系表达式的运算值。

```
int main(void){
    char c='k';int i=1,j=2,k=3;float x=3e+5,y=0.85;
    printf("%d,%d\n",'a'+5<c,−i−2*j>=k+1);   //请注意各运算的优先级
    printf("%d,%d\n",1<j<5,x−5.25<=x+y);
    printf("%d,%d\n",i+j+k==−2*j,k==j==i+5);
}
```

运行结果：

```
1,0
1,1
0,0
```

说明：在本例中求出了各种关系表达式的值。字符变量是以它对应的 ASCII 码参与运算的。对于含多个关系运算符的表达式，如 k= =j= =i+5，根据运算符的左结合性，先计算 k= =j，该式不成立，其值为 0，再计算 0= =i+5，也不成立，故表达式值为 0。

5.3 逻辑运算符和表达式

组合多种条件构成复合或复杂条件时，需要用到逻辑运算与逻辑表达式。

5.3.1 逻辑运算符及其优先级

C 语言中提供了 3 种逻辑运算符。

1）&& 与运算，如“x && y”(x，y 为变量、常量、关系表达式、其他表达式等)。

2）|| 或运算，如“x || y”。

3）! 非运算，如“!x”。

与运算符&&和或运算符||均为双目运算符，具有左结合性。非运算符!为单目运算符，具有右结合性。逻辑运算符和其他运算符优先级的关系如图 5-2 所示。

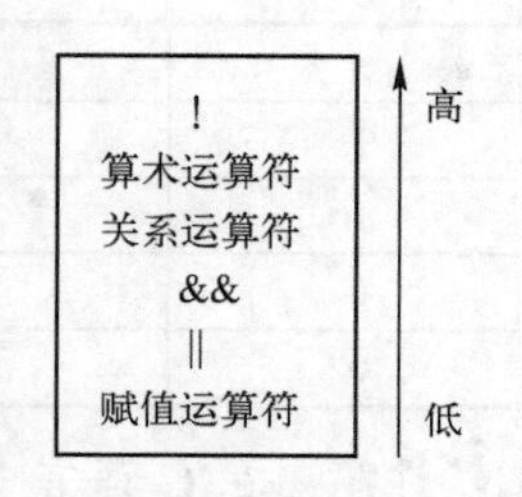

图 5-2 逻辑运算优先级

举例说明运算符的优先顺序。

a>b && c>d　　等价于　(a>b)&&(c>d)

!b= =c||d<a　　等价于　((!b) = =c)||(d<a)

a+b>c&&x+y<b　　等价于　((a+b)>c)&&((x+y)<b)

5.3.2　逻辑运算及其取值

逻辑运算的值也为“真”和“假”两种，用 1 和 0 来表示，其求值规则如下。

1）与运算&&：参与运算的两个量都为真时，结果才为真，否则为假。例如，“5.0>4.9 && 4>3”，由于“5.0>4.9”为真，“4>3”也为真，相与的结果也为真。

2）或运算||：参与运算的两个量只要有一个为真，结果就为真；两个量都为假时，结果为假。例如，“5.0>4.9||5>8”，由于“5.0>4.9”为真，相或的结果也就为真。

3）非运算!：参与的运算量为真时，结果为假；参与的运算量为假时，结果为真。例如，“!(5.0>4.9)”的结果为假，即为 0。

虽然 C 语言编译在运算得出逻辑运算结果值时，以 1 代表“真”，0 代表“假”。但在判断一个量是为“真”还是为“假”时，以 0 代表“假”，以非 0 的数值作为“真”。例如，由于 5 和 3 均为非 0，因此“5&&3”的值为“真”，即为 1。又如，“5||0”的值为“真”，即为 1。

逻辑运算!、&&、||的“真值表”见表 5-2、表 5-3 与表 5-4，其中 x，y 为各种取值的运算量，可以是各种类型的常量、变量、各种表达式等。

表 5-2　逻辑运算真值表（1）

<table>
<tr><th>x</th><th>y</th><th>!x</th><th>x&&y</th><th>x||y</th></tr>
<tr><td>非 0</td><td>非 0</td><td>0</td><td>1</td><td>1</td></tr>
<tr><td>非 0</td><td>0</td><td>0</td><td>0</td><td>1</td></tr>
<tr><td>0</td><td>非 0</td><td>1</td><td>0</td><td>1</td></tr>
<tr><td>0</td><td>0</td><td>1</td><td>0</td><td>0</td></tr>
</table>

表 5-3　逻辑运算真值表（2）

<table>
<tr><th>x</th><th>y</th><th>!x</th><th>x&&y</th><th>x||y</th></tr>
<tr><td>真</td><td>真</td><td>假</td><td>真</td><td>真</td></tr>
<tr><td>真</td><td>假</td><td>假</td><td>假</td><td>真</td></tr>
<tr><td>假</td><td>真</td><td>真</td><td>假</td><td>真</td></tr>
<tr><td>假</td><td>假</td><td>真</td><td>假</td><td>假</td></tr>
</table>

表 5-4　逻辑运算真值表（3）

<table>
<tr><th>x</th><th>y</th><th>!x</th><th>x&&y</th><th>x||y</th></tr>
<tr><td>1</td><td>1</td><td>0</td><td>1</td><td>1</td></tr>
<tr><td>1</td><td>0</td><td>0</td><td>0</td><td>1</td></tr>
<tr><td>0</td><td>1</td><td>1</td><td>0</td><td>1</td></tr>
<tr><td>0</td><td>0</td><td>1</td><td>0</td><td>0</td></tr>
</table>

注意：在 C 语言中，运算量为 0 表示“假”，非 0 表示“真”；逻辑表达式的运算结果：

“假”或“不成立”结果为 0，“真”或“成立”结果为 1。

5.3.3 逻辑表达式

逻辑表达式的一般形式为

表达式　逻辑运算符　表达式

其中的表达式可以是逻辑表达式，从而组成了嵌套的情形，例如，“(a && b) && c”。根据逻辑运算符的左结合性，也可写为“a && b && c”。

逻辑表达式的值是式中各种逻辑运算的最后值，以 1 和 0 分别代表“真”和“假”。

【例 5-3】 输出一些逻辑表达式的运算值。

```
int main(void){
    char c='k';   int i=1,j=2,k=3;   float x=3e+5,y=0.85;
    printf("%d,%d\n",!x*!y,!!!x);
    printf("%d,%d\n",x||i&&j-3,i<j&&x<y);
    printf("%d,%d\n",i==5&&c&&(j=8),x+y||i+j+k);
}
```

运行结果：

```
0,0
1,0
0,1
```

说明：本例中!x 和!y 分别为 0，“!x*!y”也为 0，故其输出值为 0。由于 x 为非 0，故!!!x 的逻辑值为 0。对“x|| i && j-3”，先计算“j-3”的值为非 0，再求“i && j-3”的逻辑值为 1，故“x||i&&j-3”的逻辑值为 1；对“i<j&&x<y”，由于“i<j”的值为 1，而“x<y”为 0，故表达式的值为 1 与 0 相与，最后为 0；对“i==5&&c&&(j=8)”，由于“i==5”为假，即值为 0，该表达式由两个与运算组成，所以整个表达式的值为 0；对于“x+y||i+j+k”由于“x+y”的值为非 0，故整个或表达式的值为 1。

注意：逻辑表达式在求解时并非所有的逻辑运算符都被执行，只在必须执行下一个逻辑运算符才能求出表达式的结果时，才执行该运算符，也即在已明确表达式的真或假值时，后续对结果没有影响力的运算将不执行了。

下面举例说明以上注意事项。

1）“a&&b&&c”只在 a 为真时，才判别 b 的值；只在 a、b 都为真时，才判别 c 的值。也即 a 为假时，表达式为假，就不判断 b 与 c 了；a 为真，b 为假时，表达式亦为假，就不判断 c 了。

2）“a||b||c”只在 a 为假时，才判别 b 的值；只在 a、b 都为假时，才判别 c 的值。也即 a 为真时，表达式为真，就不判断 b 与 c 了；a 为假，b 为真时，表达式亦为真，就不判断 c 了。

3）“a=1;b=2;c=3;d=4;m=1;n=1; (m=a>b)&&(n=c>d);”中 m=0，n=1，而非 n=0。

4）“int x=5;”表达式“0||++x”的值为 1。即表达式求值后 x 为 6；而“int x=5;”表达式“0&&++x”的值为 0，表达式求值后 x 为 5，而非 x 为 6（因为++x 未执行）。

5.4 if 语句

用 if 语句可以构成选择结构。它根据给定的条件进行判断，以决定执行某个分支程序段。C 语言的 if 语句有 3 种基本形式。

5.4.1 if 语句的 3 种形式

1．第一种形式为基本形式

if(表达式) 语句;

其语义是：如果表达式的值为真，则执行其后的语句(可为复合语句)，否则不执行该语句，其执行逻辑如图 5-3 所示。

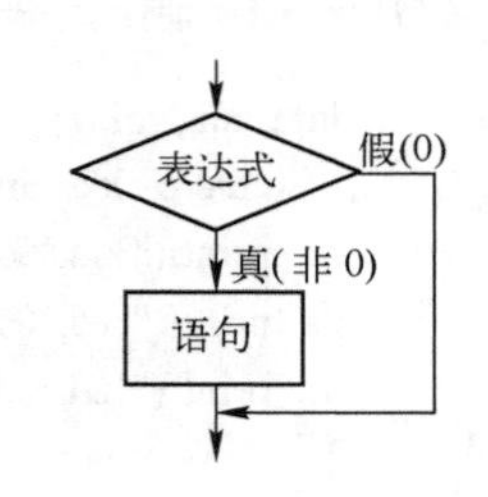

图 5-3 if 语句的执行逻辑

注意：if 后的表达式可以是关系表达式、逻辑表达式、数值表达式等，类型也可以任意。

“if(!表达式)”等价于“if(表达式==0)”，而“if(表达式)”等价于“if(表达式!=0)”。

【例 5-4】 输入两个整数，输出其最大者（方法 1）。

```
int main(void){
    int a,b,max;
    printf("input two numbers: ");scanf("%d%d",&a,&b);
    max=a;                      //意思是先假设 a 为最大（这种做法常用）
    if (max<b) max=b;           //然后用当前的最大值 max 与 b 作比较
    printf("max=%d\n",max);     //输出两者的最大值
}
```

运行结果：

```
input two numbers: 12 56
max=56
```

说明：本例程序中，输入两个数 a，b。把 a 先赋予变量 max，再用 if 语句判别 max 和 b 的大小，如 max 小于 b，则把 b 赋予 max。最后 max 中是 a，b 两者的大数，最后输出 max 的值。

2．第二种形式为 if-else

```
if(表达式)
    语句 1;
else
    语句 2;
```

其语义是：如果表达式的值为真，则执行语句 1，否则执行语句 2。其执行的逻辑过程如图 5-4 所示。

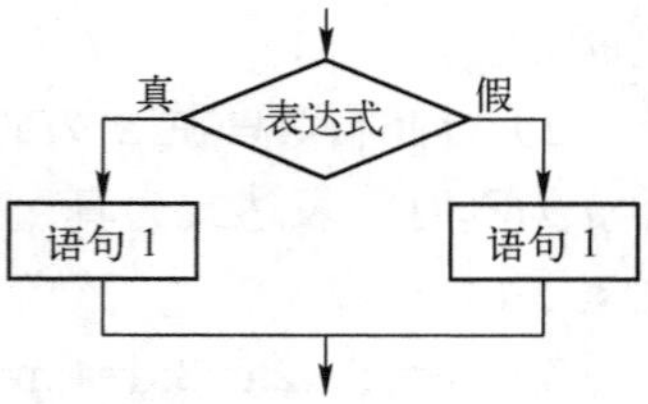

图 5-4 if-else 语句的执行逻辑

【例 5-5】 输入两个整数，输出其最大者（方法 2）。

```
int main(void){
    int a, b; printf("input two numbers: ");
```

```
    scanf("%d%d",&a,&b);
    if(a>b)             //直接比较，根据比较情况得到最大值
        printf("max=%d\n",a);
    else printf("max=%d\n",b);
}
```

说明：改用 if-else 语句判别 a，b 的大小，若 a 大，则输出 a，否则输出 b。

3．第三种形式为 if-else-if 形式

前两种形式的 if 语句一般都用于两个分支的情况。当有多个分支选择时，可采用 if-else-if 语句，其一般形式为

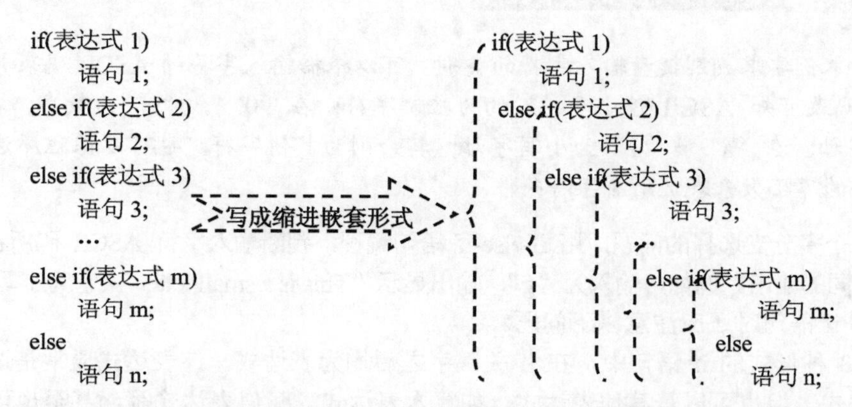

其语义是：依次判断表达式的值，当出现某个值为真时，则执行其对应的语句。再跳到整个 if 语句之后继续执行程序。如果所有的表达式均为假，则执行语句 n。然后继续执行后续程序。if-else-if 语句的执行过程如图 5-5 所示，关于 if 语句嵌套的内容见下节。

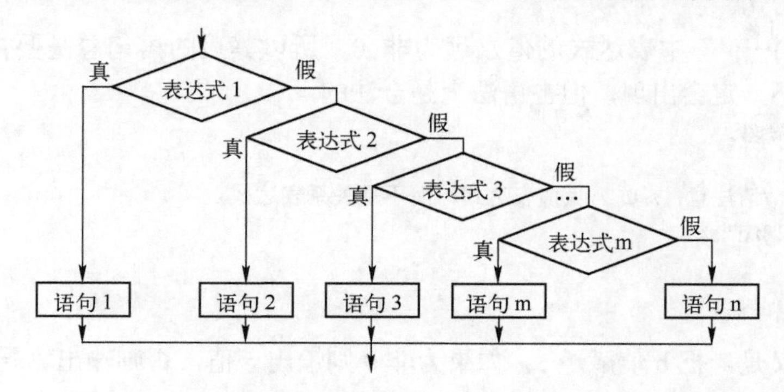

图 5-5　if-else-if 语句的执行过程

【例 5-6】 输入一个字符，判断它所属的类别。

```
#include <stdio.h>
int main(void){
    char c; printf("input a character: ");
    c=getchar();
    if(c<32)                    //或 if(iscntrl(c)) 使用判断字符的库函数，下同
        printf("This is a control character\n");
```

```
    else if(c>='0'&&c<='9')          //或 else if(isdigit(c))
        printf("This is a digit\n");
    else if(c>='A'&&c<='Z')          //或 else if(isupper(c))
        printf("This is a capital letter\n");
    else if(c>='a'&&c<='z')          //或 else if(islower(c))
        printf("This is a small letter\n");
    else
        printf("This is an other character\n");
}
```

运行结果：

```
input a character: X
This is a capital letter
```

说明：本例要求判别键盘输入字符的类别。可以根据输入字符的 ASCII 码来判别类型。由 ASCII 码表可知 ASCII 值小于 32 的为控制字符；在“0”～“9”为数字；在“A”～“Z”大写字母；在“a”～“z”为小写字母；其余则为其他字符。也可以像程序注释那样，用判断字符的库函数来表达所属字符条件。

这是一个多分支选择的问题，用 if-else-if 语句编程，判断输入字符 ASCII 码所在的范围，分别给出不同的输出。例如，输入为“g”，输出显示“This is a small letter”（它为小写字母）。

在使用 if 语句时还应注意以下问题。

1）在 3 种形式的 if 语句中，在 if 关键字之后均为表达式。该表达式通常是逻辑表达式或关系表达式，但也可以是其他表达式，如算术表达式、赋值表达式等，甚至也可以是一个变量。

“if(a=5) 语句;”和“if(b) 语句;”都是允许的。只要表达式的值为非 0，即为“真”，都能执行到其后的语句。

如在“if(a=5)…; ”中表达式的值永远为非 0，所以其后的语句总是要执行的，当然这种情况在程序中不一定会出现，但在语法上是合法的。

又如，有程序段：

```
if(a=b)    //请注意：a=b 为赋值表达式，而不是关系表达式
    printf("%d",a);
else
    printf("a=0");
```

本语句的语义是，把 b 值赋予 a，如果为非 0 则输出该值，否则输出“a=0”字符串。这种用法在程序中是经常出现的。

注意：“=”与“==”使用中的不同，例如：“int a=0,b=1;if(a=b) printf("a equal to b?\n");”与“int a=0,b=1;if(a==b) printf("a equal to b\n");”是完全不同的。

2）在 if 语句中，条件判断表达式必须用括号括起来，在语句之后必须加分号。

例如，“if x==y printf("x 等于 y")”是错误的，应改为“if (x==y) printf("x 等于 y");”。

3）在 if 语句的 3 种形式中，所有的语句应为单个语句，如果要想在满足条件时执行一组(多个)语句，则必须把这一组语句用{}括起来组成一个复合语句。注意，在右大括号“}”

之后不能再加分号(;)。

```
if(a>b)
{   a++; b++;
}                    //注意：此处不能有“;”号
else { a=0; b=10; }
```

5.4.2 if 语句的嵌套

当 if 语句中的执行语句又是 if 语句时，则构成了 if 语句嵌套的情形。

其一般形式可表示为

```
if(表达式)
    if 语句;
```

或者为

```
if(表达式)
    if 语句;
else
    if 语句;
```

在嵌套内的“if 语句”可能又是 if-else 型的，这将会出现多个 if 和多个 else 重叠的情况，这时要特别注意 if 和 else 的配对问题。例如：

```
if(表达式 1)
    if(表达式 2)
        语句 1;
    else
        语句 2;
```

其中的 else 究竟是与哪一个 if 配对呢?

应该理解为：

```
if(表达式 1)
      if(表达式 2) ┐
          语句 1;   │
      else          ├内 if 语句   ├外 if 语句
          语句 2;   ┘
```

还是应理解为：

```
if(表达式 1)
     if(表达式 2) ┐
         语句 1;   ┘内 if 语句   ├外 if 语句
else
     语句 2;
```

为了避免这种二义性，C 语言规定，else 总是与它前面最近的还未配对的 if 子句相配对，因此对上述例子应按前一种情况理解。当然完全可以通过加“{…}”来实现后一种逻辑的表达的。

```
if(表达式 1)
{
    if(表达式 2)
        语句 1;
}
else
    语句 2;
```

【例 5-7】 比较并显示两数的大小关系（if-else 形式实现）。

```
int main(void){
    int a,b;    printf("please input A,B: ");
    scanf("%d%d",&a,&b);
    if(a!=b)
        if(a>b) printf("A>B\n");
        else printf("A<B\n");
    else printf("A=B\n");
}
```

本例中用了 if 语句的嵌套结构。采用嵌套结构实质上是为了进行多分支选择，实际上有 3 种选择，即 A>B、A<B 或 A=B。这种问题用 if-else-if 语句也可以完成，而且程序更加清晰。因此，为使程序更便于阅读理解，在一般情况下较少使用 if 语句的嵌套结构。

【例 5-8】 比较并显示两数的大小关系（if-else-if 形式实现）。

```
int main(void){
    int a,b;    printf("please input A,B: ");
    scanf("%d%d",&a,&b);
    if(a==b) printf("A=B\n");
    else if(a>b) printf("A>B\n");
          else printf("A<B\n");
}
```

思考：本程序功能，是否还有其他实现方法？

5.4.3 条件运算符和条件表达式

如果在条件语句中，只按条件执行单个的赋值语句，常可使用条件表达式来实现。不但使程序简洁，也提高了运行效率。

条件运算符为“？：”，它是一个三目运算符，即有 3 个参与运算的量。由条件运算符组成条件表达式的一般形式为

表达式 1? 表达式 2 :表达式 3

其求值规则为：如果表达式 1 的值为真，则以表达式 2 的值作为条件表达式的值，否则以表达式 3 的值作为整个条件表达式的值。条件表达式通常用于赋值语句之中。举例如下：

```
if(a>b) max=a;
else max=b;
```

可用条件表达式写为“max=(a>b)?a:b;”。

执行该语句的语义是：如 a>b 为真，则把 a 赋予 max，否则把 b 赋予 max。

使用条件表达式时，还应注意以下几点。

1）条件运算符的运算优先级低于关系运算符和算术运算符，但高于赋值符。因此，“max=(a>b)?a:b”可以去掉括号而写为“max=a>b?a:b”。

2）条件运算符“? :”是一对运算符，不能分开单独使用。

3）条件运算符的结合方向是自右至左。

例如，“a>b?a:c>d?c:d”应理解为“a>b?a:(c>d?c:d)”。

这也就是条件表达式嵌套的情形，即其中的表达式 3 又是一个条件表达式。

【例 5-9】 输入两整数，输出其最大者（方法 3）。

```
int main(void){
    int a,b; printf("\n input two numbers:");
    scanf("%d%d",&a,&b);
    printf("max=%d",a>b?a:b);
}
```

说明： 用条件表达式对例 5-4 重新编程，输出两个数中的较大数，程序显得更简单。

5.5 switch 语句

C 语言还提供了另一种用于多分支选择的 switch 语句，其一般形式为

```
switch(表达式){
    case 常量表达式 1: 语句 1;
    case 常量表达式 2: 语句 2;
    …
    case 常量表达式 n: 语句 n;
    default:语句 n+1;
}
```

其语义是计算表达式的值，并逐个与其后的常量表达式值相比较。当表达式的值与某个常量表达式的值相等时，即执行其后的语句，不再进行判断，继续执行后面所有 case 后的语句（遇 break 语句时，将跳出 switch 语句转到后续语句执行）。如表达式的值与所有 case 后的常量表达式均不相同时，则执行 default 后的语句。

注意： 语句 1，语句 2，…，语句 n 并非单个语句，可以是多个语句组成的。

switch 语句也形象地称为开关语句，其按条件选择执行某分支语句与接通某一电源开关的原理是类似的。

【例 5-10】 输入一个 1～7 的整数，输出对应的星期信息。

```
int main(void){
    int a; printf("input integer number: ");scanf("%d",&a);
    switch (a){
        case 1:printf("Monday\n");
        case 2:printf("Tuesday\n");
        case 3:printf("Wednesday\n");
        case 4:printf("Thursday\n");
        case 5:printf("Friday\n");
        case 6:printf("Saturday\n");
        case 7:printf("Sunday\n");
        default:printf("error\n");
    }
}
```

运行结果：

```
input integer number: 5
Friday
Saturday
Sunday
error
```

说明：本程序是要求输入一个数字，输出一个英文单词。但是当输入 5 之后，却执行了 case 5 及以后的所有语句，输出了 Friday 及以后的所有单词。这当然不是希望的结果。

为什么会出现这种情况呢？这恰恰反映了 switch 语句的一个特点。在 switch 语句中，“case 常量表达式”只相当于一个语句标号，switch 括号内表达式的值和某常量表达式相等则转向该 case 标号执行，但不能在执行完该标号的语句后自动跳出整个 switch 语句，所以出现了继续执行所有后序 case 语句的情况。这是与前面介绍的 if 语句完全不同的，应特别注意。

为了避免上述情况，C 语言还提供了一个 break 语句，可用于跳出 switch 语句，break 语句只有关键字 break，没有参数。修改例题的程序，在每一个 case 语句之后增加 break 语句，使某个 case 执行之后均马上跳出 switch 语句，从而避免输出不应有的结果。

【例 5-11】 对例 5-10 修改，增加 break 语句。

```
int main(void){
    int a;printf("input integer number:"); scanf("%d",&a);
    switch (a){
      case 1:printf("Monday\n"); break;
      case 2:printf("Tuesday\n"); break;
      case 3:printf("Wednesday\n"); break;
      case 4:printf("Thursday\n"); break;
      case 5:printf("Friday\n"); break;
      case 6:printf("Saturday\n"); break;
      case 7:printf("Sunday\n"); break;
      default:printf("error\n");
    }
}
```

运行结果：

```
input integer number:5
Friday
```

在使用 switch 语句时还应注意以下几点。

1）switch 语句中各表达式一般为整型，还包括字符型与枚举类型（后面介绍）。

2）在 case 后的各常量表达式的值不能相同，否则会出现错误。

3）在 case 后，允许有多个语句，可以不用{}括起来。

4）各 case 和 default 子句的先后顺序可以变动，而不会影响程序执行结果（当然前提是各 case 或 default 后一组执行语句后，都有 break 语句）。

5）default 子句可以省略不用。

6）多个 case 标号可以共用一组执行语句，如：

```
case 'a':
case 'A': printf("Letter    A\n");break;
…
```

5.6 应用实例

【例 5-12】 输入 3 个整数，输出最大数和最小数。

分析：首先比较输入的 a，b 的大小，并把大数装入 max，小数装入 min 中，然后再与 c 比较，若 max 小于 c，则把 c 赋予 max；如果 c 小于 min，则把 c 赋予 min。因此 max 内总是最大数，而 min 内总是最小数。最后输出 max 和 min 的值即可。N-S 流程图如图 5-6 所示。

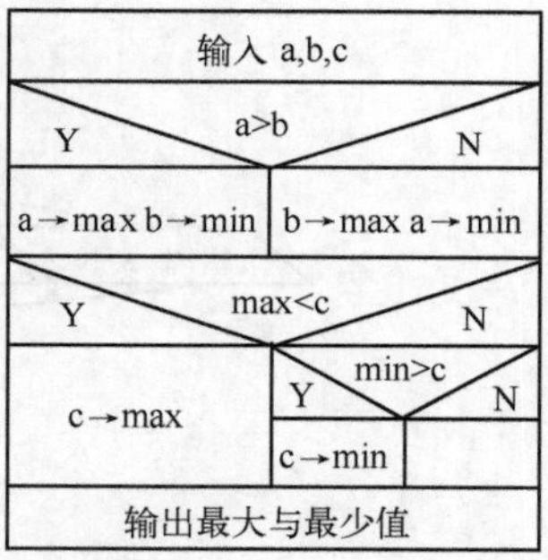

图 5-6　例 5-12 的 N-S 流程图

```
int main(void){
    int a,b,c,max,min;
    printf("input three numbers: ");
    scanf("%d%d%d",&a,&b,&c);
    if(a>b)
        {max=a;min=b;}
    else
        {max=b;min=a;}
    if(max<c)
        max=c;    //此时 c 不可能是最小,min 保持不变
    else
        if(min>c)
            min=c;//此时 c 不可能是最大,max 保持不变
        //else; 可省略，此分支 c 不大不小，不影响最大或最小数
    printf("max=%d\nmin=%d\n",max,min);
}
```

可替换成

```
if(max<c)max=c;
if(min>c)min=c;
```

运行结果：

```
input three numbers: 123 456 120
max=456
min=120
```

类似的求 3 个数的最大值，可以用条件表达式来简单实现，程序如下。

```
int main(void)
{   int a,b,c,max;                          /* 定义变量 */
    printf("Input a,b,c:\n");                /* 提示信息 */
    scanf("%4d%4d%4d", &a, &b, &c);  /* 输入函数 */
    max=a>b?a:b;                           /* 求两数的最大值 */
    max=max>c?max:c;                       /* 再与 c 比较，求三数的最大值 */
    printf("The maxmum value of the three data is %d\n", max); /*输出*/
}
```

思考：请参照上面的程序实现求 3 个数的最小数。

【例 5-13】 简易计算器程序。用户输入运算数和四则运算符，输出计算结果。

分析：提示输入含一个“+，-，*，/”的简单算术表达式，根据输入的不同算术符执行相应的算术运算。程序流程图如图 5-7 所示，其中“c 的取值”部分为流程图扩展表示法。

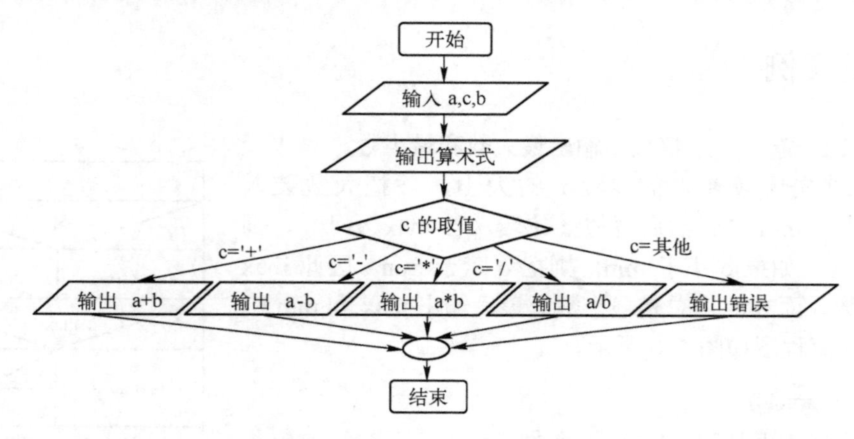

图 5-7 例 5-13 程序流程图

```
#include <stdio.h>
int main(void){
    float a,b; char c;
    printf("Input expression: a+(-,*,/)b \n");
    scanf("%f%c%f",&a,&c,&b);              //注意：运算符要紧跟第一个数来输入，如 1.0/ 2.0
    printf("%f%c%f=",a,c,b);               //输出算术表达式
    switch(c){
        case '+': printf("%f\n",a+b);break;    //此处的 break 不能少
        case '-': printf("%f\n",a-b);break;
        case '*': printf("%f\n",a*b);break;
        case '/': printf("%f\n",a/b);break;
        default: printf("input error\n");
    }
}
```

运行结果：
```
Input expression: a+(-,*,/)b
123.4/12.3
123.400002/12.300000=10.032520
```

说明：本例可用于四则运算求值。switch 语句用于判断运算符，然后输出运算值。当输入运算符不是+，-，*，/时给出错误提示。请多次运行程序来体验程序的功能，特别是输入时运算符的位置情况。

思考：

1）是否可以修改“scanf("%f%c%f",&a,&c,&b);”语句，来实现更灵活或更好格式的输入？

2）是否能修改程序来处理除数为 0 的情况。试试“printf("%f\n",a/b);”替换为“b!=0.0?printf("%f\n",a/b):printf("Error\n");”或“fabs(b)>=1.e-6?printf("%f\n",a/b):printf("Error\n");”（需头文件#include <math.h>）。看是否能解决问题？并给予分析。

3）使用 if 语句是否可以来处理除数为 0 的情况。

注意：应避免对实数作相等或不等的判断，因为实数是不精确的，实数是不连续的，精确相等是不可遇的，近似相等才是判断之道。为此，“float f1,f2;…;if(f1==f2) printf("f1=f2\n");”应改为：“float f1,f2;…;if(fabs(f1-f2)<1.e-6) printf("f1=f2\n");”。

【例 5-14】 判断某年是否为闰年。闰年的条件是：能被 4 整除、但不能被 100 整除，或者能被 400 整除(x 能被 y 整除，则余数为 0，即 x%y==0)。

方法 1：用嵌套分支语句实现闰年问题。

分析：算法流程图参照图 2-7，只是为了程序简洁，引入闰年指示标志变量 leap，leap 取值 1 为闰年，0 为非闰年，最后再根据 leap 的值输出该年是否是闰年的情况。

```
int main(void)
{   int year,leap;  //变量作为标志变量，leap 取值 1 为闰年，0 为非闰年
    printf("Please input the year:");
    scanf("%d",&year);
    if (year % 4 == 0)              /*被 4 整除*/
    {
        if (year%100 == 0)          /*被 100 整除*/   /*内嵌 2 层 if*/
        {   if (year%400 == 0)      /*被 400 整除*/   /*内嵌 3 层 if*/
                leap = 1;
            else leap = 0;
        }
        else leap = 1;
    }
    else leap = 0;                  /*不能被 4 整除    */
    if (leap) printf("%d is a leap year\n",year);
    else printf("%d is not a leap year\n",year);
}
```

运行结果：
```
Please input the year:2004
2004 is a leap year
```

方法 2：用合并的逻辑表达式来表达闰年条件，程序更简洁。

```
int main(void)
{   int y; scanf("%d",&y);
    if((y%4==0&&y%100!=0)||y%400==0) //或 if(!(y%4)&&y%100||!(y%400))
        printf("%d is a leap year\n",y);
    else printf("%d is not a leap year\n",y);
}
```

注意：C 语言有“非零为真”的规则，因此，程序中“if((y%4==0&&y%100!=0)||y%400==0)”还可改写为“if(!(y%4)&&y%100||!(y%400))”，但可读性稍差。

【例 5-15】 用双分支 if 语句判别三条边是否能构成一个三角形，并求面积。

分析：利用 if 语句先判断 a，b，c 是否构成三角形？再求其面积。

```
#include <math.h>
int main(void)
{   float a,b,c,p,area;
    printf("Input a,b,c:");scanf("%f,%f,%f",&a,&b,&c);
    if((a+b>c)&&(b+c>a)&&(c+a>b))   //a,b,c 组成三角形的条件
    {   p=(a+b+c)/2;
        area=sqrt(p*(p-a)*(p-b)*(p-c));
        printf("a=%7.2f,b=%7.2f,c=%7.2f\n",a,b,c);
        printf("area=%8.3f\n",area);
        return 0;
    }
    else{ printf("输入的三条边不能构成三角形!");return -1;}
}
```

运行结果：

```
Input a,b,c:12.1,13.2,14.3
a=  12.10,b=  13.20,c=  14.30
area=  74.393
```

【例 5-16】 求一元二次方程的根（对例 4-19 的完善）。

分析：利用 if 语句，对系数 a，b，c 作各种情况判断并据此操作。

```
#include <math.h>
int main(void)
{   float a, b, c, disc, p, q, x1, x2;
    printf("Please enter the coefficients a,b,c:");
    scanf("%f,%f,%f", &a, &b, &c);
    if(a==0) printf("Error.");          /*判断是否是一元二次方程*/
    else
    {   disc = b * b - 4 * a * c;
        if(disc>=0)                     /*嵌套分支语句，判断方程是否有实根*/
        {   p = -b / (2*a);    q = sqrt(disc) / (2*a);
            x1 = p + q; x2 = p - q;
            printf("x1=%7.4f, x2=%7.4f\n", x1, x2);
        }
        else printf("no real root!");
```

```
        }
    }
```

【例 5-17】 给定考试人数和每个学生的成绩，统计某一考试科目不同分数段的人数。

分析：①按提示输入考试人数 n；②判断 n 是否小于等于 0，若是则退出；③当 n 大于 0，循环执行："输入成绩，判读成绩是否正确，根据成绩分段累加计数"；④分段输出各分数段的人数。

```
int main(void)
{ int n,idj,i90,i80,i70,i60,i50; float score;
  i90=i80=i70=i60=i50=0;
  printf("Input n:");scanf("%d", &n);                    /* 输入考试人数 */
  if (n<=0) {printf("Error in n's input!"); exit(1);}     //若人数输入错，退出程序。
  while(n--)                                             /* while 循环语句，循环输入 n 个学生的成绩*/
  {   printf("Input(%d) score[0,100]:",n+1);              //倒计数(n 不断减少)某学生成绩输入
      scanf("%f", &score);
      if (score<0 || score>100)                          //若某学生成绩输入错，退出程序
      { printf("Error in score's input!");exit(2); }
      idj=score/10;                                      //获取十位、百位数
      switch(idj)                                        //根据成绩分类计数
      {   case 10:
          case 9: i90++;break;
          case 8: i80++;break;
          case 7: i70++;break;
          case 6: i60++;break;
          default: i50++;
      }
  }
  printf("[90-100]有%d 人，[80-90)有%d 人，[70-80)有%d 人，[60-70)有%d 人，[0-60)有%d 人。
\n", i90,i80,i70,i60,i50);
}
```

5.7 本章小结

本章介绍了 C 语言实现选择结构的语句：if 语句和 switch 语句及条件运算符（? :）。应掌握这些语句与条件运算符的一般形式及执行规则，if 语句和 switch 语句还有嵌套结构，可以用来实现多种不同的选择逻辑。选择结构语句的多种排列组合组成的语句结构非常灵活，在使用中要注意其格式及逻辑执行顺序，在编写程序时可以借助流程图等算法描述手段来设计与实现选择结构程序。

特别注意：

1）关系表达式与逻辑表达式的运算结果值有且仅有 2 个：1（代表真）或 0（表示假）；C 语言的不等运算符为!=，而非<>。

2）等于比较运算符为==，而非=。

3）3 个逻辑运算符分别为与&&、或||、否!，其中&&或||构成的逻辑表达式只有在必要时才会运算&&或||右边部分的运算特性。

4）“if (表达式)…” 中的表达式可以是任意表达式，其值可以分为 0 与非 0 两类，C 语言规定非 0 即真，0 为假。

5）能充分熟悉 if 语句单分支、2 分支与多分支的 3 种表达形式及 else 与 if 子句匹配原则。

6）switch 语句要强调 switch(表达式)的整型表达式的要求，各 case 分支一般都需带有 break 语句。

第 5 章
习题参考答案

5.8 习题

一、选择题

1．要判断 char 型变量 m 是否是数字字符，可以使用表达式（　　）。

A．m>=0&&m<=9　　B．m>='0' && m<='9'

C．m>="0" && m<="9"　　D．m>=0 and m<=9

2．在 C 语言的 if 语句中，可以作为判断的表达式是（　　）。

A．关系表达式　　B．任意表达式

C．逻辑表达式　　D．算术表达式

3．为了避免嵌套的 if-else 语句的二义性，C 语言规定 else 总是与（　　）组成配对关系。

A．缩排位置相同的 if　　B．在其之前未配对的 if

C．在其之前未配对的最近的 if　　D．同一行上的 if

4．假设有定义“int a=1,b=2,c=3,d=4,m=2,n=2”，则执行表达式“(m=a>b) && (n=c>d)”后，n 的值为（　　）。

A．0　　B．2　　C．3　　D．4

5．以下程序的输出是（　　）。

```
int main(void)
{   int x=2,y=-1,z=2;
    if (x<y) if (y<0) z=0;
    else z+=1;
    printf("%d\n",z);
}
```

A．3　　B．2　　C．1　　D．0

6．下列运算符中优先级最低的是（　　），优先级最高的是（　　）。

A．?:　　B．&&　　C．+　　D．!=

7．下面能正确表示变量 x 在[-4，4]或（10，20）范围内的表达式是（　　）。

A．-4<=x||x<=4||10<x||x<20　　B．-4<=x&&x<=4||10<x&&x<20

C．(-4<=x||x<=4)&&(10<x||x<20)　　D．-4<=x&&x<=4&&10<x&&x<20

8．若 a=3，b=c=4，则变量 x、y 的值分别是（　　）。

```
x=(c>=b>=a)?1:0;    y=c>=b&&b>=a;
```

A．0 1　　　　B．1 1　　　　C．0 0　　　　D．1 0

9．在 C 语言中，多分支选择结构语句为：

```
switch(表达式)
{   case 常量表达式 1: 语句 1;
    case 常量表达式 2: 语句 2;
    …
    case 常量表达式 k: 语句 k;
    default: 语句 k+1;
}
```

其中，switch 括号中表达式的类型（　　）

A．只能是整型　　　　B．可以是任意类型

C．可以是整型或字符型　　　　D．可以是整型或实型

10．执行以下程序后的输出结果是（　　）。

```
int main(void)
{   int a=4,b=5,c=5,x=5;
    a=a==(b-c); printf("%d ",a);
    if (x++>5) printf("%d\n",x);
    else printf("%d\n",x--);
}
```

A．0 5　　　　B．0 6　　　　C．1 5　　　　D．1 6

二、阅读程序写出运行结果

1．
```
int main(void)
{   int a=2,b=3,c;   c=a;
    if(a>b) c=1;
    else if(a==b) c=0;
    else c=-2;
    printf("%d\n",c);
}
```

2．
```
int main(void)
{   int a=0;
    printf("%s",(a%2!=0)? "No":"Yes");
}
```

三、编程题

1．编程求一个数的绝对值（要求不用库函数 fabs()）。

2．税务部门征收所得税，规定如下：①收入在 5000 元以内，免征；②收入在(5000～8000]元时，超过 5000 的部分纳税 3%；③收入在(8000～15000]元时，(5000～8000]的部分纳税 3%，超过 8000 的部分纳税 10%；④收入达 15000 元或超过 15000 元时，(5000～8000]的部分纳税 3%，(8000～15000]的部分纳税 10%，超过 15000 的部分纳税 20%。编程实现：根据收入计算应纳税额。

第 5 章
扩展习题及其
参考答案

实验 5　选择结构程序设计

一、实验目的

1）掌握关系运算符和关系表达式的使用方法。
2）掌握逻辑运算符和逻辑表达式的使用方法。
3）掌握 if 语句、switch 语句、条件运算符（?:）的使用方法。
4）掌握选择结构程序的设计技巧。

实验 5
实验内容扩展

二、实验内容

1. 改错题

下列程序的功能为：输入 3 个整数后，输出其中最大值。纠正程序中存在的错误，以实现其功能。

```
#include <stdio.h>
int main(void)
{   int a,b,c,max;
    printf("请输入 3 个整数："); scanf("%d%d%d",&a,&b,&c);
    max=a;
    if (c>b)
        { if (b>a) max=c;
        else if (c>a) max=b;}
    printf("3 个数中最大者为：%d\n",max);
}
```

2. 程序填空题

下列程序的功能为：实现加、减、乘、除四则运算。补充完善程序以实现其功能。

```
#include <stdio.h>
int main(void)
{   int a,b,d; char ch;
    printf("Please input a expression:");
    scanf("%d%c%d",__________);   /*输入数学表达式*/
    switch(ch)
    {   case '+': d=a+b; printf("%d+%d=%d\n",a,b,d); break;
        case '-': d=a-b; printf("%d-%d=%d\n",a,b,d); ___________;
        case '*': ________; printf("%d*%d=%d\n",a,b,d); break;
        case '/':
            if (____________________) printf("Divisor is zero\n");
            else printf("%d/%d=%f\n",a,b,(_________)a/b);   /* 强制类型转换*/
            break;
        default :printf("Input Operator error!\n");
```

```
    }
}
```

3．编程题

1）从键盘上输入 3 个整数，输出这 3 个整数的和、平均值（保留两位小数）、积、最小值以及最大值。

2）有一分段函数如下，要求用 scanf 函数输入 x 的值，求 y 值并在屏幕上输出。

$$y=\begin{cases}1-x^3 & x<5\\ x-1 & 5\leqslant x<15\\ 2x^2-1 & x\geqslant 15\end{cases}$$

3）从键盘上输入一个数字 0～6，输出相应星期几的英文单词，其中数字 0 对应 Sunday，数字 1～6 对应 Monday～Saturday，如果输入的不是 0～6 的数字，则显示错误信息。

第 6 章　循环结构程序设计

循环结构是程序中一种很重要的控制结构，它充分发挥了计算机擅长自动重复运算的特点，使计算机能反复执行一组语句，直到满足某个特定的条件为止。循环结构程序最能体现程序的魅力。C 语言提供了实现重复操作的 3 种循环语句，即 while 语句、do-while 语句和 for 语句。这 3 种循环语句功能相当，都能实现在某条件下反复执行某程序段的功能。多种循环语句的综合或嵌套使用，可以实现各种不同的复杂程序功能。能正确、灵活、熟练、巧妙地掌握和运用它们是程序设计的基本要求。

学习重点和难点：

- 循环的概念
- 循环的基本语句结构和流程
- continue 语句和 break 语句
- 循环的嵌套
- 循环在常用算法中的应用

读者在学习本章后，将会领略到 C 语言循环结构程序的复杂与魅力，将有能力编写更复杂功能的程序。

6.1　本章引例

【例 6-1】 求 100～200 的全部素数。

分析： 利用判断一个数是否是素数的程序段，逐个判断找出所有 100～200 间的素数。算法流程图如图 6-1 所示。

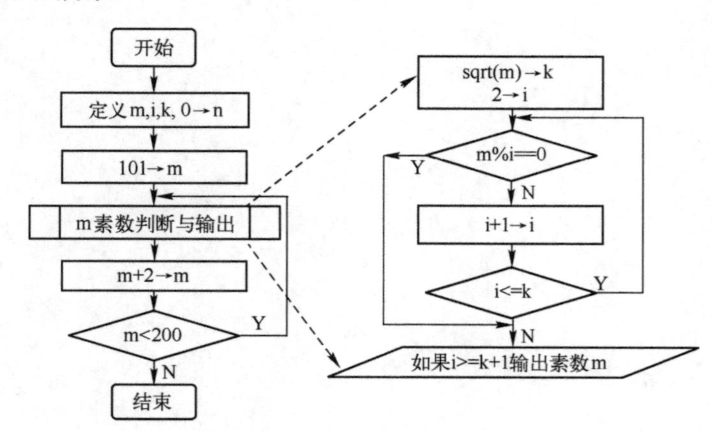

图 6-1　例 6-1 的算法流程图

```
#include <stdio.h>
#include <math.h>
int main(void)                          //求 100～200 间的全部素数
{  int m,i,k,n=0;
   for(m=101;m<200;m=m+2)               //循环体即判断 m 是否为素数的程序段
   {  k=sqrt(m);                        //赋给 k 有取整的意思
      for(i=2;i<=k;i++)
         if(m%i= =0) break;             //有一个能整除即退出内循环，此时肯定 i<=k 的
      if(i>=k+1)                        //是素数的条件
      {  printf("%4d ",m);
         if(++n % 10= =0)printf("\n"); //控制 10 个一行输出
      }
   }
   printf("\n"); return 0;
}
```

运行结果：

```
101 103 107 109 113 127 131 137 139 149
151 157 163 167 173 179 181 191 193 197
199
```

控制 m 的变化范围及 n 的计数数量，容易修改程序实现找出连续指定数量素数的功能。

本引例利用了二重 for 循环实现，完全可以用 while 等其他循环语句改写，多重循环是本章学习的难点，break 与 continue 语句的恰当使用，体现了循环控制结构的灵巧性。

6.2 概述

循环结构是程序中一种很重要的结构，其特点是在给定条件成立时，反复执行某程序段，直到条件不成立为止。给定的条件称为循环条件，反复执行的程序段称为循环体。C 语言提供了多种循环语句，可以组成如下 4 种不同形式的循环结构。

1）用 goto 语句和 if 语句构成循环。

2）用 while 语句。

3）用 do-while 语句。

4）用 for 语句。

6.3 goto 语句

goto 语句是一种无条件转移语句，与 BASIC 中的 goto 语句相似。

goto 语句的使用格式为

goto 语句标号;

其中标号是一个有效的标识符，这个标识符加上一个“:”一起出现在函数内某处，执行 goto 语句后，程序将跳转到该标号处并执行其后的语句。另外，标号必须与 goto 语句同处于一个函数中，但可以不在一个循环层中。通常 goto 语句与 if 条件语句连用，当满足某

一条件时，程序跳到标号处运行。程序如下：

【例 6-2】 用 goto 语句计算从 1 加到 100 的值。

```
int main(void)
{
    int i=1,sum=0;
label1:
    sum=sum+i;
    i++;
    if (i<=100) goto label1;
    printf("%d\n",sum);
}
```

goto 语句通常不用，主要因为它会使程序层次不清，且不易读，但在多层嵌套退出时，用 goto 语句则比较合理。

6.4 while 语句

while 语句的一般形式为

while(表达式) 语句[;]

其中表达式是循环条件，语句为循环体，当语句是复合语句时一般应省略分号“;”。

while 语句的语义是：计算表达式的值，当值为真（非 0）时，执行循环体语句，一旦循环体语句执行完毕，表达式中的值将会被重新计算，如果还是为非 0，语句将会再次执行，这样一直重复下去，直至表达式中的值为假（0）为止。其执行过程可用图 6-2 表示。

【例 6-3】 用 while 语句计算从 1 加到 100 的值。用传统流程图和 N-S 结构流程图表示算法，如图 6-3、图 6-4 所示。

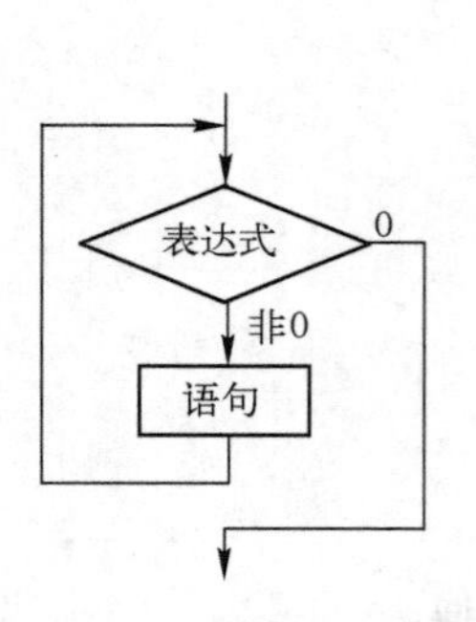

图 6-2 while 语句的执行逻辑

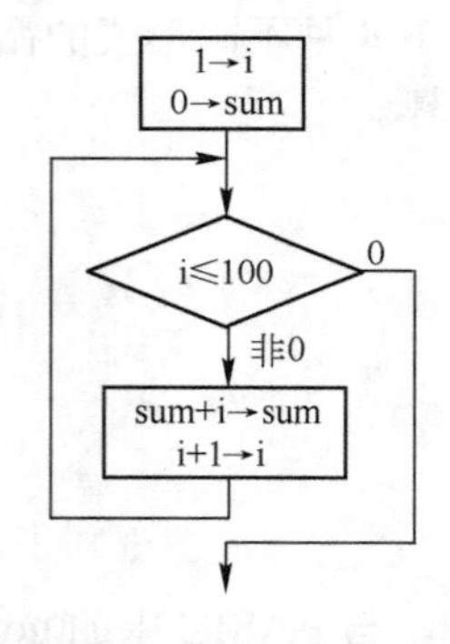

图 6-3 例 6-3 流程图

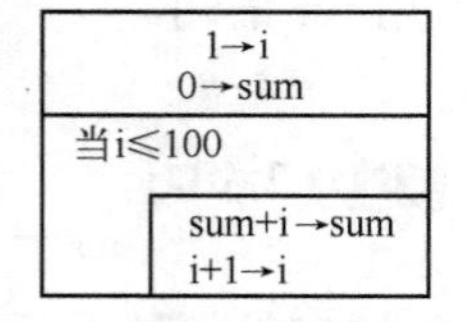

图 6-4 例 6-3 N-S 结构流程图

```
int main(void)
{   int i,sum=0; i=1;     //变量定义与初始化不能少
    while(i<=100)
    {                    //循环体为复合语句
        sum=sum+i;
```

```
        i++;
    }
    printf("%d\n",sum);
}
```

注意：本例的 while 循环也可改为 “while(i<=100) sum=sum+i++;”，循环体为单语句。

【例 6-4】 统计从键盘输入一行字符的个数。

```
int main(void){
    int n=0;printf("input a string:\n");
    while(getchar()!='\n') n++;          //循环体为 n++
    printf("%d",n);
}
```

说明：本例程序中的循环条件为 “getchar()!='\n'”，其意义是，只要从键盘输入的字符不是〈Enter〉键就继续循环。循环体 n++完成对输入字符个数的计数。

注意：使用 while 语句时，while 语句中的表达式一般是关系表达式或逻辑表达式，只要表达式的值为真（非 0）即可继续循环。

【例 6-5】 输出 0，2，4，……连续 n 个偶数（n≥0）。

```
int main(void){
    int a=0,n;
    printf("input n:"); scanf("%d",&n);
    while (n--) printf("%d ",a++*2);
}
```

说明：本例程序将执行 n 次循环，每执行一次，n 值减 1。循环体输出表达式 “a++*2” 的值，该表达式等效于 “(a*2; a++)”。

思考：以上程序输入负的 n 值，程序的运行情况如何？该如何完善程序。

注意：循环体如果包括一个以上的语句，则必须用{}括起来，组成复合语句。

6.5 do-while 语句

do-while 语句的一般形式为

```
do
    语句[;]
while(表达式);
```

这个循环与 while 循环的不同在于：它先执行循环中的语句，再判断表达式是否为真(非 0)，如果为真则继续循环；如果为假(0)，则终止循环。因此，do-while 循环至少要执行一次循环语句。其执行过程可用图 6-5 表示。

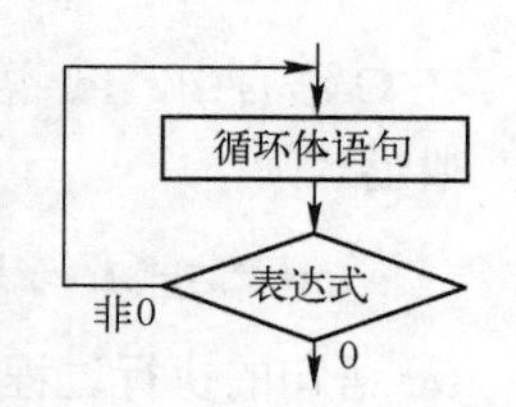

图 6-5　do-while 语句执行逻辑

【例 6-6】 用 do-while 语句计算从 1 加到 100 的值。

```
int main(void)
{  int i,sum=0; i=1;
   do
   {  //循环体至少执行一次
      sum=sum+i;
      i++;
   }while(i<=100);
   printf("%d\n",sum);
}
```

同样当有许多语句参加循环时，要用{和}把它们括起来。而循环体为单语句时，可以省略{和}。如本例可改为

```
int main(void)
{  int i,sum=0; i=1;
   do
      sum=sum+i++;   //循环体为单语句
   while(i<=100);
   printf("%d\n",sum);
}
```

【例 6-7】 while 和 do-while 循环比较。如下两段程序输入 i，从 i 累加到 10，并显示累加值。

```
（1）int main(void)
     {  int sum=0,i;
        scanf("%d",&i);
        while(i<=10)
        {  sum=sum+i;
           i++;
        }    //这里不要加“;”
        printf("sum=%d",sum);
     }
```

```
（2）int main(void)
     {  int sum=0,i;
        scanf("%d",&i);
        do
        {  sum=sum+i;i++;
        }                        //这里更不能加“;”
        while(i<=10);            //后面的分号不可少
        printf("sum=%d",sum);
     }
```

思考：通过实际运行比较两程序的不同点。

6.6 for 语句

在 C 语言中，for 语句使用最为灵活，它完全可以取代 while 语句或 do-while 语句。它的一般形式为

for(表达式 1; 表达式 2; 表达式 3) 语句[;]

for 语句的执行过程如下。

1）先求解表达式 1。

2）求解表达式 2，若其值为真（非 0），则执行 for 语句中指定的(内嵌)语句，然后执行第 3）步；若其值为假（0），则结束循环，转到第 5）步。

3）求解表达式 3。

4）转回上面第 2）步继续执行。

5）循环结束，执行 for 语句下面的一个语句。

其执行过程可用图 6-6 表示。

for 语句最简单的应用形式也是最容易理解的形式如下：

for(循环变量赋初值；循环条件；循环变量增量) 语句;

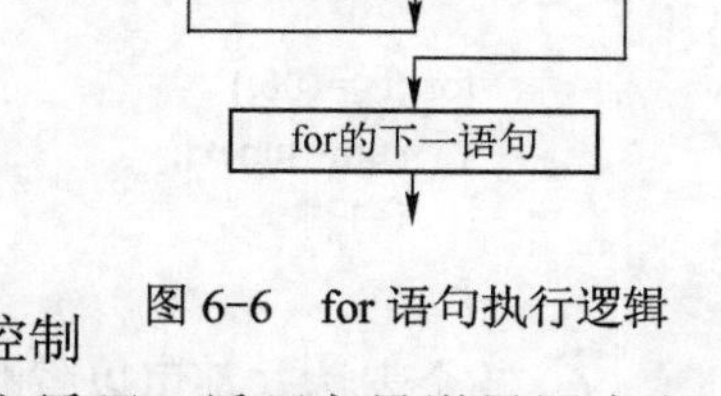

图 6-6　for 语句执行逻辑

其中，循环变量赋初值总是一个赋值语句，它用来给循环控制变量赋初值；循环条件是一个关系表达式，它决定什么时候退出循环；循环变量增量用来定义循环控制变量每循环一次后按什么方式变化。这 3 个部分之间用“；”分开。例如：

```
for(i=1; i<=100; i++) sum=sum+i;
```

先给 i 赋初值 1，判断 i 是否小于等于 100，若是则执行“sum=sum+i;”语句，之后 i 值增加 1。再重新判断，直到条件为假，即 i>100 时，结束循环。相当于：

```
i=1;
while(i<=100)
{   sum=sum+i;
    i++;
}
```

对于 for 循环中语句的一般形式，就是如下的 while 循环形式：

```
表达式 1;
while（表达式 2）
{   语句
    表达式 3;
}
```

使用 for 语句应该注意以下几点。

1）for 循环中的“表达式 1（循环变量赋初值）”“表达式 2(循环条件)”和“表达式 3（循环变量增量）”都是选择项，即可以缺省，但“；”不能缺省。

2）省略了“表达式 1（循环变量赋初值）”，表示不对循环控制变量赋初值。

3）省略了“表达式 2（循环条件）”，相当于循环条件始终成立，则没有其他循环退出处理时便成了死循环。

```
for(i=1;;i++) sum=sum+i;            相当于    i=1;
                                              while(1)
                                              {   sum=sum+i;
                                                  i++;
                                              }
```

4）省略了“表达式 3(循环变量增量)”，则不对循环控制变量进行操作，这时可在语句体中加入修改循环控制变量的语句。

```
for(i=1;i<=100;)
{   sum=sum+i;
    i++;
}
```

5）省略了“表达式 1（循环变量赋初值）”和“表达式 3(循环变量增量)”。

```
for(;i<=100;)                          相当于   while(i<=100)
{   sum=sum+i;                                  {   sum=sum+i;
    i++;                                            i++;
}                                               }
```

6）3 个表达式都可以省略。

例如，“for(;;) 语句;”相当于“while(1) 语句;”。

7）表达式 1 可以是设置循环变量的初值的赋值表达式，也可以是其他表达式。

```
for(sum=0;i<=100;i++) sum=sum+i;
```

8）表达式 1 和表达式 3 可以是一个简单表达式也可以是逗号表达式。

```
for(sum=0,i=1;i<=100;i++)sum=sum+i;     //或 for(sum=0,i=1;i<=100; sum=sum+i,i++);
                                        //for(i=0,j=100;i<=100;i++,j--)k=i+j;
```

9）表达式 2 一般是关系表达式或逻辑表达式，但也可是数值表达式或字符表达式，只要其值非零，就执行循环体，举例如下。

```
for(i=0;(c=getchar())!='\n';i+=c);          //读入一行字符(换行符结束)，累加字符编码值到 i 中。
for(;(c=getchar())!='\n';) printf("%c",c);  //读入一行字符(换行符结束)，并照样输出。
for(;(c=getchar());) printf("%c",c);        //死循环读入一行行字符并照样输出（按〈Ctrl+c〉键强退）。
int i; for(;scanf("%d",&i);) printf("%d",i); //连续输入整数，直到按〈Ctrl+x〉键结束
```

通过以上 9 点可以看出，for 语句非常灵活，功能比较强。

6.7 循环的比较及其嵌套

1．循环的比较

4 种循环都可以用来处理同一个问题，一般可以互相代替。但一般不提倡用 goto 型循环。

while 和 do-while 的循环体中应包括使循环趋于结束的语句。

for 语句功能最强，强在其语句表达简洁、紧凑，能完全替代 while 和 do-while 循环。

用 while 和 do-while 循环时，循环变量初始化的操作应在 while 和 do-while 语句之前完成，而 for 语句可以在“表达式 1”中实现循环变量的初始化。

2．循环的嵌套

一个循环体内又包含另一个完整的循环结构，称为循环的嵌套。内嵌的循环中还可以嵌套循环，这就是多重循环。上述 3 种循环（while 循环，do-while 循环和 for 循环）语句之间

可以相互嵌套使用。例如，下面几种都是合法的嵌套形式。

```
(1) while(…)          (2) while(…)        (3) do              (4) for( …)
    {                     {  …                {  …                {  …
      …                      do                  while(…)            for(… )
      while(…)               {                   {                   {
      {                         …                   …                   …
        …                    }                   }                   }
      }                      while(…);        }                   }
    }                     }                   while( );
```

二层嵌套至少有 9 种组合嵌套形式（不包含并列内循环的情况），若嵌套到三四层嵌套组合形式将更多。实际编程中往往按方便性、编程习惯等采用某种嵌套形式。

【例 6-8】 显示 3 位二进制数的各种可能值的情况。

```
int main(void)
{   int i,j,k;
    printf("i j k\n");
    for (i=0; i<2; i++)
        for(j=0; j<2; j++)
            for(k=0; k<2; k++) printf("%d %d %d\n", i, j, k);
}
```

6.8 break 和 continue 语句

C 语言循环中可以利用 break 或 continue 语句，来控制本循环是否提前结束或本次循环是否提前结束而进入下一次循环等，这样循环语句更具有灵活性与适应性。

6.8.1 break 语句

break 语句只能用在循环语句（while、do-while、for 循环）和开关语句（switch 语句）中。当 break 用于开关语句 switch 中时，可使程序跳出 switch 而执行 switch 以后的语句；如果没有 break 语句，循环语句可能会形成一个死循环而无法退出。break 在 switch 中的用法已在前面介绍中说明了，这里不再举例。

当 break 语句用于 do-while、for、while 循环语句中时，可使程序提前终止循环而执行循环后面的语句。通常 break 语句总是与 if 语句联在一起，即满足条件时便跳出循环。

【例 6-9】 从键盘接收字符并回显，按〈Enter〉键显示行号，按〈Esc〉键退出程序。

```
#include<stdio.h>
#include<conio.h>
#define Esc 27
int main(void)
{   int i=0; char c;
    while(1)                        /* 设置死循环 */
    {   c='\0';                     /* 变量赋初值 */
        while(c!='\n' &&c!='\r' && c!= Esc) /* 键盘接收字符直到按〈Enter〉键或〈Esc〉键 */
```

```
        {   c=getch();          /* c=getchar(); 或 scanf("%c",&c); 达不到相应效果 */
            if (c!= Esc) printf("%c", c);
        }
        if(c== Esc) break;     /* 判断若按〈Esc〉键则退出循环 */
        i++; printf("\nThe No. is %d\n", i);
    }
    printf("The end.");
}
```

思考：程序中“c=getch();”可以替换成“c=getchar();”或“scanf("%c",&c);”来实现类似功能吗？是否有差异？为什么？按〈Enter〉键后，“c=getch();”“c=getchar();”“scanf("%c",&c);”分别读到的是什么ASCII码？

注意：按〈Enter〉键后，行结尾（会）产生的控制字符，在不同操作系统里情况是不同的。UNIX/Linux 系统中，每行结尾只有“换行”，即"\n"；Windows 系统中，每行结尾是“回车换行”，即"\r\n"；苹果Mac系统里，每行结尾是“回车”，即"\r"。

注意：break 语句对 if-else 的条件语句没有跳出作用的。在多层循环中，一个 break 语句只向外跳一层。

6.8.2 continue 语句

continue 语句的作用是跳过循环体中剩余的语句而强行执行下一次循环。continue 语句只用在 for、while、do-while 等循环体中，常与 if 条件语句一起使用，用来加速循环。其执行过程与 break 语句对照，见如下示意。

```
1) while(表达式 1)
   { …
       if(表达式 2) break;
       …
   }
…
```

执行到 break，跳出一层循环到循环语句的下一语句。

```
2) while(表达式 1)
   { …
       if(表达式 2) continue;
       …
   }
```

执行到 continue，结束本次循环，强行判断循环条件，若条件还成立，则执行下一次循环。

【例 6-10】 按键并计数，但不包括〈Esc〉键，按〈Enter〉键结束。

```
int main(void)
{   char c; int i=0;
    while(c!=13)          /*不是回车符则循环*/
    {   c=getch();
        if(c==0X1B)       //0X1B=27
            continue;     /*若按〈Esc〉键，不计数也不输出该键，并进入下次循环*/
```

```
        i++; printf("%c\n", c);
    }
    printf("i=%d\n",i);
}
```

6.9 应用实例

【例 6-11】 计算半径 r 为 1～10 时（r 为整数）的圆面积，当面积 area 大于 100 结束。

分析：利用 for 循环 r 从小到大尝试，面积大于 100 时结束循环。算法 N-S 流程图如图 6-7 所示。

```
#include <stdio.h>
#define PI 3.14159
int main(void)
{   int r; float area;
    for (r=1;r<=10;r++)         //思考：可以利用其他循环来改写
    {   area=PI*r*r;
        printf("area=%f",area);
        if(area>100) break; //满足条件时，break 退出循环
    }
}
```

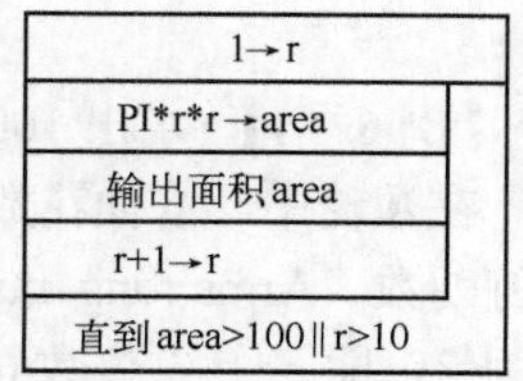

图 6-7 例 6-11 的 N-S 流程图

【例 6-12】 我国 2010 年有 13.7 亿人口，要求根据人口平均年增长率（一般为 0.5%～2.1%）的大小，计算从 2010 年算起经过多少年后我国的人口增加到或超过 15 亿。

分析：在输入人口平均年增长率后，循环计算新一年的人口数直到或超过 15 亿，最后输出经过的年数。算法流程图如图 6-8 所示。

```
int main(void)
{   float sum=13.7,rate; int year=0;
    printf("Input rate="); scanf("%f",&rate);
    do{
        sum=sum*(1+rate); year++;
    } while(sum<15);
    printf("year=%d\n",year);
}
```

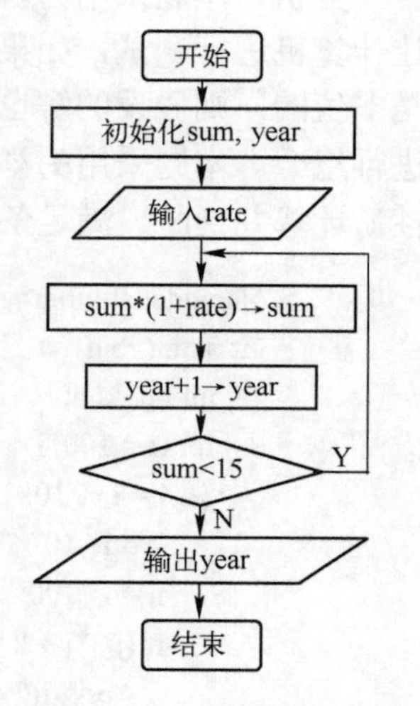

图 6-8 例 6-12 的流程图

【例 6-13】 用公式 $\frac{\pi}{4}=1-\frac{1}{3}+\frac{1}{5}-\frac{1}{7}+\cdots$ 公式求 π 的近似值，直到最后一项的绝对值小于 10^{-6} 为止。

分析：找分子与分母的变化规律，逐项累加，直至满足精度要求。其 N-S 流程图如图 6-9 所示。

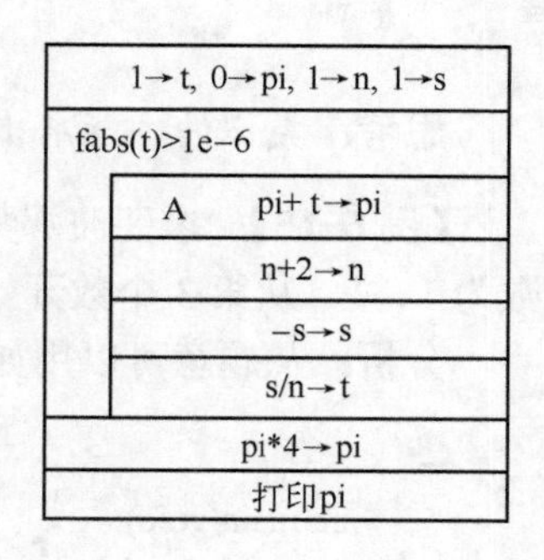

图 6-9 求 π 的 N-S 流程图

```
#include <math.h>
```

```
int main(void)
{   int s; float n,t,pi;
    t=1,pi=0;n=1.0;s=1;          //注意初始值的选取
    while(fabs(t)>1e-6)
    {   pi+=t;                   //可以自我运行循环前几次，
        n+=2;                    //核查是否按公式前几项执行
        s=-s;
        t=s/n;
    }
    pi=pi*4; printf("pi=%10.6f\n",pi);
}
```

【例 6-14】 求出 100～999 之间的所有水仙花数。

在数论中，水仙花数（Narcissistic number）也称为自恋数、自幂数、阿姆斯壮数或阿姆斯特朗数（Armstrong number），是指一 N 位数，其各个数的 N 次方之和等于该数。这里取 N 为 3，即一个 3 位数其各位数字的立方和等于该数本身。例如 153 是一个水仙花数，因为 $153=1^3+5^3+3^3$。

分析：本题采用穷举法，穷举法又称测试法。穷举法的基本思想是假设各种可能的解，让计算机进行测试，如果测试结果满足条件，则假设的解就是所要求的解。如果所要求的解是多值的，则假设的解也应是多值的。在程序设计中，实现多值解的假设往往使用多重循环进行组合。本题采用穷举法，对 100～999 之间的数字进行各数位拆分，再按照水仙花数的性质计算并判断，满足条件的输出，否则进行下次循环判断。

```
#include<stdlib.h>
int main(void)
{   int i, j, k, n;                          /*定义变量为基本整型*/
    for (i = 100; i < 1000; i++)             /*对 100～1000 内的数进行穷举*/
    {   j = i % 10;                          /*分离出个位上的数*/
        k = i / 10 % 10;                     /*分离出十位上的数*/
        n = i / 100;                         /*分离出百位上的数*/
        if (j*j*j + k*k*k + n*n*n==i)        /*判断各位上的立方和是否等于其本身*/
            printf("%5d", i);                /*将水仙花数输出*/
    }
}
```

思考：类似的，能求出 N 不是 3 的其他水仙花吗？

【例 6-15】 求斐波那契（Fibonacci）数列的前 40 个元素。该数列的特点是第 1、2 两个数为 1、1。从第 3 个数开始，每数是其前两个数之和。

分析：从题意可以用如下等式来表示斐波那契数列：

$$f_1=1(n=1),\quad f_2=1(n=2),\quad f_n=f_{n-1}+f_{n-2}\ (n\geqslant 3)$$

```
int main(void)
{   int i;long f1,f2,f3;           /*定义整型变量 i 等*/
    f1 = 1;f2 = 1;                 /*数列中的 f1、f2 赋初值为 1*/
```

```
    printf("%10ld%10ld", f1,f2);    /*输出数列中的前 2 个元素*/
    for (i = 3; i < 41; i++)
    {  f3 = f1 + f2;  /*数列中从第 3 项开始每一项等于前两项之和*/
       f1=f2;f2=f3;                 /*刷新 f1,f2 */
       printf("%10ld", f3);         /*输出产生的新元素*/
       if (i % 5 == 0) printf("\n"); /*每 5 个元素进行一次换行*/
    }
}
```

运行结果:

```
         1         1         2         3         5
         8        13        21        34        55
        89       144       233       377       610
       987      1597      2584      4181      6765
     10946     17711     28657     46368     75025
    121393    196418    317811    514229    832040
   1346269   2178309   3524578   5702887   9227465
  14930352  24157817  39088169  63245986 102334155
```

【例 6-16】 新郎和新娘。3 对情侣参加婚礼，3 位新郎为 A、B、C，3 位新娘为 X、Y、Z。有人不知道谁和谁结婚，于是询问了 6 位新人中的 3 位，但听到的回答是这样的：A 说他将和 X 结婚；X 说她的未婚夫是 C；C 说他将和 Z 结婚。这人听后知道他们在开玩笑，全是假话。请编程找出谁将和谁结婚。

分析：将 A、B、C 三人用 1，2，3 表示，将 X 和 A 结婚表示为“X==1”，将 Y 不与 A 结婚表示为“Y!=1”。按照题目中的叙述可以写出表达式：

x!=1（A 不与 X 结婚）；x!=3（X 的未婚夫不是 C）；z!=3（C 不与 Z 结婚）。

题意还隐含着 X、Y、Z 三位新娘不能结为配偶，则有 x!=y 且 x!=z 且 y!=z。

穷举新郎和新娘配对的所有可能情况，代入上述表达式中进行推理运算，若假设的情况使上述表达式的结果均为真，则假设情况就是正确的结果。

```
int main(void)
{ int x,y,z;
  for(x=1;x<=3;x++)          /*穷举 x 的全部可能配偶*/
    for(y=1;y<=3;y++)        /*穷举 y 的全部可能配偶*/
      for(z=1;z<=3;z++)      /*穷举 z 的全部可能配偶*/
        if(x!=1&&x!=3&&z!=3&&x!=y&&x!=z&&y!=z)     /*判断配偶是否满足题意*/
        {  printf("X will marry to %c.\n",'A'+x-1);    /*打印判断结果*/
           printf("Y will marry to %c.\n",'A'+y-1);
           printf("Z will marry to %c.\n",'A'+z-1);
        }
}
```

运行结果:

```
X will marry to B.
Y will marry to C.
Z will marry to A.
```

【例 6-17】 验证谷角猜想。日本数学家谷角静夫在研究自然数时发现了一个奇怪现象：对于任意一个自然数 n，若 n 为偶数，则将其除以 2；若 n 为奇数，则将其乘以 3，然后再加 1。如此经过有限次运算后，总可以得到自然数 1。人们把谷角静夫的这一发现叫作

“谷角猜想”。编写一个程序，由键盘输入一个自然数 n，把 n 经过有限次运算后，最终变成自然数 1 的全过程打印出来。

分析：本题采用递推法完成。**递推法**是循环程序设计的精华之一，它利用计算机运算速度快、适合做重复性操作的特点，让计算机重复执行一组指令进行，在每次执行这组指令时，都从变量的原值推出它的一个新值。

按照谷角猜想的内容，可以得到如下两个式子：当 n 为偶数时，n=n/2；当 n 为奇数时，n=n*3+1。这就是需要计算机重复执行的过程，而结束条件为：n=1。

```
int main(void)
{   int n;
    printf("Input n="); scanf("%d",&n);
    do{
        if(n%2==0){ n=n/2; printf("n=%d\n",n); }
        else { n=n*3+1; printf("n=%d\n",n); }
    } while(n!=1);
}
```

【例 6-18】 求任意两个正整数的最大公约数和最小公倍数。

分析：两个数的最大公约数（或称最大公因子）是能够同时整除两个数的最大数，解法有 3 种。

- 试除法，即用较小数（不断减 1）去除两数，直到都能整除为止。
- 辗转相除法，又称欧几里得算法。设两数为 a，b（b<a），用 gcd(a,b)表示 a，b 的最大公约数，r=a mod b 为 a 除以 b 以后的余数，k 为 a 除以 b 的商，即 a÷b=k...r。辗转相除法即是说 gcd(a,b)=gcd(b,r)（证明略）。
- 两数各分解质因子，然后取出公有项乘起来（本方法略）。

两个数的最小公倍数是两个数公有的最小倍数，解法是两数相乘、再除以最大公约数。

（1）试除法

```
int main(void)
{   int n1,n2,small,gcd=1;
    printf("请输入两个数，求这两个数的最大公约数和最小公倍数！\n");
    scanf("%d%d",&n1,&n2);
    if(n1<n2) small=n1;
    else small=n2;
    for(;small>1;small--)
       if(n1%small==0 && n2%small==0) { gcd=small; break; }
    printf("%d 和%d 的最大公约数是%d\n",n1,n2,gcd);
    printf("%d 和%d 的最小公倍数是%d\n",n1,n2, n1*n2/gcd);
}
```

（2）辗转相除法

辗转相除法是用较小数除较大数，再用出现的余数(第一余数)去除除数，然后用出现的余数（第二余数）去除第一余数，如此反复，直到最后余数是 0 为止，那么最后的除数就是这两个数的最大公约数。

```
int main(void)
{   int n1,n2,ibcs,ics,iys;        //分别存放两个数，被除数，除数，余数
    printf("请输入两个数，求这两个数的最大公约数和最小公倍数！\n");
    scanf("%d,%d",&n1,&n2);
    if(n1>n2) { iys=n1; n1=n2; n2=iys; }
    ibcs=n2; ics=n1;
    while(ics!=0){ iys=ibcs%ics; ibcs=ics; ics=iys; }
    printf("%d 和%d 的最大公约数是%d\n",n1,n2, ibcs);
    printf("%d 和%d 的最小公倍数是%d\n",n1,n2, n1*n2/ ibcs);
}
```

【例 6-19】 编程输出数字金字塔 1～9（见运行结果）。

分析：可采用双重循环，用外循环控制行数，逐行输出。每一行输出步骤一般 3 步：光标定位；输出图形[例如本题共 9 行，若行号用 i 表示，则每行前半部分输出数字 1～i，后半部分输出数字（i-1）～1]；每输完一行光标换行(\n)。

```
int main(void)
{   int i,j,k;
    for(i=1;i<=9;i++)            //外循环控制行数
    {
        for(j=0;j<=9-i;j++)      //内循环用空格光标定位
            printf(" ");
        for(k=1;k<=i;k++)        //内循环输出每行前半部分数字 1 到 i
            printf("%d",k);
        for(k=i-1;k>=1;k--)      //内循环输出每行后半部分数字（i-1）到 1
            printf("%d",k);
        printf("\n");            //每输完一行光标换行
    }
}
```

运行结果：

```
        1
       121
      12321
     1234321
    123454321
   12345654321
  1234567654321
 123456787654321
12345678987654321
```

【例 6-20】 百钱百鸡问题。已知公鸡每只 5 元，母鸡每只 3 元，小鸡 1 元 3 只。要求用 100 元钱正好买 100 只鸡，问公鸡、母鸡、小鸡各多少只？

分析：此问题可以用穷举法求解。设公鸡、母鸡、小鸡数分别为 x，y，z，则根据题意只能列出两个方程：x+y+z=100，5x+3y+z/3=100。使用多重循环组合出各种可能的 x，y 和 z 值，然后进行测试。

```
//用二重循环方法实现
#include<stdio.h>
int main(void)
{ int x, y, z;
```

```
    for (x = 1; x<=20; x++)
      for (y = 1; y<=33; y++)
      {   z = 100-x-y;
          if (5*x+3*y+z/3==100 && z%3==0) printf("\n 公鸡=%d,母鸡=%d,小鸡=%d",x,y,z);
      }
}
```

源程序：
百钱百鸡问题的
其他实现方法

注意：本题可用三重循环、二重循环或一重循环等 3 种方法实现，请读者去思考它们的一些不同。

【例 6-21】 设有红、黄、绿 3 种颜色的球，其中红球 3 个，黄球 3 个，绿球 6 个，现将这 12 个球混放在一个盒子里，从中任意摸出 8 个球，编程计算摸出球的各种颜色搭配。

分析：三色球问题最简单直接的方法是穷举法，列出所有可能的组合，然后根据条件对其进行筛选，筛选出符合条件的颜色组合。经过分析各种球被摸到的可能情况为：红球：0，1，2，3；黄球：0，1，2，3；绿球：2，3，4，5，6。因此，有 4*4*5=80 种可能，其中需要把符合条件的搭配选出来。

```
int main(void)
{   int r,y,g,k=0; printf("red    yellow    green\n");
    for(r=0;r<=3;r++)            /*红球的可能个数*/
      for(y=0;y<=3;y++)
        for(g=2;g<=6;g++)
          if(r+y+g==8)           /*满足条件红黄绿三色球之和为 8*/
          {  printf("%d\t%d\t%d\t\n",r,y,g);
             k++;                /*累加可能的种类个数*/
          }
    printf("\n 总共有%d 种可能！ \n",k);
}
```

运行结果：

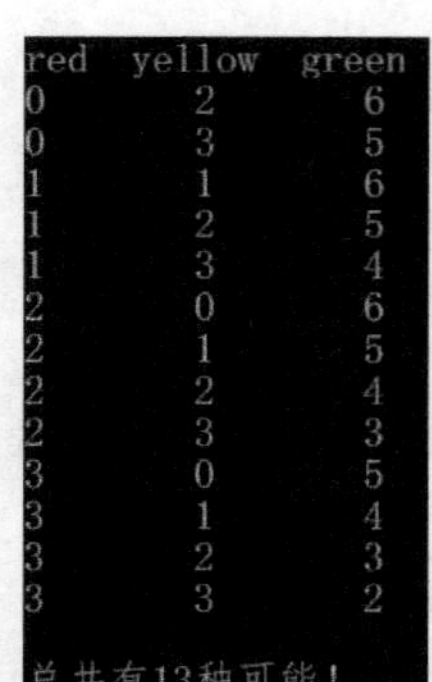

```
red  yellow  green
0      2      6
0      3      5
1      1      6
1      2      5
1      3      4
2      0      6
2      1      5
2      2      4
2      3      3
3      0      5
3      1      4
3      2      3
3      3      2

总共有13种可能！
```

【例 6-22】 用二分法求方程 $2x^3-4x^2+3x-6=0$ 在（-10，10）之间的根。

分析：用二分法求方程 $f(x)$=0 的根的示意图如图 6-10 所示，其算法步骤如下。

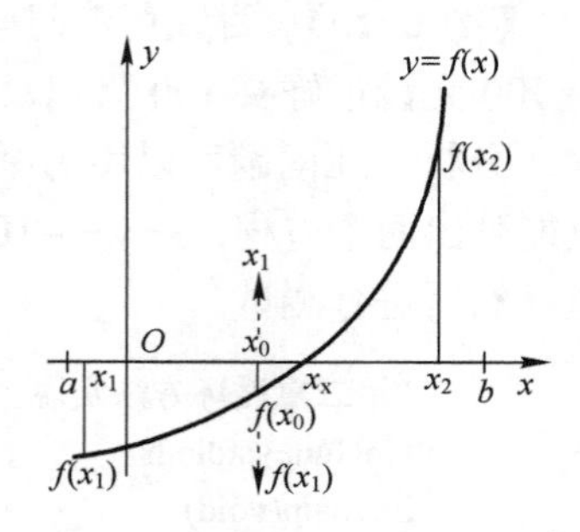

图 6-10　二分法求方程根示意图

步骤 1：估计根的范围，在真实根的附近任选两个近似根 x1，x2。

步骤 2：如果满足 $f(x_1)*f(x_2)<0$，则转步骤 3；否则，继续执行步骤 1。

步骤 3：找到 x_1 与 x_2 的中点，如 x_0，这时 $x_0=(x_1+x_2)/2$，并求出 $f(x_0)$。

步骤 4：如果 $f(x_0)*f(x_1)<0$，则替换 x_2，赋值 $x_2=x_0$，$f(x_2)=f(x_0)$；否则，替换 x_1，赋值 $x_1=x_0$，$f(x_1)=f(x_0)$。

步骤 5：如果 $f(x_0)$的绝对值小于指定的误差值，则 x_0 即为所求方程的根；否则转步骤 3。

步骤 6：打印方程的根 x_0。

```
#include <math.h>
int main(void)
{   float x0,x1,x2,fx0,fx1,fx2;
    do
    {   printf("Input x1 and x2: ");
        scanf("%f,%f",&x1,&x2);
        fx1=x1*((2*x1-4)*x1+3)-6;
        fx2=x2*((2*x2-4)*x2+3)-6;
    }while(fx1*fx2>0);
    do
    {   x0=(x1+x2)/2;
        fx0=x0*((2*x0-4)*x0+3)-6;
        if ((fx0*fx1)<0) { x2=x0; fx2=fx0; }
        else { x1=x0; fx1=fx0; }
    }while(fabs(fx0)>=1e-5);
    printf("The root of the equation is:%6.2f\n",x0);
}
```

运行结果：

```
Input x1 and x2: -12,12
The root of the equation is:  2.00
```

【例 6-23】 应用牛顿切线法求解方程：$xe^x-2=0$。

分析：首先要注意方程的解在一个闭区间[a,b]上存在且唯一。切线法的几何意义如图 6-11 所示。直线 x_2p_1 是过 p_1 点的切线，此切线与 x 轴的交点接近 x_x 点，若过函数的点$(x_2, f(x_2))$再作一条切线，则与 x 轴的交点会更加接近 x_x 点，以此类推，切线与 x 轴的交点将逐渐逼近函数与 x 轴的交点。通过图 6-11 可以推出迭代公式，根据数学公式计算切线 x_2p_1 的斜率：$\tan c=f'(x_1)=\dfrac{f(x_1)}{x_1-x_2}$，整理得 $x_2=x_1-\dfrac{f(x_1)}{f'(x_1)}$，因此，得到迭代公式为

$$x_k=x_{k-1}-\frac{f(x_{k-1})}{f'(x_{k-1})}$$

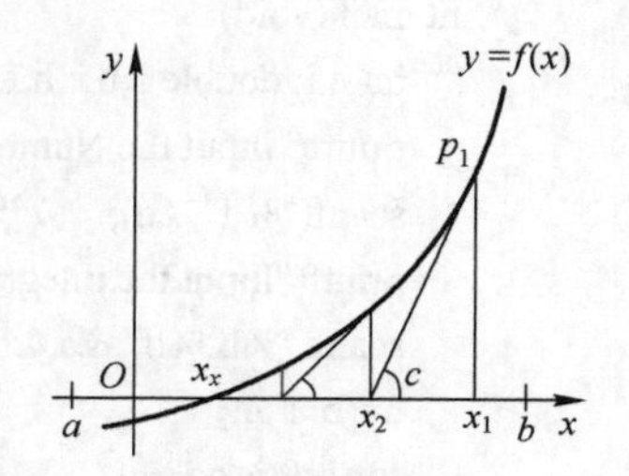

图 6-11 切线法原理几何示意图

```
#include <math.h>
int main(void)
{   double x1,a,x2=0.0;
```

```
    printf("输入初值 x1="); scanf("%lf",&x1);
    printf("输入精确值 a=");scanf("%lf",&a);
    x2= x1-(x1-2*exp(-x1))/(1+x1); /*得到新的近似值*/
    while(fabs(x2-x1)>=a) /*判断精度是否达到*/
    {   x1=x2; /*将新得到的近似值，赋给 x1 初值*/
        x2=x1-(x1-2*exp(-x1))/(1+x1);/*将新得到的初值代入牛顿公式结果赋给 x2*/
    }
    printf("方程的近似解 x=%lf\n",x2); /*x2 是最后近似解*/
}
```

运行结果：

```
输入初值x1=1.0
输入精确值a=0.000001
方程的近似解x=0.852606
```

【例 6-24】 求定积分 $\int_4^5 (x^3+2x^2-x)\mathrm{d}x$ 的值。

分析：定积分的几何意义就是 $f(x)$和 $f(a)$、$f(b)$及 x 轴所围成的曲边梯形的面积。为求此曲边梯形的面积，有很多近似方法，如矩形法、梯形法、辛普森（Simpson）法等。下面介绍矩形法和梯形法，其他方法请参阅相关书籍。

解法一：矩形法。矩形法示意图如图 6-12 所示，其算法步骤如下。

步骤 1：将积分区间$[a,b]$分成长度相等的 n 个小区间，区间端点分别为 x_0，x_1，x_2，x_3，…，x_n，其中 $x_0=a$、$x_n=b$。

步骤 2：对每一个小曲边梯形，用对应的矩形的面积来代替其面积。图中阴影部分的小曲边梯形的面积用阴影部分所围成的矩形的面积所代替。

步骤 3：求这样的 n 个小矩形的面积之和，和即为所求的定积分。

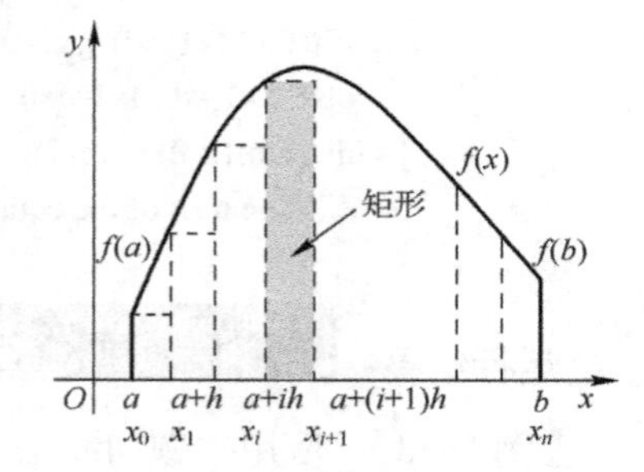

图 6-12　矩形法求定积分示意图

因而用矩形法求定积分的公式为

$$\int_a^b f(x)\mathrm{d}x=\sum_{i=0}^{n-1} f(x_i)(b-a)/n$$

式中，每个小矩形的宽度 $h=\dfrac{b-a}{n}$，端点 $x_i=a+ih$。

对 $\int_4^5 (x^3+2x^2-x)\mathrm{d}x$ 而言有 a=4，b=5，h=(5−4)/10=0.1。

```
int main(void)
{   int n,i; double a,b,x,h,f,sum=0;
    printf("Input the Number of interval:");
    scanf("%d",&n);     /*输入小区间个数 n，一般 n 越大积分值越精确*/
    printf("Input the integral interval：");
    scanf("%lf,%lf",&a,&b); /* 输入积分的上下限区间[a,b]，必须用%lf*/
    h=(b-a)/n;              /* 矩形宽度 */
    for(i=0;i<n;i++)
    {   x=a+i*h;
```

```
        f=x*x*x+2*x*x-x; /* 矩形高度 */
        sum=sum+f*h;
    }
    printf("The value is:%lf\n",sum);
}
```

运行结果：

```
Input the Number of interval:200
Input the integral interval: 4,5
The value is:128.221731
```

源程序：梯形法求定积分值

解法二：梯形法。请扫描二维码查看。

【例 6-25】 小游戏：看谁算得准与快。

要求：计算机随机给出 50 内的两个数的求和题，共 10 题，每道题有 3 次计算机会，1 次就正确得 10 分，第 2 次正确得 7 分，第 3 次正确得 5 分。最后打印总分、总耗时等。

```
#include<stdlib.h>
#include<time.h>
int main(void)
{   int num1,num2,answer,result,i,j,k,score=0;long ltstart,ltend; float timeuse;
    srand((unsigned)time(NULL));        //初始化随机数
    ltstart=clock();                    //返回当前进程创建到现在时刻经过的时钟周期数(毫秒数)
    for(i=1;i<=10;i++){
      num1=rand()%51,num2=rand()%51; //产生两随机数
      result=num1+num2;
      for(j=0,k=1;k<=3;k++)         //注意 j=0 不可少，请思考少的话会有怎样的后果
      {   printf("[%d]->Please input %d + %d =",i,num1,num2);
          scanf("%d",&answer);      //输入你的回答
          if(answer<0) break;       //若输入负值，表示你要中间退出
          else if(answer= =result)  //回答正确，j 记录回答次数 k 而退出循环
          {   printf("   You are a clever boy/girl.\n"); j=k;break;}
          else printf("   Don't give up.\n");
      }
      switch(j)                     //按哪次正确回答来记分
      {   case 1: score=score+10;break;
          case 2: score=score+7;break;
          case 3: score=score+5;break;
      }
      printf("   Your score is %d.\n",score);
      if (answer<0) {printf("   You has given up.\n");break;} //负数提前退出
    }
    ltend=clock();  //返回当前进程创建到现在时刻经过的时钟周期数(毫秒数)
    timeuse=((float)(ltend-ltstart))/CLOCKS_PER_SEC; //计算游戏间隔秒数
    printf("The total time you used is %ld millsecond(%f second).%5.2f 分/秒.\n",ltend-ltstart,timeuse,
score/timeuse);
}   //本程序因 clock 单位不同，要求在 VC++ 6.0 或 VC++ 2010 中运行
```

说明：程序通过二重循环完成，外循环控制题数，内循环控制 3 次回答。注意程序中 break 的多次使用，程序利用 clock 来计数，输入负数可提前结束游戏，请多次运行来领略游戏程序对算得准与快的要求。

6.10 本章小结

循环结构是结构化程序设计中相对比较难理解和运用的结构，读者在掌握循环结构时，首先，要弄清楚循环的概念及具体循环语句结构的运行流程；应学会根据已有的算法流程图结构，去套用书中的循环语句结构来解决问题；学会自己分析问题，将问题中的某些重复性工作抽取出来，找出其中的规律，画出流程图，最后用某种适合的循环语句实现；通过学习，积累一些经典算法，学会将这些算法融会贯通，运用到实际问题中去。

特别注意：

1）C 语言主要有 for、while、do-while 三种循环结构，一般来说 for 循环表达更灵活、功能更强。

2）当循环体是多个语句时，需用大括号{ }括起来构成复合语句循环体。

3）循环控制“表达式”是控制循环执行 0，1，…，n 次、还是无限次(所谓死循环)的，它是循环语句表达的关键。

4）循环体中的 break 语句是终止当前所处的循环语句(只退出一层或一重循环)；continue 语句是终止本次循环，跳转去判断执行下一次循环，为此主要是起到加速本次循环的作用。

5）多重循环逻辑上是在外循环的循环体内包含完整的内循环，内循环可能再包含它的内循环，如此重重嵌套来体现复杂的算法逻辑关系。

第 6 章
习题参考答案

6.11 习题

一、选择题

1．下述循环的循环次数是（　　）。

```
int k=2;
while(k=0) printf("%d",k);
k--; printf("\n");
```

A．无限次　　B．0 次　　C．1 次　　D．2 次

2．在下列选项中，没有构成死循环的程序段是（　　）。

A．int i=100;
while(1){ i=i%100+1; if(i>100) break; }

B．for(;;);

C．int k=1000;
do{++k;} while(k>=10000);

D．int s=36;
while(s); --s;

3．下面程序输出结果是（　　）。

```
int main(void)
{ int k=0; char c= 'A';
  do
  {  switch(c++)
     {  case 'A':k++;break;
        case 'B':k--;break;
        case 'C':k+=2;break;
        case 'D':k=k%2;break;
        case 'E':k=k*10;break;
        default:k=k/3;break;
     }
     k++;
  }while (c<'G');
  printf("k=%d\n",k);
}
```

A．k=3　　B．k=4　　C．k=2　　D．k=8

4．程序段“int num=1;while(num<=3) printf(″%d,″, ++num);”的运行结果是（　　）。

A．1,2,　　B．2,3,　　C．1,2,3,　　D．2,3,4,

5．下面程序段的运行结果是（　　）。

```
a=1,b=2,c=2;  //所有变量均为整型
while (a<b<c){t=a;a=b;b=t;c--;}
printf("%d,%d,%d",a,b,c);
```

A．1,2,0　　B．2,1,0　　C．1,2,1　　D．2,1,1

6．设有以下语句：

```
int x=3;
do
    printf("%d\n",x-=2);
while(!--x);
```

该程序段的执行结果是（　　）。

A．显示 1　　B．显示 1 和−2

C．显示 0　　D．是死循环

7．下面有关 for 循环的正确描述是（　　）。

A．for 循环只能用于循环次数已经确定的情况

B．for 是先执行循环体语句，后判断表达式

C．在 for 循环中，不能用 break 语句跳出循环体

D．for 循环的循环体语句中，可以包含多条语句，但必须用花括号{}括起来

8．执行下面的程序后，a 的值为（　　）。

```
int main(void)
```

```
{ int a,b;
  for(a=1,b=1;a<=100;a++)
  { if(b>=20) break;
    if (b%3==1) {b+=3;continue; }
    b-=5;
  }
}
```

A. 7　　　　B. 8　　　　C. 9　　　　D. 10

9. C 语言中，while 和 do-while 循环的主要区别是（　　）

A. do-while 的循环体至少无条件执行一次

B. while 循环比 do-while 循环控制条件严格

C. do-while 允许从外部转到循环体内

D. do-while 的循环体不能是复合语句

10. 以下叙述正确的是（　　）。

A. continue 语句的作用是结束整个循环的执行

B. 只能在循环体内和 switch 语句体内使用 break 语句

C. 在循环体内使用 break 和 continue 语句的作用相同

D. 从多层循环嵌套中退出，只能使用 goto 语句

二、阅读程序写出运行结果

1. 执行下列程序段后的输出是______________。

```
int x=1,y=1;
while(x<3) y+=x++;
printf("%d,%d",x,y);
```

2. 下列 for 循环语句执行的次数是__________。

```
int i,x; for(i=0,x=0;!x&&i<=5;i++);
```

三、编程题

1. 输入一行英文语句，实现用户输入内容中英文字母的大小写互换。

2. 随机产生 10 个两位正整数，分别统计其中偶数和奇数的个数以及各类的数据之和。

第 6 章
扩展习题及其
参考答案

实验 6　循环结构程序设计

一、实验目的

1）掌握循环结构程序设计的 3 种控制语句——while 语句、do-while 语句、for 语句的使用方法。

2）用循环的方法实现常用的算法设计。

二、实验内容

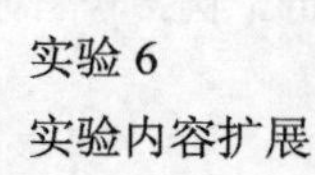

1．改错题

下列程序的功能为：倒序打印 26 个英文字母。纠正程序中存在的错误，以实现其功能。

```
#include <stdio.h>
int main(void)
{   char ch; ch='z';
    while (ch!='a')
    {   printf("%3d",ch);
        ch++;
    }
}
```

2. 程序填空题

1）假设有 1020 个西瓜，第一天卖了一半多两个，以后每天卖剩的一半多两个，求几天后能卖完。补充完善程序，以实现其功能。

```
#include <stdio.h>
int main(void)
{   int day,x1,x2;
    day=0;
    x1=1020;
    while (____________________)
    {
        x2=__________________;
        x1=x2;
        day++;
    }
    printf("day=%d\n",day);
}
```

2）检查输入的算术表达式中圆括号是否配对，并显示相应的判断结果。

分析：所谓圆括号配对，是指左括号必须先于右括号出现，左括号数必须等于右括号数。

```
int main(void)
{   int left,right;char c;
    printf("输入一个算术表达式\n");
    left = 0;right = 0; //left 和 right 分别代表统计的左右括号数
    for(c=0;(c=getchar())!=10;){
        if(____________________) left++;
        if(____________________) right++;
        if(____________________) break;
    }
```

```
    if (________) printf("圆括号配对正确\n");
    else printf("圆括号配对不正确\n");
}
```

3．编程题

1）计算 1～100 之间所有含 8 的数之和。

2）编写程序，利用下列近似公式计算 e 值，误差应小于 10^{-5}。

e=1+1/1!+1/2!+1/3!+……+1/n!

3）某学校有近千名学生，在操场上排队，若 5 人一行余 2 人，7 人一行余 3 人，3 人一行余 1 人。编写程序，求该校的学生总人数。

4）从键盘输入 n 个学生的学号和每人 m 门课程的成绩，计算每个学生的总分及平均分。输出内容包括每个学生的学号、总分和平均分。

第7章　数组及其应用

前面已利用各种基本类型的变量来存放数据，不同的数据使用不同类型的变量存放。那么对于一组同类型的变量，能不能把它们组织在一起呢？当然能，在C语言中是由数组这一数据类型来解决这类问题的。根据数组的组成规则可以分为一维数组、二维数组和多维数组。C 语言中把字符串定义成字符数组，即数组元素为字符类型的数组。字符串除了具有数组的一般定义和调用规则外，还允许对字符串进行一系列特殊操作。

学习重点和难点：

- 数组的基本概念
- 一维数组的定义和引用
- 二维数组的定义和引用
- 字符串的处理
- 数组的基本操作（排序、查找等）

学习本章后，读者将可以方便地处理大量相同类型的数据，提高编写程序及处理数据的能力。

7.1　本章引例

【例 7-1】 随机产生 16 个 1～99 范围的整数，先存放在一维数组中，并按从小到大的顺序分别输出全部元素；再把排序后的 16 个元素按行顺序放置在 4×4 的矩阵中并输出；最后计算并输出矩阵对角线上的元素之和与之积。

分析：程序先要定义一个一维数组与一个二维数组；利用 srand()与 rand()函数随机生成16 个指定范围的整数并放置在一维数组中；输出原数组与排序后的数组；根据二维数组在内存中按行顺序存放的原则，把排序后的一维数组元素顺序放置在二维数组中；最后计算并输出矩阵对角线上的元素之和与之积。

```
#include<stdio.h>
#include<stdlib.h>
#include<time.h>
#define N 16
int main(void)
{   int i,j,a[N],t,b[N/4][N/4],sum=0, multis=1;   //①定义变量及数组
    srand((unsigned)time(NULL));                   //以时间作为随机数种子
    printf("随机产生的%d 个数为:\n",N);
    for(i=0;i<N;i++)                               //②产生 16 个随机数
    {   a[i]= rand() % 99+1;
```

```
        printf("%4d",a[i]);
    }
    printf("\n");
    //按小到大顺序排序
    for(i=0;i<=N-2;i++)                          //③冒泡法排序
       for(j=0;j<=N-i-2;j++)
          if(a[j]>a[j+1]){ t=a[j]; a[j]=a[j+1]; a[j+1]=t; } //按条件交换两数
    printf("排序后的全部元素:\n");        //④排序后输出
    for(i=0;i<N;i++) printf("%4d",a[i]); printf("\n"); printf("\n");
    //⑤按行顺序方式顺序放置到二维数组中并输出
    for(i=0;i<N/4;i++)
    {   for(j=0;j<N/4;j++)
        {    b[i][j]=a[i*4+j];
             printf("%4d",b[i][j]);
        }
        printf("\n");
    }
    printf("\n");
    //⑥计算并输出矩阵对角线上元素之和与之积
    for(i=0;i<N/4;i++) {
        sum+=b[i][i]; multis*= b[i][i];
    }
    printf("矩阵对角线元素之和为：%d；对角线元素之积为：%d；\n",sum,multis);
}
```

某次运行结果：

```
随机产生的16个数为:
  40   4  82  44  70  99  18  18   1  24   2  70   3  14  27  57
排序后的全部元素:
   1   2   3   4  14  18  18  24  27  40  44  57  70  70  82  99

   1   2   3   4
  14  18  18  24
  27  40  44  57
  70  70  82  99

矩阵对角线元素之和为：162；对角线元素之积为：78408；
```

本引例体现了本章要学习的重点与难点。

7.2 一维数组的定义和引用

在程序设计中，为了处理方便，把具有相同类型的若干变量按有序的形式组织起来。这些按序排列的同类数据元素的集合称为数组。在 C 语言中，数组属于构造数据类型。一个数组可以分解为多个数组元素，这些数组元素可以是基本数据类型或是构造类型。因此，按数组元素类型的不同，数组又可分为数值数组、字符数组、指针数组和结构数组等各种类型。本章介绍数值数组和字符数组，其余的在以后相应章节陆续介绍。

7.2.1 一维数组的定义

在 C 语言中使用数组必须先进行定义，一维数组的定义方式为

类型说明符 数组名[常量表达式];

其中，类型说明符是任一种基本数据类型或构造数据类型；数组名是用户定义的数组标识符。方括号中的常量表达式表示数组元素的个数，也称为数组的长度；常量表达式可以是整型常量、整型符号常量或整型常量表达式，类型只能为整型。例如：

```
int a[10];              //说明整型数组 a，有 10 个元素。
float b[10],c[20];      //说明有 10 个元素的实型数组 b，有 20 个元素的实型数组 c。
char ch[20];            //说明有 20 个字符元素的数组 ch。
```

对于数组类型说明应注意以下几点。

1）数组的类型实际上是指数组元素的取值类型。对于同一个数组，其所有元素的数据类型都是相同的。

2）数组名的书写规则应符合标识符的书写规定。

3）数组名不能与其他变量名相同。以下代码是错误的。

```
int main(void)
{
    int a;
    float a[10];
    …
}
```

方括号中常量表达式表示数组元素的个数，如 a[5]表示数组 a 有 5 个元素。但是其下标从 0 开始计算。因此 5 个元素分别为 a[0],a[1],a[2],a[3],a[4]。

不能在方括号中用变量来表示元素的个数，但是可以是符号常数或常量表达式。

例如，以下代码是合法的。

```
#define FD 5
int main(void)
{   int a[3+2],b[7+FD];
    …
}
```

但是下述说明方式是错误的。

```
int main(void)
{   int n=5;
    int a[n];
    …
}
```

允许在同一个类型说明中说明多个数组和多个变量，举例如下。

```
int a,b,c,d,k1[10],k2[20];
```

7.2.2　一维数组元素的引用

数组元素是组成数组的基本单元，它也是一种变量，其标识方法为数组名后跟一个下标。下标表示了元素在数组中的顺序号。

一维数组元素的一般形式为

数组名[下标]

其中，下标只能为整型常量或整型表达式，其值一般在 0～(数组元数个数-1)范围内。例如，a[5]，a[i+j]，a[i++]都是合法的数组元素（设 i，j 为整型变量）。

注意：对数组元素引用时，下标不能越界。

数组元素通常也称为下标变量。必须先定义数组，才能使用下标变量。在 C 语言中一般只能逐个地使用下标变量，而不能一次引用整个数组（一维字符数组算是个例外）。

例如，输出有 10 个元素的数组必须使用循环语句逐个输出各下标变量。

```
for(i=0; i<10; i++) printf("%d",a[i]);
```

不能用一个语句输出整个数组，为错误示例。

```
printf("%d",a); //不能一次性引用数组
```

【例 7-2】 用 for 循环对数组各元素赋值（分别包括顺序值与奇数值），并逐个正序和反序输出。

```
int main(void)
{  int i,a[10];
   for(i=0;i<=9;i++) a[i]=i;                //循环控制变量 i 赋予数组各元素
   for(i=0;i<10;i++) printf("%d ",a[i]);   //正序输出 a[0],a[1],…,a[9]
   printf("\n");                           //换行
   for(i=0;i<10;) a[i++]=2*i+1;            //给数组各元素赋奇数值
   for(i=9;i>=0;i--) printf("%d ",a[i]);   //反序输出 a[9],a[8],…a[0]
   printf("\n%d %d\n",a[5.2],a[5.8]);      //VC++ 2010 中语法错，Win-TC 能自动取整的
}
```

Win-TC 中的运行结果：

```
0 1 2 3 4 5 6 7 8 9
19 17 15 13 11 9 7 5 3 1
11 11
```

说明：本例中分别用一个循环语句给 a 数组各元素送入顺序值和奇数值，然后分别用另一个循环语句正序和反序输出各个数组元素。在第 3 个 for 语句中，表达式 3 省略了，而在下标变量中使用了表达式 i++，用以修改循环变量。C 语言允许用表达式（i++）表示下标。

本程序的最后一个 printf 语句输出了两次 a[5]的值，可以看出当下标不为整数时将自动取整（在 Win-TC 环境）。

7.2.3 一维数组的初始化

给数组赋值的方法除了用赋值语句对数组元素逐个赋值外，还可采用初始化赋值和动态赋值的方法。

数组初始化赋值是指在数组定义时给数组元素赋予初值。数组初始化是在编译阶段进行的。这样将减少运行时间，提高效率。初始化赋值的一般形式为

类型说明符 数组名[常量表达式]={值,值,…,值};

其中，在{ }中的各数据值即为各元素的初值，各值之间用逗号间隔。

例如，“int a[10]={ 0,1,2,3,4,5,6,7,8,9 };”相当于“a[0]=0;a[1]=1;...;a[9]=9;”。

C 语言对数组的初始化赋值还有以下几点规定。

1）可以只给部分元素赋初值。当{ }中值的个数少于元素个数时，只给前面部分元素赋值。例如，“int a[10]={0,1,2,3,4};”表示只给 a[0]～a[4]5 个元素赋值，而后 5 个元素自动赋 0 值。

2）只能给元素逐个赋值，不能给数组整体赋值。

例如，给 10 个元素全部赋 1 值，只能写为“int a[10]={1,1,1,1,1,1,1,1,1,1};”，而不能写为“int a[10]=1;”。

如给全部元素赋值，则在数组说明中，可以不给出数组元素的个数。

例如，“int a[5]={1,2,3,4,5};”可写为“int a[]={1,2,3,4,5};”。

3）初值个数大于数组元素个数是错误的。例如，“int a[5]={1,2,3,4,5,6};”是错误的。

7.2.4　一维数组程序举例

可以在程序执行过程中，对数组作动态赋值。这时可用循环语句配合 scanf 函数逐个对数组元素读取值或赋值。

【例 7-3】 利用 scanf 输入函数运行时对数组作动态赋值，并求出数组最大元素。

```
int main(void)
{   int i,max,a[10];
    printf("input 10 numbers:\n");
    for(i=0;i<10;i++)
      scanf("%d",&a[i]);                              //数组元素如变量，不忘加上&
    max=a[0];
    for(i=1;i<10;i++) if(a[i]>max) max=a[i];    //逐个比较获取最大值
    printf("maxmum=%d\n",max);
}
```

说明：本例程序中第一个 for 语句逐个输入 10 个数到数组 a 中，然后把 a[0]送入 max 中。在第二个 for 语句中，从 a[1]到 a[9]逐个与 max 中的内容比较，若比 max 的值大，则把该下标变量送入 max 中，因此 max 总是在已比较过的下标变量中为最大者。比较结束，输出 max 数组元素最大值。

【例 7-4】 输入 10 个数组元素，并按大到小顺序输出 10 个数组元素。

```
int main(void)
{   int i,j,p,q,s,a[10];
    printf("\n input 10 numbers:\n");
    for(i=0;i<10;i++) scanf("%d",&a[i]);               //数组元素如变量，不忘加上&
    for(i=0;i<10;i++){                                 //选择排定 a[i]元素
      p=i;q=a[i];
      for(j=i+1;j<10;j++) if(q<a[j]){p=j;q=a[j];}      //q<a[i]表明在按大到小排序
      if(i!=p) {                                       //i!=p 时需要交换 a[i]与 a[p]两元素
          s=a[i]; a[i]=a[p]; a[p]=s;
      }
      printf("%d ",a[i]);       //a[i]元素排定后马上输出，省得最后再安排循环输出
```

```
    }
}
```

说明：本例程序中在第 1 个 for 语句用于输入 10 个元素的初值，在第 2 个 for 语句中又嵌套了一个循环语句，第 2 个 for 语句用于排序（排序采用**选择排序方法**进行）。在 i 次循环时，先把第一个元素的下标 i 赋予 p，而把该下标变量值 a[i]赋予 q。然后进入内循环，从 a[i+1]起到最后一个元素止逐个与 q 作比较，有比 q 大者则将其下标赋 p，元素值赋 q。一次循环结束后，p 即为最大元素的下标，q 则为该元素值。若此时 i≠p，说明 p，q 值均已不是进入内循环之前所赋之值，则交换 a[i]和 a[p]之值（选择 a[i]位置排序元素，为此称为选择排序法）。此时 a[i]为已排序完毕的元素。输出该值之后转入下一次循环，来对 i+1 及以后的各个元素排序。

【参考知识】

编程中常常需要用到数组元素个数这个量，来判断是否越界。下面程序段中定义的含参宏名 ARRAY_TOTAL(a)，就表示数组 a 的第一维数组元素个数（含参宏名见第 12 章）。

```
#define ARRAY_TOTAL(a) (sizeof(a)/sizeof(a[0]))
int array[] = {0,1,2,3,4,5},i;
for( i = 0; i<ARRAY_TOTAL(array); i++){
    ……
}
```

【例 7-5】 修改例 7-3，改常量 10 为含参宏名 ARRAY_TOTAL(a)。

```
#define ARRAY_TOTAL(a) (sizeof(a)/sizeof(a[0]))
#include <stdio.h>
int main(void)
{   int i,max,b[]={1,2,3,4,5,6,7,8,9,10};
    printf("input 10 numbers:\n");
    for(i=0;i< ARRAY_TOTAL(b);i++) scanf("%d",&b[i]);
    max=b[0];
    for(i=1;i< ARRAY_TOTAL(b);i++) if(b[i]>max) max=b[i];
    printf("maxmum=%d\n",max);
}
```

这样，就不用使用指定数组元素个数的常量，数组元素个数变化的话，就不需要修改含数组元素个数的相应语句了。

【例 7-6】 随机产生 20 个 100 以内的整数，存放在数组中，找出其中的最大数并指出其所在的位置。

说明：本例程序要求产生的随机值在[0,100)之间，需将 rand()函数的返回值与 100 求模，即“randnumber = rand() % 100;”。如果需要产生的随机数不是从 0 开始，而是在一个区间范围[x,y)之间，则可以使用公式：(rand() % (y − x)) + x。

```
#include<stdlib.h>
#include<time.h>
int main(void)
{   int max,i,j,a[20];
```

```
    srand((unsigned)time(NULL));                    /* 以时间作为随机数种子 */
    printf("随机产生的 20 个数为:\n");
    for(i=0;i<20;i++)                               /* 产生 20 个随机数 */
    {   a[i]= rand() % 100;
        if(i!=0 && i%10= =0) printf("\n");          /* 每输出 10 个数换行 */
        printf("%5d",a[i]);
    }
    printf("\n"); max=a[0]; j=0;
    for(i=1;i<20;i++)                               /* 求最大数及其位置 */
        if(max<a[i]){max=a[i];j=i;}
    printf("最大数为：%d,位置：%d",max,j);printf("\n");
}
```

7.3 二维数组的定义和引用

前面介绍的数组只有一个下标，称为一维数组，其数组元素也称为单下标变量。在实际问题中有很多量是二维的或多维的，因此 C 语言允许构造多维数组。多维数组元素有多个下标，以标识它在数组中的位置，所以也称为多下标变量。本节只介绍二维数组，多维数组可由二维数组类推而得到。

7.3.1 二维数组的定义

二维数组定义的一般形式为

类型说明符 数组名[常量表达式 1][常量表达式 2]

其中，常量表达式 1 表示第一维下标的长度，常量表达式 2 表示第二维下标的长度。例如，“int a[3][4];”说明了一个 3 行 4 列的数组，数组名为 a，其下标变量的类型为整型。该数组的下标变量共有 3×4 个，即

```
a[0][0],a[0][1],a[0][2],a[0][3]        ←a[0]逻辑行
a[1][0],a[1][1],a[1][2],a[1][3]        ←a[1]逻辑行
a[2][0],a[2][1],a[2][2],a[2][3]        ←a[2]逻辑行
```

二维数组在概念上是二维的，即其下标在两个方向上变化，下标变量在数组中的位置概念上处于一个平面之中，而不是像一维数组只是一个向量。但是，实际的硬件存储器却是连续编址的、一维的、线性的，也就是说存储器单元是按一维线性排列的。如何在一维存储器中存放二维数组，可有以下两种方式。

1）按行排列，即放完一行之后顺次放入第二行，如此一行一行地接着存储。

2）按列排列，即放完一列之后顺次放入第二列，如此一列一列地接着存储。

在 C 语言中，**二维数组是按行排列的**。即先存放 a[0]行，再存放 a[1]行，最后存放 a[2]行。每行中有 4 个元素也是依次存放。由于数组 a 说明为 int 类型，该类型占 2 或 4 个字节的内存空间，所以每个元素均占有 2 个或 4 个字节（VC++ 2010 是 4 字节的，而 Win-TC 是 2 个字节的）。

C 语言对二维数组进行了“降维”处理，即将二维数组视为一个特殊的一维数组，它的

每个元素都是一个一维数组。这个数组和内嵌的一维数组都满足一维数组的特点（无名、连续、等大小等）。也就是说，二维数组中充当数组元素的内嵌一维数组是一种特殊的大元素，C 语言把它视为一种特殊类型来处理，从而解决了多维的难题。

对二维数组有 3 种看待角度，这里假设二维数组为“类型 a[m][n];”。

1）可视为一个行列排列的平面二维数组(或矩阵)，示意如下：

a[0][0]	a[0][1]	a[0][2]	…	a[0][n−1]
a[1][0]	a[1][1]	a[1][2]	…	a[1][n−1]
…	…	…	…	…
a[m−1][0]	a[m−1][1]	a[m−1][2]	…	a[m-1][n-1]

n

2）可视为由 m 个大元素组成的一维数组（a[0],a[1],…,a[m−1]），每个元素的类型是 int [n] 型，称之为“一维数组类型”，示意如下：

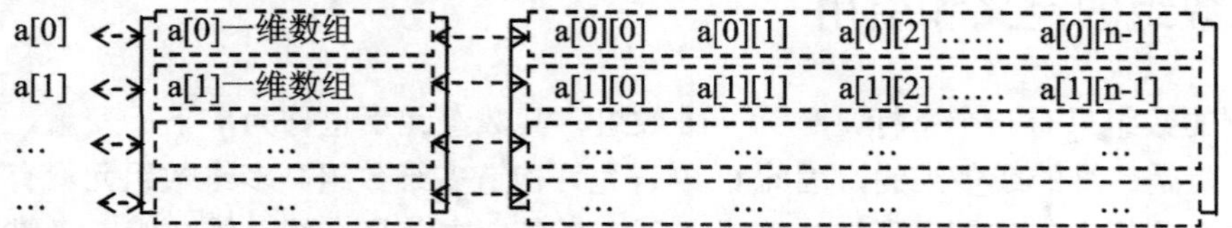

3）可视为纯粹由 m×n 个整型元素组成的一维数组，示意如下。

a[0][0]　a[0][1]　a[0][2]　…　a[0][n−1]　a[1][0]　a[1][1]　a[1][2] …　a[1][n−1]

…　a[m−1][0] a[m−1][1] a[m−1][2] …a[m−1][n−1]

（ m×n 个整型元素排成一行，看成一维数组）

3 种不同的视角，提供了不同的访问方法（具体访问方法后续逐步介绍）。但无论看作什么形式，它们在内存中的存储形式都是一样的，即按行一维排列。

7.3.2　二维数组元素的引用

二维数组的元素也称为双下标变量，其表示的形式为

数组名[下标][下标]

其中，下标应为整型常量或整型表达式。例如，“a[2][3]”表示 a 数组 2 行 3 列的元素（说明：数组是从 0 行 0 列开始的）。

下标变量和数组说明在形式中有些相似，但这两者具有完全不同的含义。数组说明的方括号中给出的是某一维的长度，即元素个数；而数组元素中的下标是该元素在数组中的位置标识。前者只能是常量或常量表达式，后者可以是常量、变量或表达式。

【例 7-7】 一个学习小组有 5 个人，每个人有 3 门课的考试成绩。求全组分科的平均成绩和各科总平均成绩。

	Math	C	Foxpro
张	80	75	92
王	61	65	71
李	59	63	70
赵	85	87	90
周	76	77	85

可设一个二维数组 a[5][3]存放 5 个人 3 门课的成绩。再设一个一维数组 v[3]存放所求得各分科平均成绩，设变量 average 为全组各科总平均成绩。编程如下：

```
int main(void)
{   int i,j,s=0,average,v[3],a[5][3];
    printf("input score\n");
    for(i=0;i<3;i++)              //3 门课分别处理
    {
        for(j=0;j<5;j++)          //输入 1 门课 5 人的成绩并累加
        {   scanf("%d",&a[j][i]);
            s=s+a[j][i];
        }
        v[i]=s / 5;               //计算课程平均成绩
        s=0;                      //累计和变量初始化，也可放内 for 循环前
    }
    average =(v[0]+v[1]+v[2])/3;
    printf("Math:%d\nC language:%d\nFoxpro:%d\n",v[0],v[1],v[2]);
    printf("Total average:%d\n", average );
}
```

说明：程序中首先用了一个双重循环。在内循环中依次读入某一门课程的各个学生的成绩，并把这些成绩累加起来，退出内循环后再把该累加成绩除以 5 送入 v[i]之中，这就是该门课程的平均成绩。外循环共循环 3 次，分别求出 3 门课各自的平均成绩并存放在 v 数组之中。退出外循环之后，把 v[0]，v[1]，v[2]相加除以 3 即得到各科总平均成绩。最后按题意输出各个成绩。

思考：本题也可按序循环输入各学生的 3 门课成绩，同时对应累加各课成绩并计算。

7.3.3 二维数组的初始化

二维数组初始化也是在类型说明时给各下标变量赋以初值。二维数组可按行分段赋值，也可按行连续赋值。例如，数组“a[5][3]”，按行分段赋值可写为

```
int a[5][3]={ {80,75,92},{61,65,71},{59,63,70},{85,87,90},{76,77,85} };
```

按行连续赋值可写为

```
int a[5][3]={ 80,75,92,61,65,71,59,63,70,85,87,90,76,77,85};
```

这两种赋初值的结果是完全相同的。

【例 7-8】 对二维数组初始化后，重写例 7-7。

```
int main(void)
{   int i,j,s=0,average,v[3];
    int a[5][3]={{80,75,92},{61,65,71},{59,63,70},{85,87,90},{76,77,85}};
    for(i=0;i<3;i++)
    {   for(j=0;j<5;j++) s=s+a[j][i];
```

```
        v[i]=s/5; s=0;
    }
    average=(v[0]+v[1]+v[2])/3;
    printf("Math:%d\nC language:%d\nFoxpro:%d\n",v[0],v[1],v[2]);
    printf("Total average:%d\n", average );
}
```

对于二维数组初始化赋值还有如下说明。

1）可以只对部分元素赋初值，未赋初值的元素自动取0值。例如：

```
int a[3][3]={{1},{2},{3}};
```

以上代码是对每一行的第一列元素赋值，未赋值的元素取0值。赋值后各元素的值为

```
1  0  0
2  0  0
3  0  0
int a [3][3]={{0,1},{0,0,2},{3}};
```

赋值后的元素值为

```
0  1  0
0  0  2
3  0  0
```

如对全部元素赋初值，则第一维的长度可以不给出。例如：

int a[3][3]={1,2,3,4,5,6,7,8,9}；可以写为：int a[][3]={1,2,3,4,5,6,7,8,9};

2）数组是一种构造类型的数据。二维数组可以看作是由一维数组的嵌套而构成的。设一维数组的每个元素都又是一个数组，就组成了二维数组。当然，前提是各元素类型必须相同。根据这样的分析，一个二维数组也可以分解为多个一维数组。C 语言允许这种分解，也需要这种理解。

如二维数组a[3][4]，可分解为3个一维数组，其数组名分别为

```
a[0]
a[1]
a[2]
```

对这3个一维数组不需另作说明即可使用。这3个一维数组都有4个元素，例如，一维数组 a[0]的元素为 a[0][0]，a[0][1]，a[0][2]，a[0][3]。必须强调的是，a[0],a[1],a[2]不能当作下标变量使用，它们是数组名，不是一个单纯的下标变量。

【例7-9】 从键盘输入整型的2行3列矩阵，将其转置后输出。

分析：矩阵转置就是将矩阵的行与列互换。即将第0行元素与第0列元素交换，第1行元素与第1列元素交换……即使得第i行、第j列的元素成为第j行、第i列的元素。

$$\begin{pmatrix}1 & 2 & 3\\4 & 5 & 6\end{pmatrix}\text{转置后成为}\begin{pmatrix}1 & 4\\2 & 5\\3 & 6\end{pmatrix}$$

```
int main(void)
{   int a[2][3],b[3][2],i,j;
    printf("输入原数组：\n");
    for(i=0;i<2;i++)
       for(j=0;j<3;j++) scanf("%d",&a[i][j]);
    printf("转置后的数组：\n");
    for(j=0;j<3;j++)
       for(i=0;i<2;i++)
            b[j][i]=a[i][j]; //转置的关键语句，其他矩阵旋转或变换主要修改本语句
    for(j=0;j<3;j++)
    { for(i=0;i<2;i++) printf (" %4d ",b[j][i]); printf ("\n");}
}
```

思考：类似的，若要将一个矩阵按顺时针或逆时针方向旋转 90°，该如何实现呢？

分析：定义一个二维数组 a 存放原数组数据，定义一个二维数组 b 存放旋转后的数据，观察原数组数据和顺时针方向旋转 90° 后的数组数据，可知有这样的关系：b[i][j]=a[M-j-1][i]，其中 M 代表二维数组的行、列数。如果要求按逆时针方向旋转 90°，则旋转规律为 b[i][j]=a[j][M-i-1]。

7.4 字符数组

用来存放字符量的数组称为字符数组。字符数组较整数等类型的数组有其使用特性，下面专门来介绍。

7.4.1 字符数组的定义

字符数组的定义与前面介绍的数值数组相同，例如，“char c[10];”。

由于字符型和整型通用，也可以定义为“int c[10]”，但每个数组元素占 2 或 4 个字节的内存单元，而不是一个字节的内存单元。

字符数组也可以是二维或多维数组。例如，“char c[5][10];”即为二维字符数组。

7.4.2 字符数组的初始化

字符数组也允许在定义时作初始化赋值。例如，“char c[10]={ 'c', ' ', 'p', 'r', 'o', 'g', 'r', 'a', 'm'};”赋值后各元素的值为：c[0]的值为'c'、c[1]的值为' '、c[2]的值为'p'、c[3]的值为'r'、c[4]的值为'0'、c[5]的值为'g'、c[6]的值为'r'、c[7]的值为'a'、c[8]的值为'm'。

其中，c[9]未赋值，系统自动为其赋予 0 值（字符'\0'）。

注意：系统自动赋值的缺省值，对整型数组为整数 0，对字符数组为字符编码值为 0 的字符，即字符'\0'。

对字符数组初始化时，若指定元素个数，则编译器会自动加尾'\0'字符，否则不加。但若采用双引号初始化，则会加尾'\0'字符。例如，“char c[]={'c', ' ', 'p', 'r', 'o', 'g', 'r', 'a', 'm'};”语句中 c 数组的长度为 9 而不是 10。

而“char c []="c program";”语句中 c 数组的长度自动定为 10 而不是 9。

7.4.3 字符数组的引用

【例 7-10】 对二维字符数组分段赋初值，并利用循环逐行逐个地将字符数组元素输出。

```
int main(void)
{   int i,j; char a[][5]={{'B','A','S','I','C',},{'d','B','A','S','E'}};
    for(i=0;i<=1;i++)
    {
        for(j=0;j<=4;j++) printf("%c",a[i][j]);
        printf("\n");
    }
}
```

注意： 本例的二维字符数组由于在初始化时全部元素都赋以初值，因此一维下标的长度可以不加以说明。

7.4.4 字符串和字符串结束标志

在 C 语言中没有专门的字符串变量，通常用一个字符数组来存放一个字符串。前面介绍字符串常量时，已说明字符串总是以'\0'作为串的结束符。因此当把一个字符串存入一个数组时，也把结束符'\0'存入数组，并以此作为该字符串是否结束的标志。有了'\0'标志后，就不必再用字符数组的长度来判断字符串的长度了。

C 语言允许用字符串的方式对数组作初始化赋值。例如，

“char c[]={'c', ' ','p','r','o','g','r','a','m','\0'};”可等价写为“char c[]={"C program"};”，或去掉{}写为“char c[]="C program";”。

用字符串方式赋值比用字符逐个赋值要多占一个字节，用于存放字符串结束标志'\0'。上面的数组 c 在内存中的实际存放情况为“C program\0”，其中'\0'是由 C 编译系统自动加上的。由于采用了'\0'标志，所以在用字符串赋初值时一般无须指定数组的长度，而由系统自行处理。

7.4.5 字符数组的输入/输出

在采用字符串方式后，字符数组的输入/输出将变得简单方便。除了上述用字符串赋初值的办法外，还可用 printf 函数和 scanf 函数一次性输出、输入一个字符数组中的字符串，而不必使用循环语句逐个地输入/输出每个字符。

【例 7-11】 字符数组赋值后，再输出。

分析： 字符数组赋值后，相当于字符串，可指定数组名整体输出。

```
int main(void)
{   char c[]="BASIC\ndBASE";
    printf("%s\n",c);     //c 为数组名，字符数组输出时可以整体处理的
}
```

注意：在本例的 printf 函数中，使用的格式字符串为“%s”，表示输出的是一个字符串，在输出表列中给出数组名即可，不能写为“printf("%s",c[]);”。

【例 7-12】 对字符数组整体输入与输出。

```
int main(void)
{   char st[15];
    printf("input string:");
    scanf("%s",st);
    printf("%s\n",st);
}
```

本例中由于定义数组长度为 15，因此输入的字符串长度必须小于 15，以留出一个字节用于存放字符串结束标志'\0'。应该说明的是，对一个字符数组，如果不作初始化赋值，则必须说明数组长度。还应该特别注意的是，当用 scanf 函数输入字符串时，字符串中不能含有空格，否则将以空格作为串的结束符。

例如，当输入的字符串中含有空格时，运行情况为：

```
input string:this is a book
this
```

从输出结果可以看出空格以后的字符都未能输出。为了避免这种情况，可多设几个字符数组分段存放含空格的串。

【例 7-13】 输入/输出多个字符数组。

```
int main(void)
{   char st1[6],st2[6],st3[6],st4[6];
    printf("input string:\n");
    scanf("%s%s%s%s",st1,st2,st3,st4); //数组名即地址，注意这里数组名前不需要加&
    printf("%s %s %s %s\n",st1,st2,st3,st4);
}
```

说明：本程序分别设了 4 个数组，输入的一行字符的空格分段分别装入 4 个数组。然后分别输出这 4 个数组中的字符串。在前面介绍过，scanf 的各输入项必须以地址方式出现，如 &a，&b 等。但在前例中却是以数组名方式出现的，这是为什么呢？

这是由于在 C 语言中规定，**数组名就代表了该数组的首地址**。整个数组是以首地址开头的一块连续的内存单元。如有字符数组 char c[10]，在内存可表示如下：

c[0]	c[1]	c[2]	c[3]	c[4]	c[5]	c[6]	c[7]	c[8]	c[9]

假设数组 c 的首地址为 2000，也就是说 c[0]单元地址为 2000，则数组名 c 就代表这个首地址。因此在 c 前面不能再加地址运算符&，如写作“scanf("%s",&c);”则是错误的。在执行函数“printf("%s",c)”时，按数组名 c 找到首地址，然后逐个输出数组中各个字符直到遇到字符串终止标志'\0'为止。

注意：由于 C 语言用一维数组存放字符串，而且允许用数组名进行输入、输出一个字符串，因此，这时一维字符数组相当于“字符串变量”。

7.4.6 字符串处理函数

C 语言提供了丰富的字符串处理函数，大致可分为字符串的输入、输出、合并、修改、比较、转换、复制、搜索几类。使用这些函数可大大减轻编程的负担。用于输入/输出的字符串函数，在使用前应包含头文件 stdio.h，使用其他字符串函数则应包含头文件 string.h。

下面介绍几个最常用的字符串函数。

1．字符串输出函数 puts

格式：**puts (字符数组名) 或 puts (字符串)**

函数原型：_Check_return_opt_ _CRTIMP int __cdecl puts(_In_z_ const char * _Str);

const char *：指向字符常数的指针类型

功能：把字符串输出到显示器，即在屏幕上显示该字符串。

【例 7-14】 puts 的使用。

```
#include <stdio.h>
int main(void)
{   char c[]="BASIC\ndBASE";
    puts(c);   //可以直接 puts("BASIC\ndBASE"); 来输出
}
```

从程序中可以看出 puts 函数中可以使用转义字符，因此输出结果成为两行。puts 函数完全可以由 printf 函数取代。当需要按一定格式输出时，通常使用 printf 函数。

2．字符串输入函数 gets

格式：**gets (字符数组名)**

函数原型：_CRTIMP char * __cdecl gets(char *);   //VC++ 6.0 的原型

功能：从标准输入设备键盘上输入一个字符串。本函数得到一个函数值，即为该字符数组的首地址。

【例 7-15】 gets 与 puts 的使用。

```
int main(void)
{   char st[15];
    printf("input string:\n"); gets(st);
    puts(st);
}
```

gets 函数返回字符指针，可以赋给指针变量，程序如下：

```
int main(void)
{   char st[15],*sp;        //指针内容见后续章节
    printf("input string:\n");
    sp=gets(st);            //gets 读取字符串到 st，同时返回字符指针到字符指针变量。
    puts(st);
    puts(sp);               //效果同上语句
}
```

注意：运行时当输入字符串中含有空格时，输出仍为全部字符串。说明 gets 函数并不以

空格作为字符串输入结束的标志，而以〈Enter〉键作为输入结束。这是与 scanf 函数不同的。

3．测字符串长度函数 strlen

格式：**strlen(字符数组名)　或　strlen(字符串)**

函数原型：_Check_return_ size_t __cdecl strlen(_In_z_ const char * _Str);

功能：测得字符串的实际长度(不含字符串结束标志'\0')并作为函数返回值。

【例 7-16】 显示字符数组的长度。

```
#include "string.h"
int main(void)
{  int k;
   static char st[]="C language"; //st 分配到静态存储区，详见下章 8.9 节
   k=strlen(st);
   printf("The length of the string is %d\n",k);
}
```

运行结果：`The length of the string is 10`

4．字符串拷贝函数 strcpy

格式：**strcpy (字符数组名 1，字符数组名 2)　或　strcpy (字符数组名，字符串)**

函数原型：char * __cdecl strcpy(char *, const char *);　//VC++6.0 的原型

功能：把字符数组 2 中的字符串复制到字符数组 1 中，即把字符数组 2 中的字符串从头开始替换或覆盖到字符数组 1 中。复制的字符串结束标志'\0'也一同复制到字符数组 1 中。字符数组名 2，也可以是一个字符串常量。这时相当于把一个字符串赋予一个字符数组。

说明：字符数组名 1 的长度应该大于等于字符数组名 2 的长度，字符数组名 2 复制到字符数组名 1 后，字符数组名 1 中未覆盖到的内容一般保持不变，只是字符数组名 2 一般连带'\0'一起复制到字符数组名 1 中的，为此复制后字符数组名 1 有效的字符串内容就是字符数组名 2 中的内容（因为字符串是以'\0'为结束标志的）。

【例 7-17】 strcpy 实现机理与功能的实践。

```
#include "string.h"
int main(void)
{  int i;   char st1[]="..........is good.",st2[]="C Language";
   printf("Total bytes of st1 is %d, valid bytes is %d\n",sizeof(st1),strlen(st1));
   printf("Before strcpy st2 to st1,st1 is:   ");
   for(i=0;i<sizeof(st1);i++) printf("%c",st1[i]); printf("\n");
   printf("Every ascii of char in st1:\n");
   for(i=0;i<sizeof(st1);i++) printf("%d-",st1[i]); printf("\n");
   strcpy(st1,st2);
   printf("After strcpy st2 to st1,st1 is:    "); puts(st1);
   printf("Total bytes    of st1 is %d, valid bytes is %d\n",sizeof(st1),strlen(st1));
   printf("Every char in st1:");
   for(i=0;i<sizeof(st1);i++) printf("%c",st1[i]);    printf("\n");
   printf("Every ascii of char in st1:\n");
   for(i=0;i<sizeof(st1);i++) printf("%d-",st1[i]);    printf("\n");
```

```
}
```

运行结果：

```
Total bytes of st1 is 20, valid bytes is 19
Before strcpy st2 to st1,st1 is:  ...........is good.
Every ascii of char in st1:
46-46-46-46-46-46-46-46-46-46-46-105-115-32-103-111-111-100-46-0-
After strcpy st2 to st1,st1 is:  C Language
Total bytes  of st1 is 20, valid bytes is 10
Every char in st1:C Language is good.
Every ascii of char in st1:
67-32-76-97-110-103-117-97-103-101-0-105-115-32-103-111-111-100-46-0-
```

说明：本例能充分说明 strcpy 的操作行为及'\0'在字符串中作为结束标志的功效；'\0'显示器输出效果等同于' '空格；'\0'在 strcpy 中起到如此重要的作用，为此字符数组 2 应为含'\0'的字符串或字符数组，否则 strcpy 会功能失效或出现错误，如不能把程序中的“st2[]="C Language";”改为“st2[10]={'C',' ','L','a','n','g','u','a','g','e'};”（这样 st2 中不含'\0'了）。

本函数要求字符数组 1 应有足够的长度，否则不能全部装入复制的字符串。

5．字符串连接函数 strcat

格式：**strcat (字符数组名 1,字符数组名 2)　或　strcat (字符数组名,字符串)**

函数原型：char * __cdecl strcat(char *, const char *);　//VC++ 6.0 的原型

功能：把字符数组 2 中的字符串连接到字符数组 1 中字符串的后面，并删去字符串 1 后的串标志'\0'。本函数返回值是字符数组 1 的首地址。

【例 7-18】 strcat 函数的使用。

```
#include<string.h>
int main(void)
{   static char st1[30]="My name is "; char st2[10];
    printf("input your name:\n"); gets(st2);
    strcat(st1,st2);
    puts(st1);
}
```

本程序把初始化赋值的字符数组与动态赋值的字符串连接起来。要注意的是，字符数组 1 应定义足够的长度，否则不能全部装入被连接的字符串。

6．字符串比较函数 strcmp

格式：**strcmp(字符数组名 1,字符数组名 2)　或　strcmp(字符串 1,字符串 2)**

函数原型：_Check_return_ int __cdecl strcmp(_In_z_ const char * _Str1, _In_z_ const char * _Str2);

功能：按照 ASCII 码顺序比较两个数组中的字符串，并由函数返回值返回比较结果。

字符串 1＝字符串 2，返回值＝0；

字符串 1＞字符串 2，返回值＞0；

字符串 1＜字符串 2，返回值＜0。

本函数也可用于比较两个字符串常量，或比较字符数组和字符串常量。

【例 7-19】 strcmp 函数的使用。

```
#include "string.h"
```

```
int main(void)
{   int k; static char st1[15],st2[]="C Language";
    printf("input a string:\n"); gets(st1);
    k=strcmp(st1,st2);
    if(k==0) printf("st1=st2\n");
    if(k>0) printf("st1>st2\n");
    if(k<0) printf("st1<st2\n");
}
```

说明：本程序中把输入的字符串和数组 st2 中的串比较，比较结果返回到 k 中，根据 k 值再输出结果提示串。如当输入 dBASE 时，由 ASCII 码可知“dBASE”大于“C Language”故 k＞0，输出结果“st1>st2”。

7.5 应用实例

【例 7-20】 把一个整数按大小顺序插入已排好序的数组中。

分析：为了把一个数按大小顺序插入已排好序的数组中，应首先确定排序是从大到小还是从小到大进行的。设排序是从大到小进序的，则可把欲插入的数与数组中各数逐个比较，当找到第一个比插入数小的元素 i 时，该元素位置即为插入位置；然后从数组最后一个元素开始到该元素为止，逐个后移一个单元；最后把插入数赋予元素 i 即可。如果被插入数比所有的元素值都小则插入最后位置。数组内存变化示意图如图 7-1 所示。

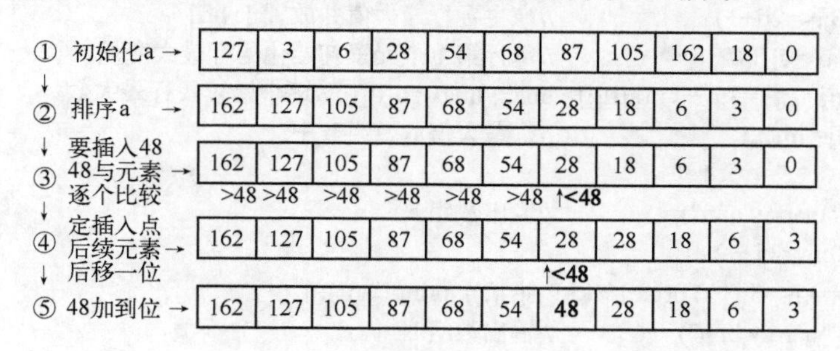

图 7-1　数组内存变化示意图

```
int main(void)
{   int i,j,p,q,s,n,a[11]={127,3,6,28,54,68,87,105,162,18};
    for(i=0;i<10;i++)                                    /*二重循环排序*/
    {   p=i;q=a[i];
        for(j=i+1;j<10;j++)
            if(q<a[j]) {p=j;q=a[j];}
        if(p!=i) {s=a[i];a[i]=a[p];a[p]=s;}              /* p 不等于 i 需要交换*/
        printf("%d ",a[i]);
    }
    printf("\ninput number:\n");scanf("%d",&n);         /*  输入插入数 n*/
    for(i=0;i<10;i++)
        if(n>a[i])
```

```
        {for(s=9;s>=i;s--)a[s+1]=a[s];break;}           //break 用得好，插入后就要结束循环
    a[i]=n;
    for(i=0;i<=10;i++) printf("%d ",a[i]); printf("\n");        //输出
}
```

说明：本程序首先对数组 a 中的 10 个数从大到小排序并输出排序结果。然后输入要插入的整数 n。再用一个 for 语句把 n 和数组元素逐个比较，如果发现有 n>a[i]时，则由一个内循环把下标 i 及以下各元素值顺次后移一个单元。后移应从后向前进行（从 a[9]开始到 a[i]为止）。后移结束跳出外循环。插入点为 i，把 n 赋予 a[i]即可。如所有的元素均大于被插入数，则并不需要进行后移工作。此时 i=10，结果是把 n 赋予 a[10]。最后一个循环输出插入数后的数组各元素值。

程序运行时，输入数 48。从结果中可以看出 48 已插入到 54 和 28 之间。

【例 7-21】 在二维数组 a 中选出各行最大的元素组成一个一维数组 b。如：

$$a=\begin{pmatrix} 3 & 16 & 87 & 65 \\ 4 & 32 & 11 & 108 \\ 10 & 25 & 12 & 37 \end{pmatrix}，则\ b=(87\ 108\ 37)$$

分析：本题的编程思路是，在数组 a 的每一行中寻找最大的元素，找到之后把该值赋予数组 b 相应的元素。

```
int main(void)
{   int a[][4]={3,16,87,65,4,32,11,108,10,25,12,27};   int b[3],i,j,lmax;
    for(i=0;i<=2;i++)                    //产生各行最大值并放置于 b[i]
    {   lmax =a[i][0];                   //每行第 1 个元素初始化给行最大变量
        for(j=1;j<=3;j++) if(a[i][j]> lmax) lmax =a[i][j]; //逐个比较找行最大数
        b[i]= lmax;                      //行最大值放数组 b 中
    }
    printf("\narray a:\n");              //输出数组 a
    for(i=0;i<=2;i++)
    { for(j=0;j<=3;j++) printf("%5d",a[i][j]); printf("\n"); }
    printf("\narray b:\n");              //输出数组 b
    for(i=0;i<=2;i++) printf("%5d",b[i]); printf("\n");
}
```

说明：程序中第一个 for 语句中又嵌套了一个 for 语句组成了双重循环。外循环控制逐行处理，并把每行的第 0 列元素赋予 lmax。进入内循环后，把 lmax 与后面各列元素比较，并把比 lmax 大者赋予 lmax。内循环结束时 lmax 即为该行最大的元素，然后把 lmax 值赋予 b[i]。等外循环全部完成时，数组 b 中已装入了数组 a 各行中的最大值。后面的两个 for 语句分别输出数组 a 和数组 b。

【例 7-22】 输入 5 个国家的名称，然后按字母顺序排列输出。

分析：5 个国家名应由一个二维字符数组来处理。然而 C 语言规定可以把一个二维数组当成多个一维数组处理。因此本题又可以按 5 个一维数组处理，而每一个一维数组就是一个国家名字符串。用字符串比较函数比较各一维数组的大小并排序，输出结果。

```
int main(void)
{   char st[20],cs[5][20]; int i,j,p;
    printf("input country's name:\n");
    for(i=0;i<5;i++)       //输入 5 个国家的名称
      gets(cs[i]);          //注意：cs[i]为字符一维数组，可整体输入或输出
    printf("\n");
    for(i=0;i<5;i++)       //字符二维数组，相当于降维成一维“字符串”数组再排序、输出
    { p=i;strcpy(st,cs[i]);
      for(j=i+1;j<5;j++)
        if(strcmp(cs[j],st)<0) {p=j;strcpy(st,cs[j]);}          //按小到大排序
      if(p!=i)
      {strcpy(st,cs[i]);strcpy(cs[i],cs[p]);strcpy(cs[p],st);}  //交换 cs[i]与 cs[p]
      puts(cs[i]);                                              //排定顺序后输出
    }
}
```

说明：本程序的第一个 for 语句中，用 gets 函数输入 5 个国家名的字符串。**C 语言允许把一个二维数组按多个一维数组处理**，本程序说明 cs[5][20]为二维字符数组，可分为 5 个一维数组 cs[0]，cs[1]，cs[2]，cs[3]，cs[4]。因为一维字符数组可以整体输入/输出处理，因此在 gets 函数中使用 cs[i]是合法的。在第二个 for 语句中又嵌套了一个 for 语句组成双重循环。这个双重循环完成按字母顺序选择排序的工作。在外层循环中把字符数组 cs[i]中的国家名字符串复制到数组 st 中，并把下标 i 赋予 p。进入内层循环后，把 st 与 cs[i]以后的各字符串作比较，若有比 st 小者则把该字符串复制到 st 中，并把其下标赋予 p。内循环完成后如 p 不等于 i 说明有比 cs[i]更小的字符串出现，因此交换 cs[i]和 st 的内容。至此已确定了数组 cs 的第 i 号元素的排序值，然后输出该字符串。外循环控制全部排序和输出。

【例 7-23】 对含有 30 个成绩的一维数组排序（采用冒泡排序方法）。

分析：排序方法有很多种，如冒泡法、选择法等。选择排序法前已介绍。本例采用冒泡法（也称起泡法、还称交换法）从小到大排序。

冒泡法的思想是：将相邻的两个数进行比较，将小的调到前头。冒泡法排序过程如下：

1）比较第一个数与第二个数，若为逆序 a[0]>a[1]，则交换；然后比较第二个数与第三个数；依此类推，直至第 n-1 个数和第 n 个数比较为止。第一趟冒泡排序，结果最大的数已被放置在最后一个元素位置上。

2）对前 n-1 个数进行第二趟冒泡排序，结果使次大的数被放置在第 n-1 个元素位置。

3）重复上述过程，共经过 n-1 趟冒泡排序后，排序完成。排序示例如图 7-2 所示。

冒泡法在第一趟比较中要进行 n-1 次两两比较，在第 j 趟比较中要进行 n-j 次比较。

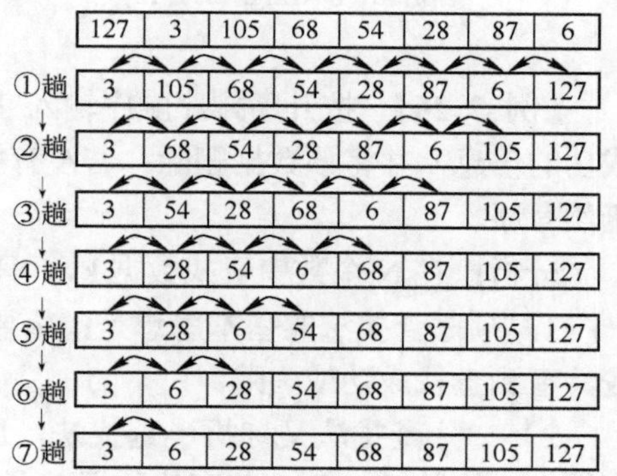

图 7-2 冒泡法排序数组内存变化示例

```
#define N 30
int main(void)
```

```
{   int a[N],i,j,t; printf("Input %d score:\n",N);
    for(i=0;i<=N-1;i++) scanf("%d",&a[i]); printf("\n"); /* 输入成绩 */
    for(j=0;j<=N-2;j++)                       /* 冒泡法排序 */
      for(i=0;i<=N-j-2;i++)
        if(a[i]>a[i+1]){ t=a[i]; a[i]=a[i+1]; a[i+1]=t; } /* 按条件交换两数 */
    printf("The sorted score:\n");            /* 开始输出数据 */
    for(i=0;i<=N-1;i++)
    {    if(i%6==0) printf("\n");             /* 每 6 个数换行 */
         printf("%4d ",a[i]);                 /* 排序后输出成绩 */
    }
}
```

【例 7-24】 查找一个字符在字符数组中的位置。

```
int main(void)
{   int i,p=-1; char s[30],ch;
    clrscr();           /* Win-TC 清屏函数，VC++ 2010 中不能用，可用 system("cls")替代*/
    scanf("%s",s);      /* 输入字符串赋给字符数组变量 s */
    fflush(stdin);      /* 清除 scanf()函数最后的非接收字符 */
    ch=getchar();       /* 输入要查找的字符赋给字符变量 ch */
    for(i=0;s[i]!='\0';i++)
       if(s[i]==ch){p=i;break;}     /* 找到该字符后就退出循环，否则到字符串结束 */
    if(p!=-1) printf("字符 %c 在字符串 %s 中的位置为：%d 。\n",ch,s,p+1);
    else printf("字符 %c 在字符串 %s 中没有找到。\n",ch,s);
}
```

【例 7-25】 将字符串 a 复制给字符串 b（利用循环字符赋值方式实现）。

```
int main(void)
{   int i; char a[20],b[20];
    printf("Input a string: "); scanf("%s",a); /* 输入字符串 a */
    /* 用循环方式复制字符串 */
    for(i=0;a[i]!='\0';i++) b[i]=a[i];       /* 完成了库函数 strcpy(b, a);直接复制功能 */
    b[i]='\0';          /* b 字符数组最后一个字符应为\0 */
    printf("a string: %s\n",a);              /* 输出字符串 a 和 b */
    printf("b string: %s\n",b);
}
```

【例 7-26】 按升序排序顺序输入 N 个数，然后在其中查找数据 k，若找到，显示查找成功的信息，并将该数据删除；若没有找到，则将数据 k 插入到这些数中，插入操作后数据仍然有序。

分析：在 N 个数中查找数据 k，可以采用顺序查找法、二分查找法等方法。

1）顺序查找法的基本思想是：将要查找的数据 k 与存放在数组中的各元素逐个进行比较，直到查找成功或失败。

2）二分查找法又称折半查找法，这种方法要求待查找的数据是有序的。假设有序数据存放在一维数组 a 中，其查找数据 k 的基本思想是：将 a 数组中间位置的元素与待查找数 k 比较，如果两者相等，则查找成功；否则利用中间位置数据将数组分成前后两部分，当中间位置的数据大于待查找数据 k 时，则下一步从前面的部分查找 k；当中间位置的数据小于待查找数据 k 时，下一步从后面的部分查找 k；重复以上过程，直至查找成功或失败（low>high）。

源程序：二分查找法及删除或添加查找数

二分查找法操作示例见图 7-3。根据二分查找法的查找结果，再做后续删除或添加操作（涉及数组元素前移或后移操作）。具体程序扫二维码查看。

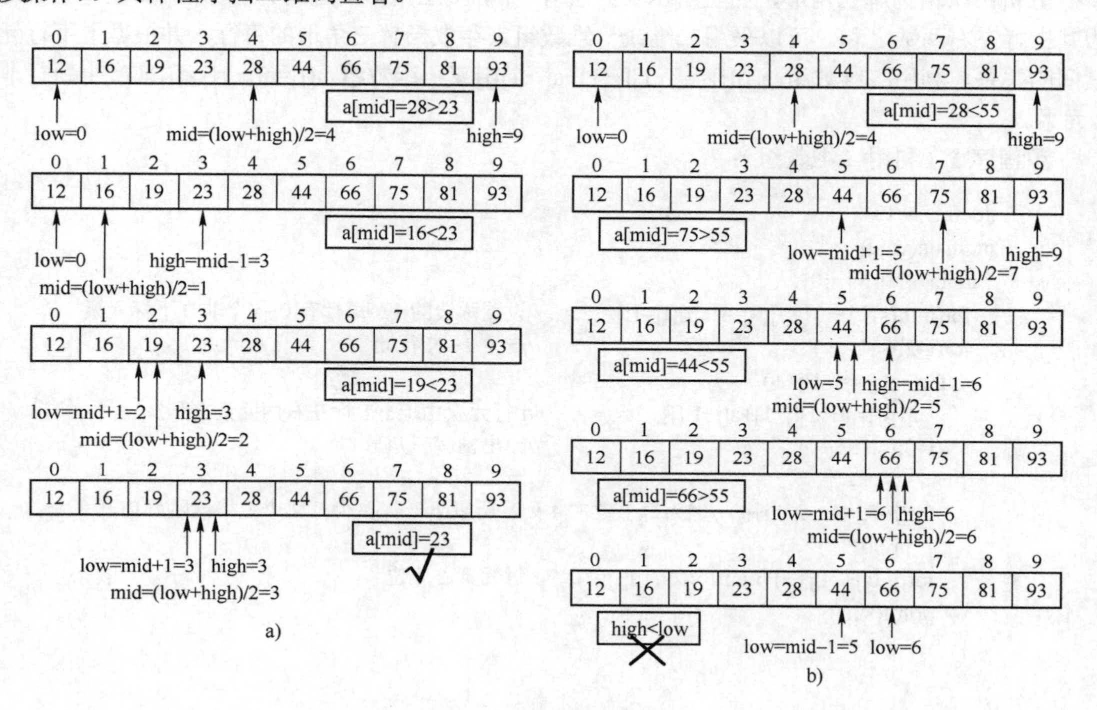

图 7-3　二分查找法示例

a) 二分查找法查找数据 k=23（查找成功）　b) 二分查找法查找数据 k=55（查找失败）

【例 7-27】 产生斐波那契数列于数组中，并输出。

斐波那契（Fibonacci）数列的特点是第 1、2 两个数为 1、1，从第 3 个数开始，每数是前两个数之和，数列如：1，1，2，3，5，8，13，21，…。求这个数列的前 40 个元素。

分析：上章已有例题实现，这里利用数组来实现，产生数列放数组中利于后续作处理。

```
int main(void)                          /*使用数组的实现程序 */
{   long i,f[40]={1,1};                 /*定义并初始化数组*/
    for (i = 2; i < 40; i++)
        f[i] = f[i - 1] + f[i - 2];     /*数列中从第 3 项开始每一项等于前两项之和*/
    for (i = 0; i < 40; i++)
    {   printf("%10ld", f[i]);          /*输出数组中的 40 个元素*/
        if ((i+1) % 5 == 0) printf("\n"); /*每 5 个元素进行一次换行*/
    }
}
```

【例 7-28】 利用数组产生、输出杨辉三角形。

```
                1
              1   1
            1   2   1
          1   3   3   1
        1   4   6   4   1
      1   5  10  10   5   1
    1   6  15  20  15   6   1
  1   7  21  35  35  21   7   1
1   8  28  56  70  56  28   8   1
```

分析：所谓杨辉三角形，如上所示（9 层），除等腰三角形两边均为 1 外，其他每个数均为其上行左右两数之和。可以采用二维或一维数组来存放杨辉三角形的每行，并根据上下行元素间的关系，利用二维数组 a[i][j]=a[i-1][j-1]+a[i-1][j]或一维数组 a[j]=a[j-1]+a[j]来产生新行非1 元素。

源程序 1（利用二维数组）：

```c
#define N 13
int main(void)
{ int i,j,a[N][N]={0};
  for(i=0;i<N;i++){a[i][0]=1;a[i][i]=1;}          //设置两边的1，每行有0~i个非0下标元素
  for(i=2;i<N;i++)                                  //产生3~N行元素
    for(j=1;j<=i-1;j++)
      a[i][j]=a[i-1][j-1]+a[i-1][j];                //i行元素由上i-1行左右两元素之和
  for(i=0;i<N;i++)                                  //输出杨辉三角形
  {
     for(j=0;j<42-2*i;j++) //因为每个数占4列，所以下一行要少打2个空格就刚好错开
       printf(" ");
     for(j=0;j<=i;j++) printf("%4d",a[i][j]);     //每元素占4位
     printf("\n");
  }

}
```

说明：针对上面 9 层的杨辉三角形输出显示效果，要理解内存中二维数组的数据（只给出数据矩阵的前面 9 行）如下所示。

```
   1   0   0   0   0   0   0   0   0   0   0   0   0
   1   1   0   0   0   0   0   0   0   0   0   0   0
   1   2   1   0   0   0   0   0   0   0   0   0   0
   1   3   3   1   0   0   0   0   0   0   0   0   0
   1   4   6   4   1   0   0   0   0   0   0   0   0
   1   5  10  10   5   1   0   0   0   0   0   0   0
   1   6  15  20  15   6   1   0   0   0   0   0   0
   1   7  21  35  35  21   7   1   0   0   0   0   0
   1   8  28  56  70  56  28   8   1   0   0   0   0
```

源程序 2（利用一维数组）：

```c
#define N 13
int main(void)
{ int i,j,a[N]={1,1};               //初始化两个元素为1
  printf("%46d\n",a[0]);           //先输出三角形顶角元素1
  for (i=1;i<N;i++)
  {
     for(j=0;j<42-2*i;j++)  //因为每个数占4列，所以下一行要少打2个空格就刚好错开
```

```
            printf(" ");            //有规律输出每行数字前的空格
        for (j=0;j<=i;j++) printf("%4d",a[j]); printf("\n");      //输出数组当前 0~i 下标元素
        a[i+1]=1;               //产生新一行的数组元素，先赋值新行最右边元素为 1
        for (j=i;j>=1;j--) a[j]=a[j-1]+a[j];          //从右到左产生新的 a[i]~a[1]数组元素
    }
}
```

说明：源程序 2 比源程序 1 节省了存储空间，源程序 1 存储了整个杨辉三角形，而源程序 2 只保留了当前最新的一行数据，即动态逐行计算出类似源程序 1 数组的每一行。

7.6 本章小结

数组是程序设计中最常用的数据结构。用数组处理实际问题时，一般操作过程是：先将所求解的数据存入数组中，接着对数组数据处理，最后控制数组元素输出。

1）数组可分为数值数组（整数组、实数组）、字符数组以及后面将要介绍的指针数组、结构体数组等；数组还可分为一维、二维或多维的。

2）数组类型说明由类型说明符、数组名、数组长度（数组元素个数）3 部分组成。数组元素又称为**下标变量**。数组的类型是指下标变量取值的类型。

3）对数组的赋值可以用数组初始化赋值、输入函数动态赋值和赋值语句赋值 3 种方法实现。对数值数组不能用赋值语句整体赋值、输入或输出，而必须用循环语句逐个对数组元素进行操作，而字符型数组可以利用“%s”格式整体输入或输出，也可利用库函数整体赋值、复制等操作。

本章内容还包括用字符数组表示字符串；对数组名特殊含义的理解；字符数组与其他数组的区别；字符数组（或字符串）处理函数在字符串处理中的应用等。

特别注意：

1）定义数组元素个数的表达式只能是值为正整型的常量或符号常量表达式。

2）数组元素下标值从 0，1，2，…，数组某维元素个数-1，这样连续编号。

3）数组初始化时，给的常量值多于数组（或数组维）的元素个数是错误语法，少于时是可以的，不足的编译器会自动补 0（各类型对应的 0 值）。

4）C 语言字符串是以'\0'为结束符的字符序列，结束字符'\0'是字符串的标志，字符串或字符数组的处理程序，往往用与'\0'比较来形成条件表达式。

5）字符数组中有效字符后加上'\0'，字符数组可以看作为“字符串变量”；正是有'\0'的存在，字符串才可以整体进行输入/输出等处理。

6）数组的相关处理很关键，要尽力避免产生越界，即要控制好下标值的变化范围。

7.7 习题

第 7 章
习题参考答案

一、选择题

1．已定义“int i;char x[7];”，为了给 x 数组赋值，以下正确的语句是（　　）。

A．x[7]="Hello!";　　　　B．x="Hello!";

C．x[0]="Hello!";　　　　D．for(i=0;i<6;i++) x[i]=getchar();x[i]='\0';

2．若有以下的数组定义“char a[]="abcde";char b[]={'a','b','c','d','e'};”，则以下正确的描述是（　　）。

A．a 数组和 b 数组长度相同　　　　B．a 数组长度大于 b 数组长度

C．a 数组长度小于 b 数组长度　　　　D．两个数组中存放内容完全相同

3．若有定义“int i；int x[3][3]={2,3,4,5,6,7,8,9,10};”，则执行语句“for(i=0;i<3;i++) printf ("%3d",x[i][2-i]);”的输出结果是（　　）。

A．2　5　8　　B．2　6 10　　C．4　6　8　　D．4　7 10

4．下列对二维数组 a 进行正确初始化的是（　　）。

A．int a[2][3]={{1,2},{3,4},{5,6}};　　　　B．int a[][3]={1,2,3,4,5,6};

C．int a[2][]={1,2,3,4,5,6};　　　　D．int a[2][]={{1,2},{3,4}};

5．下列说法正确的是（　　）。

A．数组的下标可以是 float 类型

B．数组的元素的类型可以不同

C．区分数组的各个元素的方法是通过下标

D．初始化列表中初始值的个数多于数组元素的个数也是可以

6．若有定义“char str1[30],str2[30];”，则输出较大字符串的正确语句是（　　）。

A．if (strcmp(str1,str2)>0) printf("%s",str1);

B．if(str1>str2) printf("%s",str1);

C．if (strcmp(str1,str2)) printf("%s",str1);

D．if(strcmp(str1,str2)<0) printf("%s",str1);

7．有以下程序，程序运行后的输出结果是（　　）。

```
int main(void)
{   int aa[4][4]={{1,2,3,4},{5,6,7,8},{3,9,10,2},{4,2,9,6}},i,s=0;
    for(i=0;i<4;i++) s+=aa[i][1];
    printf("%d\n",s);
}
```

A．11　　B．19　　C．13　　D．20

8．以下程序的输出结果为（　　）。

```
char str[15]="hello!"; printf("%d %d\n",strlen(str),sizeof(str));
```

A．15 15　　B．6 6　　C．7 6　　D．6 15

9．有以下程序段，当输入为 happy!时，程序运行后输出结果是（　　）。

```
char str[14]={ "I am"}; strcat(str," sad!");
scanf("%s",str); printf("%s",str);
```

A．I am sad!　　B．happy!　　C．I am happy!　　D．happy!sad!

10．下列关于数组的描述中错误的是（　　）。

A．一个数组只允许存储同种类型的数据

B．数组名是数组在内存中的首地址

C．数据必须先定义，后使用

D．如果在对数组进行初始化时，给定的数据元素个数比数组元素少，多余的数组元素自动初始化为最后一个给定元素的值

二、阅读程序写出运行结果

1．下面程序段的运行结果是____________

```
char str[20]="This is my book"; str[4]= '\0';str[9]= '\0';
printf("%d",strlen(str));
```

2．下面程序段的运行结果是__________

```
char name[3][20]={ "Tony","Join","Mary"};
int m=0,k;
for(k=1;k<=2;k++) if (strcmp(name[k],name[m])>0) m=k;
puts(name[m]);
```

三、编程题

1．随机生成 10 个数存放在数组中，求这 10 个数的累加和。

2．从键盘输入 10 个字符串，将它们使用冒泡法排序后输出 。

3．随机生成 1～20 的 N 个整型数据，编写程序使其中重复的元素只保留一个。

第 7 章
扩展习题及其
参考答案

实验 7　数组及其应用

一、实验目的

1）掌握一维数组和二维数组的定义、赋值和输入/输出的方法。

2）掌握字符数组和字符串函数的使用。

3）掌握与数组有关的算法。

实验 7
实验内容扩展

二、实验内容

1．改错题

以下程序的功能是：输入 12 个整数，按每行 3 个数输出这些整数，最后输出 12 个整数的平均值。纠正程序中存在的错误，以实现其功能。

```
int main(void)
{  int a[12],av,i,n;
   for(i=0;i<n;i++) scanf("%d",a[i]);
   for(i=0;i<n;i++)
   { printf("%d",a[i]);
     if (i%3==0) printf("\n");
   }
```

```
    for(i=0;i!=n;i++) av+=a[i];
    printf("av=%f\n",av);
}
```

2. 程序填空题

以下程序的功能是：求 3 个字符串（每串不超过 20 个字符）中的最大者。补充完善程序，以实现其功能。

```
#include <stdio.h>
#include <string.h>
int main(void)
{   char string[20],str[3][20]; int i;
    for (i=0;i<3;i++) gets(str[i]);
    if (__________________) strcpy(string,str[0]);
    else strcpy(string,str[1]);
    if (____________________) strcpy(string,str[2]);
    puts(string);
}
```

3．编程题

1）从键盘输入 10 个数，用选择排序法将其按由大到小的顺序排序；然后在排好序的数列中插入一个数，使数列保持从大到小的顺序。

2）从键盘输入两个矩阵 A、B 的值，求 C=A+B。

$$A=\begin{pmatrix}3 & 5 & 7\\ 12 & 13 & 6\end{pmatrix} \qquad B=\begin{pmatrix}4 & 8 & 10\\ 6 & 13 & 16\end{pmatrix}$$

3）从键盘输入一个字符串，删除其中某个字符。如输入字符串“abcdefededff”，删除其中的字符 e，则输出的字符串为“abcdfddff”。

第 8 章　函数及其应用

C 语言的源程序是由函数组成的，且至少得有一个主函数 main()，但实用程序往往由多个函数组成。函数是 C 源程序的基本单位，通过对函数的调用实现特定的功能。C 语言中的函数相当于其他高级语言的子程序，C 语言不仅提供了极为丰富的库函数，还允许用户建立自己的函数。

学习重点和难点：

- 函数参数和函数值
- 函数的调用流程
- 函数的嵌套调用
- 函数的递归调用和回溯过程的理解
- 数组作为函数参数
- 变量的存储类别和作用域

学习本章后，读者才可以真正开展模块化程序设计，编写功能程序的方式方法将更多样、更灵活。

8.1　本章引例

第 2 章中例 2-15 就是利用函数的示例。这里再介绍一个引例来总体上把握函数的定义与使用，并了解本章的学习内容。

【例 8-1】 找出指定正整数范围内的全部回文素数（是回文数又是素数）。

分析：回文数是正读和倒读相同的数，如 868；素数是只有 1 和自己本身两个因子的数。本例先编写判断素数、判断回文数等的自定义函数，然后，在 findhuiwen_prime()函数里循环有序地对各个数调用判断函数判断，是回文素数的放置在数组中，再通过数组参数返回到主函数。主函数就简捷完成输入区段范围，调用函数，输出结果数等功能。这样编写 main()主函数能充分展现 C 语言模块化设计的思想。

```
#include<stdio.h>
#define N 100
long reverse(long i)            //定义函数得到 i 数的倒序数
{   long m,j=0; m=i;
    while(m)
    {   j=j*10+m%10;            //将余数放置到已有 j 的个位
        m=m/10; }
    return j;                   //返回 j
}
```

```
long ishuiwen(long n)          //定义函数判断是否为回文数，是返回 1
{   long m;
    m= reverse(n);             //调用 reverse()函数得到 n 的倒序数
    if(m==n) return 1;         //判断两数是否相等，若相等，返回 1
    else return 0;
}
long isprime(long m)           //定义函数判断是否是素数，是返回 1
{   long i;
    for(i=2;i<m;i++)           //或  for(i=2;i<=(int)sqrt(m);i++)//需要#include<math.h>
      if(m%i==0) return 0;
    return 1;
}
int findhuiwen_prime(int ib,int ie, long b[]) //定义函数得到[ib,ie]区段内的回文素数
{   int i,k=0;
    for(i=ib;i<=ie;i++)                       //遍历正整数区段
        if(ishuiwen(i) && isprime(i))         //判断是否为回文数并且为素数
            if (k<N) b[k++]=i;                //是回文素数放在数组中
            else { k++; break; }              //当回文素数个数超过预设值 N，可用 break 退出 for 循环
    if (k>N) { printf("回文素数较多已超过 %d ，多余已丢弃。\n",N); return N; }
    return k;                                 //返回已找到的回文素数总个数
}
int main(void)                                //主函数
{   int ibegin,iend,num=0;                    //定义变量
    long a[N]={0};                            //数组定义
    void outputhwprime(long b[],int n);       //函数定义在 main()后面，需要先函数声明
    printf("请输入查找回文素数的大于 1 的正整数区段(如输入 2-10000)：");
    scanf("%d-%d",&ibegin,&iend);             //参照“2～10000”格式输入正整数区段
    if (ibegin<=1 || iend<=1)                 //要输入大于 1 的正整数区段
    {   printf("输入的正整数区段有误。"); return 1; }
    num=findhuiwen_prime(ibegin,iend,a);      //调用函数得到[ibegin,iend]区段内的回文素数
    printf("\n 总共有 %d 个回文式素数，具体如下：\n",num);
    outputhwprime(a,num);                     //调用输出具体回文素数函数
    return 0;                                 //结束程序，返回
}
void outputhwprime(long b[],int n)            //定义输出回文素数的函数
{   int i;
    for (i=0;i<n;i++)
    {   printf("%6ld ",b[i]);
        if ((i+1)%5==0) printf("\n"); //每 5 个一行
    }
}
```

运行结果：

```
请输入查找回文素数的大于1的正整数区段(如输入 2-10000)：2-10000

总共有 20 个回文式素数，具体如下：
     2      3      5      7     11
   101    131    151    181    191
   313    353    373    383    727
   757    787    797    919    929
```

8.2 C语言函数概述

在前面已经介绍过，C 语言源程序是由函数组成的。虽然在前面各章的程序中大都只有一个主函数 main()，但实用程序往往由多个函数组成。**函数是 C 源程序的基本组成单位**。C 语言不仅提供了极为丰富的库函数（如 Turbo C，Win-TC，MS C 都提供了 300 多个库函数），还允许用户建立自己定义的函数。用户可把自己的算法编成一个个相对独立的函数模块，然后用调用的方法来使用函数。可以说 C 程序的全部工作都是由各式各样的函数完成的，所以也把 **C 语言称为函数式语言**。

“自顶向下，逐步求精”是结构程序设计方法的核心，逐步求精细化后的一个个不同层次的功能模块，就对应地设计成一个个调用或被调用的模块函数。由于采用了函数模块式的结构，C 语言易于实现结构化程序设计，使程序的层次结构清晰，便于程序的编写、阅读、调试。

在 C 语言中可从不同的角度对函数分类。

从函数定义的角度看，函数可分为库函数和用户定义函数两种。

1）库函数：由 C 编译系统提供，用户无须定义，也不必在程序中作类型说明，只需在程序前包含有该函数原型的头文件即可在程序中直接调用。在前面各章的例题中反复用到 printf、scanf、getchar、putchar、gets、puts、strcat 等函数均属此类。C 语言提供了极为丰富的库函数，详细请参阅附录 F 或 C 语言相关资料，在应用开发中应能充分使用库函数。

2）用户定义函数：由用户按需要写的函数。对于用户自定义函数，不仅要在程序中定义函数本身，而且在主调函数模块中还必须对该被调函数进行类型声明，然后才能使用。

C 语言的函数兼有其他语言中的函数和过程两种功能，从这个角度看，又可把函数分为有返回值函数和无返回值函数两种。

1）有返回值函数：此类函数被调用执行完后将向调用者返回一个执行结果，称为函数返回值。如数学函数即属于此类函数。由用户定义的这种要返回函数值的函数，必须在函数定义和函数声明中明确返回值的类型。

2）无返回值函数：此类函数用于完成某项特定的处理任务，执行完成后不向调用者返回函数值。这类函数类似于其他语言的过程。由于函数无须返回值，用户在定义此类函数时可指定它的返回为“空类型”，空类型的说明符为“void”。

从主调函数和被调函数之间数据传送的角度看又可分为无参函数和有参函数两种。

1）无参函数：函数定义、函数声明及函数调用中均不带参数。主调函数和被调函数之间不进行参数传送。此类函数通常用来完成一组指定的功能，可以返回或不返回函数值。

2）有参函数：也称为带参函数。在函数定义及函数声明时都有参数，称为形式参数（简称为形参）。在函数调用时也必须给出参数，称为实际参数（简称为实参）。进行函数调用时，主调函数将把实参的值传送给形参，供被调函数使用。

还应该指出的是，在 C 语言中，所有的函数定义，包括主函数 main 在内，都是平行的。也就是说，在一个函数的函数体内，不能再定义另一个函数，即不能嵌套定义。但是函数之间允许相互调用，也允许嵌套调用。习惯上把调用者称为主调函数。函数还可以自己调用自己，称为递归调用。

main 函数是主函数，它可以调用其他函数，而不允许被其他 C 语言函数调用。因此，C 程序的执行总是从 main 函数开始，完成对其他函数的调用后再返回到 main 函数，最后由 main 函数结束整个程序。一个 C 源程序必须有且仅有一个 main 主函数。

8.3 函数定义的一般形式

1．无参函数的定义形式

```
类型标识符 函数名()      //或  类型标识符 函数名(void)
{
    声明部分
    语句(执行部分)
}
```

其中，类型标识符和函数名称为函数头。类型标识符指明了本函数的类型，函数的类型实际上是函数返回值的类型。该类型标识符与前面介绍的各种类型说明符相同。函数名是由用户定义的标识符，函数名后有一个空括号，其中无参数，但括号不可少。

{}中的内容称为函数体。在函数体中，声明部分是对函数体内部所用到的变量的类型说明及使用的函数声明等。函数体的声明部分和执行部分应严格划分，且声明部分放在函数体的开始，第一个可执行语句的前面。

在很多情况下都不要求无参函数有返回值，此时函数类型符可以写为 void。

可以改写一个函数定义：

```
void Hello()
{
    printf ("Hello,world \n");
}
```

Hello 函数是一个无参函数，当被其他函数调用时，输出“Hello world”字符串。

2．有参函数定义的一般形式

```
类型标识符 函数名(形式参数表列)
{
    声明部分
    语句(执行部分)
}
```

有参函数比无参函数多了一个内容，即形式参数表列。在形参表中给出的参数称为形式参数，它们可以是各种类型的变量，各参数之间用逗号间隔。在进行函数调用时，主调函数将赋予这些形式参数实际的值。形参既然是变量，必须在形参表中给出形参的类型说明。

例如，定义一个函数，用于求两个数中的大数，可写为

```
int max(int a, int b)
{
    if (a>b) return a;
    else return b;
}
```

第一行说明 max 函数是一个整型函数，其返回的函数值是一个整数。形参 a，b 均为整型量，其具体值是由主调函数在调用时传送过来的。在{}中的函数体内，除形参外没有使用其他变量，因此只有语句而没有声明部分。在 max 函数体中的 return 语句是把 a（或 b）的值作为函数的值返回给主调函数。返回值的函数中至少应有一个 return 语句。

在 C 语言程序中，一个函数的定义可以放在任意位置，既可放在主函数 main 之前，也可放在 main 之后。例如，可把 max 函数放在 main 之后，也可以把它放在 main 之前。

【例 8-2】 用函数实现输入两整数，输出其最大数。

分析：本程序的功能在第 5 章已有不止一种方法来实现了。这里作为使用函数的举例，把求两数最大数功能独立出来成为一个 max 函数，main 主程序调用功能函数来完成程序功能。

```
int max(int a,int b)            //注意：每个形参都要独立类型说明，int max(int a,b)是错的
{
    if(a>b)return a; else return b;
}
int main(void)
{   int max(int a,int b);       //函数声明，函数定义在函数使用前面，这里声明可省
    int x,y,z;
    printf("input two numbers:\n");
    scanf("%d%d",&x,&y);
    z=max(x,y);
    printf("maxmum=%d",z);
}
```

现在可以从函数定义、函数声明及函数调用的角度来分析整个程序，从中进一步了解函数的各种特点。

程序的第 1 行至第 4 行为 max 函数定义。进入主函数 main 后，因为准备调用 max 函数，故先对 max 函数进行声明（程序第 6 行）。函数定义和函数声明并不是一回事，在后面还要专门讨论。可以看出函数声明与函数定义中的函数头部分相同，但是末尾要加分号。程序第 10 行为调用 max 函数，并把 x，y 中的值传送给 max 的形参 a，b。max 函数执行的结果（a 或 b）将返回给变量 z。最后由主函数输出 z 的值。

思考：根据需要，也可以把本程序中输入两数的功能或输出最大数的功能设计成函数。读者不妨一试，来体会功能分析、细化中，函数的设计与使用方法。

8.4 函数的参数和函数的值

定义函数在执行时是通过函数参数与函数的值，来完成调用函数方与被调函数间数据的交换的。因此，保证函数参数传递与函数返回值的正确显得尤为重要。

8.4.1 形式参数和实际参数

前面已经介绍过，函数的参数分为形参和实参两种。在本节中，进一步介绍形参、实参的特点和两者的关系。形参出现在函数定义中，在整个函数体内都可以使用，离开该函数则

不能使用。实参出现在主调函数中，进入被调函数后，实参变量也不能使用。形参和实参的功能是作数据传送。发生函数调用时，主调函数把实参的值传送给被调函数的形参从而实现主调函数向被调函数的数据传送。

函数的形参和实参具有以下特点。

1）形参变量只有在被调用时才分配内存单元，在调用结束时，即刻释放所分配的内存单元。因此，形参只有在函数内部有效，函数的形式参数是局部变量（具体见后续章节）。函数调用结束返回主调函数后则不能再使用该形参变量。

2）实参可以是常量、变量、表达式、函数等，无论实参是何种类型的量，在进行函数调用时，它们都必须具有确定的值，以便把这些值传送给形参。因此，应预先用赋值、输入等办法使实参获得确定值。

3）实参和形参在数量、类型和顺序上应严格一致，否则会发生“类型不匹配”的错误。

4）函数调用中发生的数据传送是单向的，即只能把实参的值传送给形参，而不能把形参的值反向地传送给实参。因此在函数调用过程中，形参的值发生改变，而实参中的值不会变化。如图 8-1 所示，形参 x，y 与实参 a，b 是独立分配不同内存的，因此形参 x，y 的改变不可能影响到实参 a，b。

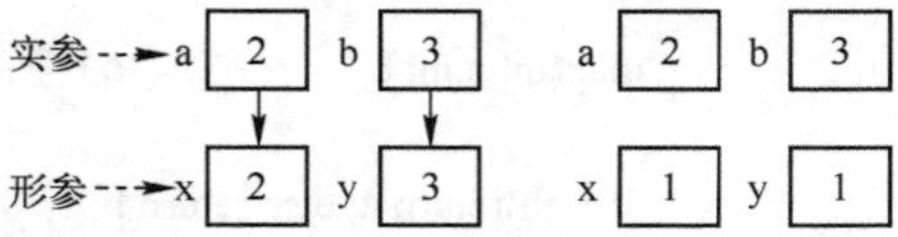

实参 a 2 b 3 a 2 b 3
形参 x 2 y 3 x 1 y 1

图 8-1　实参向形参的单向值传递

【例 8-3】 实参向形参单向值传递举例。

```
int main(void)
{   int n;
    int fun(int n);
    printf("input number:"); scanf("%d",&n);
    printf("n=%d\n",n);                  //输出函数调用前的 n
    fun(n);                              //函数调用，将输出 1+2+…+n 的累加值
    printf("n=%d\n",n);                  //输出函数调用后的 n
}
fun(int n)
{   int i;
    for(i=n-1;i>=1;i--) n=n+i;           //关注形参 n 的变化
    printf("n=%d\n",n);return 0;
}
```

运行结果：

```
input number:100
n=100
n=5050
n=100
```

说明：本程序中定义了一个函数 fun，该函数的功能是求 Σn_i 的值。在主函数中输入 n 值，并作为实参，在调用时传送给 fun 函数的形参量 n（注意，本例的形参变量和实参变量的标识符都为 n，但这是两个不同的量，各自的作用域不同）。在主函数中用 printf 语句输出一次 n 值，这个 n 值是实参 n 的值。在函数 fun 中也用 printf 语句输出了一次 n 值，这个 n 值是形参最后取得的 n 值。从运行情况看，输入 n 值为 100，即实参 n 的值为 100。把此值传给函数 fun 时，形参 n 的初值也为 100，在执行函数过程中，形参 n 的值变为 5050。返回

主函数之后，输出实参 n 的值仍为 100。可见，**实参的值不随形参的变化而变化。**

8.4.2 函数的返回值

函数的值是指函数被调用之后，执行函数体中的程序段所取得的并返回给主调函数的值。例如，调用正弦函数取得正弦值，调用例 8-2 的 max 函数取得的最大数等。对函数的值（或称函数返回值）有以下说明。

1）函数的值只能通过 return 语句返回主调函数。

return 语句的一般形式为

return 表达式; 或 **return** (表达式); 或 **return**; //“**return;**”可用于 void 型函数

该语句的功能是计算表达式的值，并立即返回给主调函数。在函数中允许有多个 return 语句，但每次调用只能有一个 return 语句被执行，因此只能返回一个函数值。

2）函数值的类型和函数定义中函数的类型应保持一致。如果两者不一致，则以函数类型为准，自动进行类型转换为函数的类型。

3）如果函数值为整型，在函数定义时可以省去类型说明，即函数缺省类型为整型。

4）不返回函数值的函数，可以明确定义为“空类型”，类型说明符为“void”。如例 8-3 中，若函数 fun 并不向主函数返回函数值，因此可定义为

```
void fun(int n)
{
    …
    return;  //函数体内按需可以使用不带值的 return 语句
}
```

一旦函数被定义为空类型后，就不能在主调函数中使用被调函数的函数值了。例如，在定义 fun 为空类型后，在主函数中写下述语句就是错误的。

```
sum=fun(n);
```

为了使程序有良好的可读性并减少出错，凡不要求返回值的函数都应定义为空类型。

8.5 函数的调用

定义函数的使用即函数调用，要能把握函数的一般调用形式及函数调用时的多种调用方式，保证函数调用的正确。

8.5.1 函数调用的一般形式

在程序中是通过对函数的调用来执行函数体的，其过程与其他语言的子程序调用相似。在 C 语言中，函数调用的一般形式为

函数名(实际参数表)

对无参函数调用时则无实际参数表，但括号不能少。实际参数表中的参数可以是常数、变量或其他构造类型数据及表达式，各实参之间用逗号分隔。

8.5.2 函数调用的方式

函数不能单独运行，可以被 main 主函数或其他函数调用，也可以调用其他函数，但是不能调用主函数。在 C 语言中，可以用以下几种方式调用函数。

1）函数表达式：函数作为表达式中的一项出现在表达式中，以函数返回值参与表达式的运算。这种方式要求函数是有返回值的。例如，“z=max(x,y)”是一个赋值表达式，把 max 的返回值赋予变量 z。

2）函数语句：函数调用的一般形式加上分号即构成函数语句。例如，“printf("%d",a);”“scanf ("%d",&b);”都是以函数语句的方式调用函数。

3）函数实参：函数作为另一个函数调用的实际参数出现。这种情况是把该函数的返回值作为实参进行传送，因此要求该函数必须是有返回值的。例如，“printf("%d",max(x,y));”即是把 max 调用的返回值又作为 printf 函数的实参来使用的。

在函数调用中还应该注意的一个问题是求值顺序的问题。所谓求值顺序是指对实参表中各量是自左至右使用，还是自右至左使用？对此，各编译系统的规定不一定相同。介绍 printf 函数时已提到过，下面通过实例从函数调用的角度再强调一下。

【例 8-4】 利用 printf 函数来说明函数参数的求值顺序。

```
int main(void)
{   int i=8;
    printf("%d   %d   %d   %d\n",++i,--i,i++,i--);
}
```

如按照从右至左的顺序求值。运行结果应为（Win-TC 中的情况）

```
8  7  7  8
```

如对 printf 语句中的++i，--i，i++，i--从左至右求值，结果应为

```
9  8  8  9
```

应特别注意的是，无论是从左至右求值，还是自右至左求值，其输出顺序都是不变的，即输出顺序总是和实参表中实参自左到右的顺序相同。由于 Turbo C、Win-TC 限定是自右至左求值，所以结果为 8　7　7　8。而在 VC++ 6.0 中执行以上程序，得到的结果为 8　7　8　8；在 VC++ 2010 中执行以上程序，得到的结果为 8　8　7　8。实际上 VC++ 6.0 与 VC++ 2010 都是自右至左求值的，只是处理方式有异，具体可参照 4.6.1 节参考知识中的例子与分析，上述问题的结果不妨上机一试来体会与理解。

8.5.3 被调用函数的声明

在主调函数中调用某函数之前应对该被调函数进行声明（或说明），这与使用变量之前要先进行变量定义或说明是一样的。在主调函数中对被调函数作说明的目的是使编译系统知道被调函数返回值的类型及参数个数与类型等情况，以便在主调函数中按此种类型对返回值及参数作相应的处理。其一般形式为

类型说明符 被调函数名(类型 形参,类型 形参,…);

类型说明符 被调函数名(类型,类型,…);

括号内给出了形参类型和形参名，或只给出形参类型。这便于编译系统进行检错，以防止可能出现的错误。实际上函数声明甚至可以不指定形参（但不鼓励这样做）。

在例 8-2 中，main 函数中对 max 函数的说明为

int max(int a,int b); 或写为: int max(int,int);

C 语言中又规定在以下几种情况时可以省去主调函数中对被调函数的函数声明。

1）如果被调函数的返回值是整型或字符型时，可以不对被调函数作说明，而直接调用。这时系统将自动对被调函数返回值按整型处理。例 8-3 的主函数中没有对函数 fun 作说明而直接调用即属此种情形。但还是建议对被调函数作声明为好。

2）当被调函数的函数定义出现在主调函数之前时，在主调函数中也可以不对被调函数再作声明而直接调用。例如，在例 8-2 中，函数 max 的定义放在 main 函数之前，因此可在 main 函数中省去对 max 函数的函数声明“int max(int a,int b);”。

3）如在所有函数定义之前，在函数外预先说明了各个函数的类型，则在以后的各主调函数中，可不再对被调函数作声明。例如：

```
char str(int a);
float fun(float b);
int main(void)
{
   …
}
char str(int a)
{ …
}
float fun(float b)
{ …
}
```

其中，第 1、2 行对 str 函数和 fun 函数预先作了声明。因此在以后各函数中无须对 str 和 fun 函数再作声明就可直接调用了。

4）对库函数的调用不需要再作说明，但必须把该函数的头文件用 include 命令包含在源文件前部。

8.6 函数的嵌套调用

C 语言中不允许作嵌套的函数定义。因此各函数之间是平行的，不存在上一级函数和下一级函数的问题。但是 C 语言允许在一个函数的定义中出现对另一个函数的调用，这样就出现了函数的嵌套调用，即在被调函数中又调用其他函数。这与其他语言的子程序嵌套的情形是类似的，其关系可用图 8-2 所示来表示。

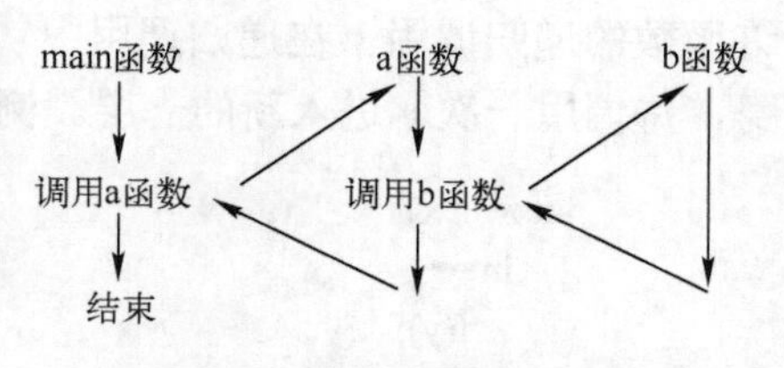

图 8-2 函数间调用示意图

图 8-2 表示了两层嵌套的情形，其执行过程是：执行 main 函数中调用 a 函数的语句时，即转去执行 a 函数，在 a 函数中调用 b 函数时，又转去执行 b 函数，b 函数执行完毕返回 a 函数的断点（即调用点）继续执行，a 函数执行完毕返回 main 函数的断点继续执行。

【例 8-5】 计算 $s=2^2!+3^2!$。

本题可编写两个函数，一个是用来计算阶乘值的函数 fun2，另一个是用来计算平方值并调用函数 fun2 的函数 fun1。主函数调用 fun1 计算出参数平方值的阶乘值，再在循环程序中计算累加和。

```
long fun1(int p)
{   int k; long r;
    long fun2(int); //被调用函数 fun2()的声明
    k=p*p;
    r=fun2(k);
    return r;
}
long fun2(int q)
{   long c=1; int i;
    for(i=1;i<=q;i++) c=c*i;
    return c;
}
int main(void)
{   int i; long s=0;
    for (i=2;i<=3;i++) s=s+fun1(i);
    printf("\ns=%ld\n",s);
}
```

说明：在程序中，函数 fun1 和 fun2 均为长整型，都在主函数之前定义，故不必再在主函数中对 fun1 和 fun2 加以声明。在主程序中执行循环程序，依次把 i 值作为实参调用函数 fun1 求 i^2 值。在 fun1 中又发生对函数 fun2 的调用，这时是把 i^2 的值作为实参去调 fun2，在 fun2 中完成求 i^2!的计算。fun2 执行完毕把 C 值（即 i^2!）返回给 fun1，再由 fun1 返回主函数实现累加。至此，由函数的嵌套调用实现了题目的要求。由于数值可能会很大，所以函数和一些变量的类型都说明为长整型，否则会造成溢出而产生计算错误。

8.7 函数的递归调用

一个函数在它的函数体内调用它自身称为**递归调用**。这种函数称为递归函数。C 语言允许函数的递归调用。在递归调用中，主调函数又是被调函数。执行递归函数将反复调用其自身，每调用一次就进入新的一层。例如，有函数 f 如下：

```
int f(int x)
{   int y;
    z=f(y);
    return z;
}
```

这个函数是一个递归函数。但是运行该函数将无休止地调用其自身，这当然是不正确的。为了防止递归调用无终止地进行，必须在函数内有终止递归调用的手段。常用的办法是加条件判断，满足某种条件后就不再作递归调用，然后逐层返回。下面举例说明递归调用的执行过程。

【例 8-6】 用递归法计算 n!。

求 n!可以使用 1×2×3×…×n 形式（见上一例）。用递归法计算 n!则可用下述公式表示：

$$n!=\begin{cases} n!=1 & (n=0,1) \\ n\times(n-1)! & (n>1) \end{cases}$$

按公式可编程如下：

```
long func(int n)
{   long f=-1;
    if(n<0) printf("n<0,input error");          /* 提示 n 输入错误 */
    else if(n= =0||n= =1) f=1;                  /* 判断是否为结束条件 */
    else f= func(n-1)*n;                        /* 求 n!的递归方式，返回 n!值 */
    return(f);                                  /* 返回 func 的函数值 */
}
int main(void)
{   int n;   long y;                            /* 定义长整型变量存放 n 的阶乘的值 */
    printf("\ninput a integer number:\n");
    scanf("%d",&n);
    y= func(n);                                 /* 调用求 n 的阶乘函数*/
    printf("%d!=%ld",n,y);
}
```

说明：程序中给出的函数 func 是一个递归函数。主函数调用 func 后即进入函数 func 执行，如果 n<0，n==0 或 n==1 时都将结束函数的执行，否则就递归调用 func 函数自身。由于每次递归调用的实参为 n−1，即把 n−1 的值赋予形参 n，最后当 n−1 的值为 1 时再作递归调用，形参 n 的值也为 1，将使递归终止。然后可逐层退回。

下面举例说明该过程。设执行本程序时输入为 5，即求 5!。在主函数中的调用语句即为 y= func(5)，进入 func 函数后，由于 n=5，不等于 0 或 1，故应执行 f= func(n-1)*n，即 f= func(5-1)*5。该语句对 func 作递归调用，即 func(4)。

进行 4 次递归调用后，func 函数形参取得的值变为 1，故不再继续递归调用而开始逐层返回主调函数。func(1)的函数返回值为 1，func(2)的返回值为 1*2=2，func(3)的返回值为 2*3=6，func(4)的返回值为 6*4=24，最后返回值 func(5)为 24*5=120。过程如图 8-3 所示，先逐级调用，再逐级返回、计算。

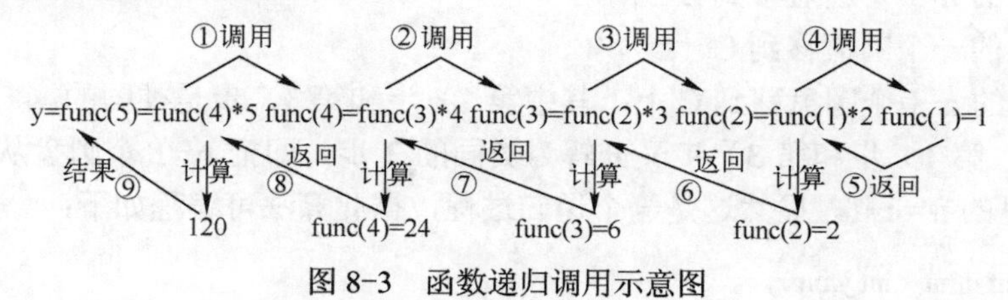

图 8-3　函数递归调用示意图

例 8-6 也可以用递推法来完成，即从 1 开始乘以 2，再乘以 3，直到 n。递推法比递归法更容易理解和实现。但是有些问题只能用递归算法才能实现，典型的问题是 Hanoi 塔问题。

【例 8-7】 解 Hanoi 塔问题

一块板上有 3 根针 A，B，C。A 针上套有 64 个大小不等的圆盘，大的在下，小的在上，如图 8-4 所示。要把这 64 个圆盘从 A 针移动 C 针上，每次只能移动一个圆盘，移动可以借助 B 针进行。但在任何时候，任何针上的圆盘都必须保持大盘在下，小盘在上。求移动的步骤。

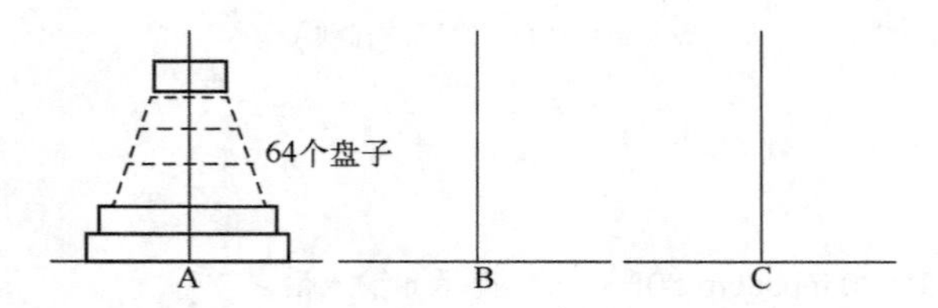

图 8-4　Hanoi 塔移动问题

本题算法分析如下，设 A 上有 n 个盘子。

如果 n=1，则将圆盘从 A 直接移动到 C。

如果 n=2，移动步骤如下。

1）将 A 上的 n−1（等于 1）个圆盘移到 B 上。

2）将 A 上的一个圆盘移到 C 上。

3）将 B 上的 n−1（等于 1）个圆盘移到 C 上。

如果 n=3，移动步骤如下。

1）将 A 上的 n−1（等于 2，令其为 n′）个圆盘移到 B（借助于 C），步骤如下。

① 将 A 上的 n′−1（等于 1）个圆盘移到 C 上。

② 将 A 上的一个圆盘移到 B。

③ 将 C 上的 n′−1（等于 1）个圆盘移到 B。

2）将 A 上的一个圆盘移到 C。

3）将 B 上的 n−1（等于 2，令其为 n′）个圆盘移到 C（借助 A），步骤如下。

① 将 B 上的 n′−1（等于 1）个圆盘移到 A。

② 将 B 上的一个盘子移到 C。

③ 将 A 上的 n′−1（等于 1）个圆盘移到 C。

到此，完成了 3 个圆盘的移动过程。

从上面分析可以看出，当 n 大于等于 2 时，移动的过程可分解为 3 个步骤。

1）把 A 上的 n−1 个圆盘移到 B 上。

2）把 A 上的一个圆盘移到 C 上。

3）把 B 上的 n−1 个圆盘移到 C 上；其中第 1）步和第 3）步是类同的。

当 n=3 时，第 1）步和第 3）步又分解为类同的 3 步，即把 n′−1 个圆盘从一个针移到另一个针上，这里的 n′=n−1。显然这是一个递归过程，据此算法可编程如下：

```
move(int n,int x,int y,int z)
```

```
{   if(n==1)
        printf(" %c->%c",x,z);
    else
    {   move(n-1,x,z,y);
        printf(" %c->%c",x,z);
        move(n-1,y,x,z);
    }
}
int main(void)
{   int h; printf("input number:");
    scanf("%d",&h); //h 一般小于等于 64
    printf("the step to moving %2d diskes:\n",h);
    move(h,'a','b','c');printf("\n");
}
```

从程序中可以看出，move 函数是一个递归函数，它有 4 个形参 n，x，y，z。n 表示圆盘数，x，y，z 分别表示 3 根针。move 函数的功能是把 x 上的 n 个圆盘移动到 z 上。当 n==1 时，直接把 x 上的圆盘移至 z 上，输出 x→z。如 n!=1 则分为 3 步：

1）递归调用 move 函数，把 n−1 个圆盘借助 z 从 x 移到 y。

2）输出 x→z。

3）递归调用 move 函数，把 n−1 个圆盘借助 x 从 y 移到 z。

在递归调用过程中 n=n−1，故 n 的值逐次递减，最后 n=1 时，终止递归，逐层返回。当 n=4 时程序运行结果如下：

```
input number:4
the step to moving  4 diskes:
 a->b a->c b->c a->b c->a c->b a->b a->c b->c b->a c->a b->c a->b a->c b->c
```

8.8 数组作为函数参数

数组可以作为函数的参数使用，进行数据传送。数组用作函数参数有两种形式。

1）把数组元素（下标变量）作为实参使用。

2）把数组名作为函数的形参和实参使用。

1．数组元素作函数实参

数组元素就是下标变量，它与普通变量并无区别。因此它作为函数实参使用与普通变量是完全相同的。在发生函数调用时，把作为实参的数组元素的值传送给形参，实现单向的值传送。例 8-8 说明了这种情况。

【例 8-8】 判别一个整数数组中各元素的值，若大于 0，则输出该值，若小于等于 0，则输出 0 值。

```
void nzp(int v)
{  if(v>0) printf("%d ",v);
   else printf("%d ",0);
}
int main(void)
```

```
{   int a[5],i;
    printf("input 5 numbers\n");
    for(i=0;i<5;i++)
    {   scanf("%d",&a[i]);
        nzp(a[i]);
    }
}
```

本程序中首先定义一个无返回值函数 nzp，并说明其形参 v 为整型变量。在函数体中根据 v 值输出相应的结果。在 main 函数中用一个 for 语句输入数组各元素，每输入一个就以该元素作实参调用一次 nzp 函数，即把 a[i]的值传送给形参 v，供 nzp 函数使用。

2．数组名作为函数参数

用数组名作函数参数与用数组元素作实参有几点不同。

1）用数组元素作实参时，只要数组类型和函数的形参变量的类型一致，那么作为下标变量的数组元素的类型也和函数形参变量的类型是一致的。因此，并不要求函数的形参也是下标变量。换句话说，对数组元素的处理是按普通变量对待的。用数组名作函数参数时，则要求形参和相对应的实参都必须是类型相同的数组，都必须有明确的数组说明。当形参和实参两者不一致时，即会发生错误。

2）在普通变量或下标变量作函数参数时，形参变量和实参变量是由编译系统分配的两个不同的内存单元。在函数调用时发生的值传送是把实参变量的值赋予形参变量。在用数组名作函数参数时，不是进行值的传送，即不是把实参数组的每一个元素的值都赋予形参数组的各个元素。因为形参数组并不存在，编译系统不为形参数组分配内存，而可以理解为只给形参数组分配一个数组指针变量的内存空间（如 VC++ 2010 指针内存一般分配 4 个字节）。那么，数据的传送是如何实现的呢？之前曾介绍过，数组名就是数组的首地址，因此在数组名作函数参数时所进行的传送只是地址的传送，也就是说把实参数组的首地址赋予形参数组名（即形参数组首地址）。形参数组名取得该首地址之后，也就等于有了实在的数组。实际上是形参数组和实参数组为同一数组，共同拥有一段内存空间，为此函数对形参数组的操作将直接影响到实参数组，如图 8-5 所示。

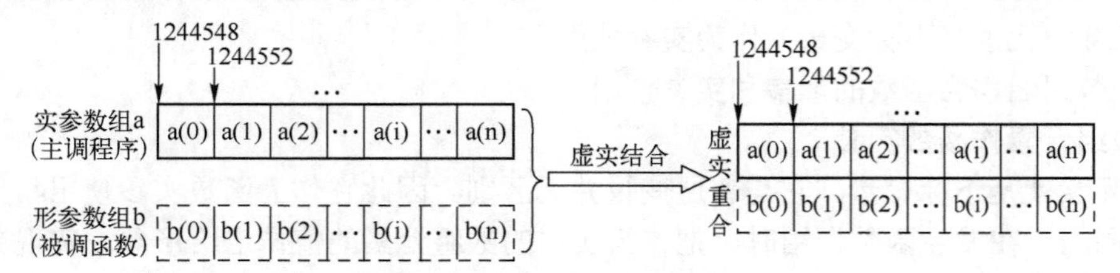

图 8-5　数组虚实结合示意图

图 8-5 中设 a 为实参数组，类型为整型。a 占有以 1244548 为首地址的一块内存区。b 为形参数组名。当发生函数调用时，进行地址传送，把实参数组 a 的首地址传送给形参数组名 b，于是 b 也取得该地址 1244548。于是 a，b 两数组共同占有以 1244548 为首地址的一段连续内存单元。从图 8-5 中还可以看出 a 和 b 下标相同的元素实际上也占相同的 2 个或 4 个内存单元（整型数组每个元素占 2 或 4 个字节）。例如 a[0]和 b[0]都占用 1244548 和 1244549

单元（或 1244548～1244551 四个单元），当然 a[0]等于 b[0]，类推则有 a[i]等于 b[i]。

【例 8-9】 数组 a 中存放了一个学生 5 门课程的成绩，求平均成绩。

```
float aver(float a[5])
{   int i;
    float av,s=a[0];
    for(i=1;i<5;i++) s=s+a[i];
    av=s/ 5;
    return av;
}
int main(void)
{   float sco[5],av; int i;
    printf("\ninput 5 scores:\n");
    for(i=0;i<5;i++) scanf("%f",&sco[i]);
    av=aver(sco);
    printf("average score is %5.2f",av);
}
```

说明：本程序首先定义了一个实型函数 aver，有一个形参为实型数组 a，长度为 5。在函数 aver 中，把各元素值相加求出平均值，返回给主函数。主函数 main 中首先完成数组 sco 的输入，然后以 sco 作为实参调用 aver 函数，函数返回值送 av，最后输出 av 值。从运行情况可以看出，程序实现了所要求的功能。

3）在变量作函数参数时，所进行的值传送是单向的。即只能从实参传向形参，不能从形参传回实参。形参的初值和实参相同，而形参的值发生改变后，实参并不变化，两者的终值是不同的。而当用数组名作函数参数时，情况则不同。由于实际上形参和实参为同一数组，因此当形参数组发生变化时，实参数组也随之变化。当然这种情况不能理解为发生了“双向”的值传递。但从实际情况来看，调用函数之后实参数组的值将由于形参数组值的变化而变化。为了说明这种情况，把例 8-8 改为例 8-10 的形式。

【例 8-10】 题目同例 8-8，改用数组名作函数参数来实现。

```
void nzp(int a[5])
{   int i; printf("\nvalues of array a are:\n");
    for(i=0;i<5;i++)
    {   if(a[i]<0) a[i]=0;
        printf("%d ",a[i]);
    }
}
int main(void)
{   int b[5],i;
    printf("\ninput 5 numbers:\n");
    for(i=0;i<5;i++) scanf("%d",&b[i]);
    printf("initial values of array b are:\n");
    for(i=0;i<5;i++) printf("%d ",b[i]);
    nzp(b);
    printf("\nlast values of array b are:\n");
```

```
    for(i=0;i<5;i++) printf("%d ",b[i]);
}
```

本程序中函数 nzp 的形参为整数组 a，长度为 5。主函数中实参数组 b 也为整型，长度也为 5。在主函数中首先输入数组 b 的值，再输出数组 b 的初始值，然后以数组名 b 为实参调用 nzp 函数。在 nzp 中，按要求把负值单元清 0，并输出形参数组 a 的值。返回主函数之后，再次输出数组 b 的值。从运行结果可以看出，数组 b 的初值和终值是不同的，数组 b 的终值和数组 a 是相同的。这说明实参形参为同一数组，它们的值同时得以改变。

用数组名作为函数参数时还应注意以下几点。

1）形参数组和实参数组的类型必须一致，否则将引起错误。

2）形参数组和实参数组的长度可以不相同，因为在调用时，只传送首地址而不检查形参数组的长度。当形参数组的长度与实参数组不一致时，虽不至于出现语法错误（编译能通过），但程序执行结果将与实际不符，这是应予以注意的。

【例 8-11】 实参数组与形参数组大小不一致的情况。修改例 8-10 后程序如下：

```
void nzp(int a[8])
{   int i; printf("\nvalues of array a are:\n");
    for(i=0;i<8;i++)
    {   if(a[i]<0) a[i]=0;
        printf("%d ",a[i]);
    }
}
int main(void)
{   int b[5],i;
    printf("\ninput 5 numbers:\n");
    for(i=0;i<5;i++) scanf("%d",&b[i]);
    printf("initial values of array b are:\n");
    for(i=0;i<5;i++) printf("%d ",b[i]);
    nzp(b);
    printf("\nlast values of array b are:\n");
    for(i=0;i<5;i++) printf("%d ",b[i]);
}
```

本程序与例 8-10 程序比，nzp 函数的形参数组长度改为 8，在函数体中，for 语句的循环条件也改为 i<8。因此，形参数组 a 和实参数组 b 的长度不一致，编译能够通过，但从结果看，数组 a 的元素 a[5]，a[6]，a[7]显然是无意义的。实际上，若实参数组大、形参数组小是可以正常运行的。

在函数形参表中，允许不给出形参数组的长度，或用一个变量来表示数组元素的个数。

例如，可以写为“void nzp(int a[])”或写为“void nzp(int a[],int n)”，其中，形参数组 a 没有给出长度，而由 n 值动态地表示数组的长度。n 的值由主调函数的实参进行传送。由此，例 8-11 又可改为例 8-12 的形式。

【例 8-12】 修改例 8-11，形参数组大小由 n 确定。

```
void nzp(int a[],int n)
{   int i;
```

```
    printf("\nvalues of array a are:\n");
    for(i=0;i<n;i++)
    {   if(a[i]<0) a[i]=0;
        printf("%d ",a[i]);
    }
}
int main(void)
{   int b[5],i,n=5;
    printf("\ninput 5 numbers:\n");
    for(i=0;i<n;i++) scanf("%d",&b[i]);
    printf("initial values of array b are:\n");
    for(i=0;i<n;i++) printf("%d ",b[i]);
    nzp(b,n);
    printf("\nlast values of array b are:\n");
    for(i=0;i<n;i++) printf("%d ",b[i]);
}
```

本程序 nzp 函数形参数组 a 没有给出长度，由 n 动态确定该长度。在 main 函数中，函数调用语句为 nzp(b,5)，其中实参 5 将赋予形参 n 作为形参数组的长度。

多维数组也可以作为函数的参数。在函数定义时对形参数组可以指定每一维的长度，也可省去第一维的长度。因此，以下写法都是合法的。

```
int ma(int a[3][10])   或   int ma(int a[][10])
```

8.9 局部变量和全局变量

在讨论函数的形参变量时曾经提到，形参变量只在被调用期间才分配内存单元，调用结束立即释放。这一点表明形参变量只有在函数内才是有效的，离开该函数就不能再使用了。这种变量有效性的范围称变量的作用域。不仅对于形参变量，C 语言中所有的量都有自己的作用域。变量说明的方式不同，其作用域也不同。C 语言中的变量，按作用域范围可分为两种，即局部变量和全局变量。

8.9.1 局部变量

局部变量也称为内部变量。局部变量是在函数内做定义说明的，其作用域仅限于函数内，离开该函数后再使用这种变量是非法的。函数的形式参数也是函数的局部变量。例如：

```
int fun1(int a)          /* 函数 fun1 */
{   int b,c;
    ...
}
//这里 a,b,c 有效吗？
int fun2(int x)          /* 函数 fun2 */
{   int y,z;
...
}
```

```
//这里 x,y,z 有效吗?
int main(void)
{   int m,n;
…
}
//这里 m,n 有效吗?
```

在函数 fun1 内定义了 3 个变量，a 为形参，b，c 为一般变量。在 fun1 的范围内 a，b，c 有效，或者说 a，b，c 变量的作用域限于 fun1 内。同理，x，y，z 的作用域限于 fun2 内。m，n 的作用域限于 main 函数内。关于局部变量的作用域还要说明以下几点。

1）主函数中定义的变量也只能在主函数中使用，不能在其他函数中使用。同时，主函数中也不能使用其他函数中定义的变量。因为主函数也是一个函数，它与其他函数是平行（平等）关系。这一点是与其他语言不同的，应予以注意。

2）形参变量是属于被调函数的局部变量，实参变量是属于主调函数的局部变量。

3）允许在不同的函数中使用相同的变量名，它们代表不同的对象，分配不同的单元，互不干扰，也不会发生混淆。如在例 8-12 中，形参和实参的变量名都为 n，是完全允许的。

4）在复合语句中也可定义变量，其作用域只在复合语句范围内。例如：

```
int main(void)
{   int s,a;
    …
    {
       int b;
       s=a+b;
       …                          /*b 作用域*/
    }
    …                             /*s,a 作用域*/
}
```

【例 8-13】 不同作用域内相同变量名 k 的有效性情况。

```
int main(void)
{   int i=2,j=3,k;              //i,j,k 在 main 函数内有效
    k=i+j;
    {
        int k=8;                //复合语句内新定义变量 k，在复合语句内有效并屏蔽外层 k
        printf("%d\n",k);       //输出的是复合语句内的 k
    }
    printf("%d %d\n",i,k);      //恢复 main 函数内的 k，复合语句内的 k 已不有效
}
```

说明：本程序在 main 中定义了 i，j，k 3 个变量，其中 k 未赋初值。而在复合语句内又定义了一个变量 k，并赋初值为 8。应该注意这两个 k 不是同一个变量。在复合语句外由 main 定义的 k 起作用，而在复合语句内则由在复合语句内定义的 k 起作用。因此，程序第 3 行的 k 为 main 所定义，其值应为 5。第 6 行输出 k 值，该行在复合语句内，由复合语句内定

义的 k 起作用，其初值为 8，故输出值为 8，第 8 行输出 i，k 值。i 是在整个程序中有效的，第 2 行对 i 赋值为 2，故输出 i 为 2，而第 8 行已在复合语句之外，输出的 k 应为 main 所定义的 k，此 k 值由第 3 行已获得为 5，故输出也为 5。

注意：同一作用域内不允许有同名的两个不同的变量。

8.9.2 全局变量

全局变量也称为外部变量，它是在函数外部定义的变量。它不属于哪一个函数，它属于一个源程序文件。其作用域是整个源程序。在函数中使用全局变量，一般应作全局变量声明。只有在函数内经过声明的全局变量才能使用。全局变量的声明符为 extern。但在一个函数之前定义的全局变量，在该函数内使用可不用加以声明。

全局变量的声明格式为 **extern 全局变量 1[, 全局变量 2][,]…;** 例如，"extern a,b;"。

```
int a,b;      /*a,b 为外部变量，可在定义开始以下的函数内直接使用，无须声明*/
void fun1() /*函数 fun1*/
{
    a=1;
    …
}
float x,y;   /*x,y 为外部变量，可在定义以下的函数内直接使用，前面函数使用需声明*/
int fun2()    /*函数 fun2*/
{
    …
}
int main(void) /*主函数*/
{
    …
}
```

从以上代码可以看出 a，b，x，y 都是在函数外部定义的外部变量，都是全局变量。但 x，y 定义在函数 fun1 之后，而在 fun1 内又没有对 x，y 的全局变量声明，所以它们在 fun1 内无效。a，b 定义在源程序最前面，因此在 fun1，fun2 及 main 内不加声明也可使用。

【例 8-14】 输入正方体的长宽高 l，w，h。求体积及 3 个面（l×w，w×h，l×h）的面积。

```
int vs(int a,int b,int c)
{   int v;
    extern s1,s2,s3; //声明 s1,s2,s3 为全局变量
    v=a*b*c;
    s1=a*b;
    s2=b*c;
    s3=a*c;
    return v;
}
int s1,s2,s3; //全局变量定义
int main(void)
```

```
{   int v,l,w,h;
    printf("\ninput length,width and height:\n");
    scanf("%d%d%d",&l,&w,&h);
    v=vs(l,w,h);
    printf("\nv=%d,s1=%d,s2=%d,s3=%d\n",v,s1,s2,s3); //全局变量在 vs()函数中获取值
}
```

【例 8-15】 外部变量与局部变量同名。

```
int a=3,b=5;            /* a,b 为全局变量 */
max(int a,int b)        /* a,b 为局部变量 */
{   int c;
    c=a>b?a:b;          /* a,b 为局部变量 */
    return(c);
}
int main(void)
{   int a=8;            /* a 为局部变量 */
    /* 以下语句 max 函数调用中的实参 a 为局部变量，实参 b 为全局变量 */
    printf("%d\n",max(a,b));
}
```

注意：如果同一个源文件中，外部变量与局部变量同名，则在局部变量的作用范围内，外部变量被“屏蔽”，即它不起作用。

8.10 变量的存储类别

根据冯·诺依曼原理可知，程序和数据均存储在存储器中。在内存中，供用户使用的存储空间分为 3 部分：程序区、静态存储区和动态存储区。

用户编写的程序存放在程序区，而数据存放在静态存储区和动态存储区。

从变量的作用域（即从空间）角度来分，可以分为全局变量和局部变量。

从变量值存在的作用时间（即生存期）角度来分，可以分为静态存储方式和动态存储方式，即为变量的存储类别。

1）静态存储方式：在程序运行期间分配固定的存储空间的方式。该空间从分配时刻开始存在，直到程序运行结束才释放。

2）动态存储方式：在程序运行期间根据需要进行动态地分配存储空间的方式。该空间使用结束后自动释放，下次需要时再重新分配。

全局变量全部存放在静态存储区，在程序开始执行时给全局变量分配存储区，程序运行完毕才释放。在程序执行过程中它们占据固定的存储单元，而不动态地进行分配和释放。

动态存储区存放以下数据。

- 函数形式参数。
- 自动变量（未加 static 声明的局部变量）。
- 函数调用时的现场保护和返回地址。

对以上这些数据，在函数开始调用时分配动态存储空间，函数结束时释放这些空间。

在 C 语言中，每个变量和函数有两个属性：数据类型和数据的存储类别。

8.10.1 auto 变量

函数中的局部变量，如不专门声明为 static 存储类别，都是动态地分配存储空间的，数据存储在动态存储区中。函数中的形参和在函数中定义的变量（包括在复合语句中定义的变量），都属此类，在调用该函数时系统会给它们分配存储空间，在函数调用结束时就自动释放这些存储空间。这类局部变量称为自动变量。自动变量用关键字 auto 作存储类别的声明。声明格式为

auto 类型标识符 变量 1[,变量 2][,]...; //类型为 int 时可省。

例如：

```
int fun(int a)       /*定义 fun 函数，a 为参数*/
{   auto int b,c=3; /*定义 b，c 自动变量，auto 可省，缺省时即为 auto*/
    ...
}
```

其中，a 是形参，b，c 是自动变量，对 c 赋初值 3。执行完 fun 函数后，自动释放 a，b，c 所占的存储单元。

关键字 auto 可以省略，变量存储类别缺省时定为“自动存储类别”，属于动态存储方式。

8.10.2 用 static 声明局部变量

有时希望函数中局部变量的值在函数调用结束后不消失而保留原值，这时就应该指定局部变量为“静态局部变量”，用关键字 static 进行声明。声明格式为

static 类型标识符 变量 1[,变量 2][,],...; //类型为 int 时可省。

【例 8-16】 考察静态局部变量的值。

```
fun(int a)
{   auto int b=0;
    static int c=3;//c 初始化一次，保留固定存储单元。3 次调用时 c 的值分别是 3、4、5
    b=b+1;
    c=c+1;
    return(a+b+c);
}
int main(void)
{   int a=2,i;
    for(i=0;i<3;i++) printf("%d ",fun(a));
}
```

运行结果：7 8 9

对静态局部变量的说明如下。

1）静态局部变量属于静态存储类别，在静态存储区内分配存储单元。在程序整个运行期间都不释放。而自动变量（即动态局部变量）属于动态存储类别，占动态存储空间，函数调用结束后即释放。

2）静态局部变量在编译时赋初值，即只赋初值一次；而对自动变量赋初值是在函数调用时进行，每调用一次函数重新给一次初值，相当于执行一次赋值语句。

3）如果在定义局部变量时不赋初值，则对静态局部变量来说，编译时自动赋初值 0（对数值型变量）或空字符'\0'（对字符变量）；而对自动变量来说，如果不赋初值则它的值是一个不确定的值。

【例 8-17】 打印 1~5 的每个数的阶乘值。

```
int fac(int n)
{   static int f=1;
    f=f*n;
    return(f);
}
int main(void)
{   int i;
    for(i=1;i<=5;i++) printf("%d!=%d\n",i,fac(i));
}
```

注意：

1）使用 static 定义局部变量时，该变量只有在所在函数内有效，退出该函数时该变量的值仍然保留，下次进入后仍可使用该值，退出程序时该值才消失。局部静态变量值具有可记忆性。

2）使用 static 定义全局变量时，该变量只有在所在源文件内有效，在执行其他源文件中的函数时该变量的值仍然保留，下次再使用该源文件中函数时仍可访问该值，退出整个程序时该值消失。

3）使用 static 定义的变量时，可以对变量赋初值，而且只初始化一次；如果没有对变量赋初值，则该变量的初值为 0（字符变量的 0 值就是空字符，其转义符为'\0'，它的 ASCII 码值为 0）。

8.10.3 register 变量

为了提高效率，C 语言允许将局部变量的值放在 CPU 的寄存器中，这种变量叫“寄存器变量”，用关键字 register 作声明。声明格式为

```
register 类型标识符 变量 1[,变量 2][,],…;  //类型为 int 时可省。
```

【例 8-18】 使用寄存器变量。

```
int fac(int n)
{   register int i,f=1;   //指定 register，i,f 的运算可以快些
    for(i=1;i<=n;i++) f=f*i;
    return(f);
}
int main(void)
{   int i;
    for(i=0;i<=5;i++) printf("%d!=%d\n",i,fac(i));
}
```

注意：

1）只有局部自动变量和形式参数可以作为寄存器变量。

2）一个计算机系统中的寄存器数目有限，不能定义任意多个寄存器变量。

3）局部静态变量不能定义为寄存器变量。

8.10.4 用 static 声明全局变量

全局变量都是存放在静态存储区中的，其生存期是固定的，存在于程序的整个执行过程。但是，全局变量的作用域究竟是从什么位置起，到什么位置止的呢？作用域是包括其所在文件范围，还是其所在文件中的一部分范围？是在一个文件中有效，还是在程序的所有文件中都有效？这个问题实际上前面已涉及，一般作用范围是从全局变量定义起到其所在文件末。但是，可以通过 extern 声明语句扩展全局变量的作用域，而 static 声明语句能用来限制全局变量的作用域。

1．extern 扩展全局变量作用域

全局变量（即外部变量）是在函数的外部定义的，它的作用域为从变量定义处开始，到本程序文件的末尾。如果全局变量不在文件的开头定义，其有效的作用范围只限于定义处到文件末。如果在定义点之前的函数想引用该全局变量，则应该在引用之前用关键字 extern 对该变量作“外部变量声明”。表示该变量是一个已经定义的全局变量。有了此声明，就可以从“声明”处起，合法地使用该全局变量。

【例 8-19】 用 extern 声明全局变量，扩展程序文件中的作用域。

```
int main(void)
{   extern A,B;                    //全局变量作用域从此声明处开始
    int max(int x,int y);
    printf("%d\n",max(A,B));
}
/* 拆分成两个文件的话，这里是分界线 */
int max(int x,int y)
{   int z;
    z=x>y?x:y;
    return(z);
}
int A=13,B=-8;
```

说明：在本程序文件的最后 1 行定义了全局变量 A，B，但由于全局变量定义的位置在函数 main 之后，因此在 main 函数中不能引用全局变量 A，B。而在 main 函数中用 extern 对 A 和 B 进行“全局变量声明”，就可以从“声明”处起，合法地使用该全局变量 A 和 B。

实际上，extern 扩展全局变量作用域，不但可以如例 8-19 一样在一个程序文件内扩展，还可以在多个其他程序文件中扩展，即扩展到其他程序文件。这种扩展形式或方法是相同的，只是全局变量的定义在一个程序文件中，利用 extern 的全局变量声明在另一程序文件中，此时全局变量的作用域就扩展到另一程序文件了，即声明处到该文件的末尾。

读者可把例 8-19 的程序拆分成两个文件存放，按程序中间注释为界分成文件 1 与文件 2 来多文件编译、链接与执行程序。可以体会到程序运行如同一个文件一样，但若注释掉“**extern** A,B;”语句，程序编译就出错了。

2．static 限制全局变量作用域

通过 extern 声明语句扩展全局变量的作用域，实现全局变量在一个程序文件或多个程序文件中共享使用，有其必要性与有利性，但同时也带来了不利因素，如给程序文件间带来不可控的干扰、降低程序的通用性与模块独立性等。为此，有时希望限制全局变量的作用域于所在程序文件，而不能被其他文件引用。这时，可以在定义全局变量时加 static 来实现。

【例 8-20】 用 static 来限制全局变量作用域于其所在程序文件。

```
//file1.c  文件 1
int main(void)
{   extern A,B;
    int max(int x,int y);
    printf("%d\n",max(A,B));
}
//file2.c  文件 2
int max(int x,int y)
{   int z;
    z=x>y?x:y;
    return(z);
}
static int A=13,B=-8;
```

各自编译以上两文件均没有错，但链接时发生类似“error LNK2001: 无法解析的外部符号_A”的链接错，原因就是加 static 限制后，找不到全局变量的缘故。

这种加上 static 声明且只能用于本文件的外部变量称为静态外部变量或静态全局变量。在程序设计中，若多人分别完成各自模块，各人可以独立地在其文件中使用相同的外部变量名而互不相干，这就如同多个函数中使用相同的局部变量名而互不相干一样。为此，在程序设计中定义成静态全局变量更安全、更合理。

注意： 用 static 声明一个局部或全局变量的不同含义。

1）对局部变量用 static 声明，表示把变量分配在静态存储区，该变量在整个程序执行期间不释放，其所分配的空间始终存在。

2）对全局变量用 static 声明，表示该全局变量作用域被限制在其所在的程序文件，其他程序文件不能使用该全局变量。

8.11 内部函数和外部函数

定义函数有内部函数与外部函数之分。

1．内部函数

（1）含义

如果一个函数只能被本源文件中的其他函数所调用，而不能被同一程序其他源文件中的函数调用，那么这种函数称为内部函数或静态函数。

（2）定义内部函数的一般形式

```
static 类型标识符  函数名(形参表);
```

例如，“static int fun (int a, int b);”。

说明：使用内部函数，可以使函数只局限于所在源文件，允许在不同的源文件中使用同名的内部函数。这样，不同的人编写不同的函数时，就不用担心自己定义的函数会发生重名冲突。另外，也相对隐秘与安全。情况类似于上节介绍的静态全局变量。

2．外部函数

（1）含义

如果一个函数可以为其他源文件程序调用，则称为外部函数。

（2）定义外部函数的一般形式

```
extern 类型标识符 函数名(形参表);
```

例如，“extern int fun(int a, int b);”。

说明：如果在定义函数时省略 extern，则默认为外部函数。举例参见第 1 章例 1-3。

8.12　函数与模块化程序设计

模块化程序设计方法就是按照“自顶向下、逐步求精”的思想，将系统功能逐步细分，使每个功能非常单一（一般不超过 50 行）。某一功能，如果重复实现两遍及其以上，即应考虑对其模块化，即将它写成通用函数。程序实现中要尽可能地利用他人的现成模块（函数）。

模块化程序设计模块分解的基本原则是：高聚合、低耦合及信息隐藏。

高聚合是指一个模块只能完成单一的功能，不能“身兼数职”；低耦合是指模块之间参数传递尽量少，尽量不要通过全局变量来实现数据传递；信息隐藏是指把不需要调用者知道的信息都包装在模块内部隐藏起来。

只有实现了高聚合、低耦合，才可能最大限度地实现信息隐藏，从而实现真正意义上的模块化程序设计。

C 语言是模块化程序设计语言，每个模块都是由函数完成的，C 语言是函数式的语言，函数就是模块。在程序设计中，常将一些常用的功能模块编写成函数，放在函数库中供公共选用。程序员要善于利用库函数，以减少重复编写程序段的工作量。

在编写某个函数时，遇到具有相对独立功能的程序段，也应独立成另一个函数，并在一个函数中调用另一个函数；当某一个函数拥有较多的代码时（一般函数代码 50 行左右），也应将函数中相对独立的代码分成另一个函数。

函数不能嵌套定义，但是函数能嵌套调用，即函数调用函数，前者称为调用函数，后者称为被调函数。程序功能就在 main 函数开始的层层函数调用与被调用中实现的。

8.13 应用实例

【例 8-21】 利用递归函数来产生、输出杨辉三角形（例 7-28 的又一方法）。

分析：例 7-28 是利用数组来生成并保存杨辉三角形各行并输出的，这里换一个思路，利用递归函数来产生一个杨辉三角形的元素。分析杨辉三角形各元素，可知某元素都是其上一行对应两元素之和，而上行两个元素又递归的是它们各自上一行的对应两元素之和，如此递归直到元素是杨辉三角形两边的 1 为止，而后逐级回代得到杨辉三角形的元素值。如图 8-6 所示为第 9 行中间元素递归调用情况。利用这样的方法可以产生杨辉三角形的每个元素，主程序只要调用递归函数控制逐行逐个输出就可。

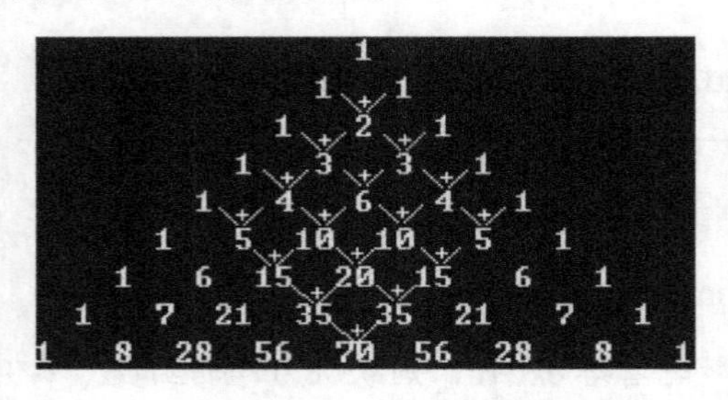

图 8-6　产生一个元素的递归调用情况

```
#include<stdio.h>
int num(int i,int j);
#define N 13
int main(void)
{   int n,i,j,k;
    printf("输入要打印的行数 n(n<=%d):",N); scanf("%d",&n);
    for(i=0;i<n;i++)                                    //控制输出 1~n 行
    {   for(k=0;k<42-2*i;k++) printf(" ");              /*输出数字前的空格*/
        for(j=0;j<=i;j++) printf("%4d",num(i,j));       //输出 i 行 0~i 编号的元素
        printf("\n");
    }
}
int num(int i,int j)                                    //获取杨辉三角形中(i,j)编号的数
{   if(i==j||j==0) return(1);                           //开头和末尾的 1
    else return(num(i-1,j-1)+num(i-1,j)); //中间元素的递归产生
}
```

说明：较第 7 章的方法，本方法不需要数组存储空间，程序显得非常简单清晰、简捷有效。但是，实际上会产生大量的递归函数调用（如图 8-6 中所示产生 70 这个元素值将调用 num()函数 139 次），这样的递归函数调用是很耗空间与时间资源的，为此，本方法求解杨辉三角问题是比较慢的。读者不妨不考虑输出格式，设置较大的 N 值来比较与体会。

思考：请借助程序或人工验证产生 70 这个元素值将调用 num()函数 139 次。

【例 8-22】 求一元二次方程 ax^2+bx+c 的根，并考虑判别式的各种情况。

分析：在主函数 main()中输入 a，b，c，并调用求根函数 root()；在求根函数中计算判别式 disc，判断 3 种情况，据此调用不同的根计算函数 root1()，root2()，root3()。请扫二维码来参阅本题程序。

说明：本程序有多层次的函数调用关系，如图 8-7 所示。

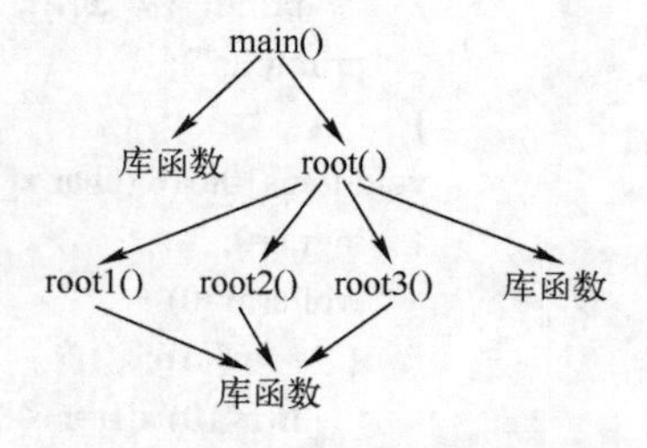

图 8-7　函数调用关系图

【例 8-23】 用递归方法求解斐波那契（Fibonacci）数列。

分析：输出斐波那契数列已在第 6 章、第 7 章采用不同的方法实现，同样这里可用递归方法求解。容易得到第 n 项的递归公式为

$$
fib(n)=\begin{cases} N & (n=0,1) \quad \text{/*递归结束条件*/} \\ fib(n-2)+fib(n-1) & (n>1) \quad \text{/*递归方式*/} \end{cases}
$$

由公式可以看出，第 n 项斐波那契数列值是前 2 项的和，这就是递归方式；而当 n=0 和 1 时，斐波那契数列就是 n 值本身，这就是递归结束条件。

```
int main(void)
{   long fib(int n);                          /* 自定义函数声明 */
    long s;                                   /* 第 i 项斐波那契数列的值 */
    int i=0;                                  /* 斐波那契数列某项的序号 */
    do
    {       s=fib(i);                         /* 求斐波那契数列第 i 项 */
            printf("Fib(%d)=%ld\n",i,s);      /* 显示斐波那契数列第 i 项的值 */
            printf("Input Fibonacci Number:");
            scanf("%d",&i);                   /* 输入要求的某一项的序号 */
    }while(i>0);                              /* 循环输入序号，直到 i 值小于等于 0 */
}
long fib(int n)                               /* 定义求第 n 项斐波那契数列值的函数*/
{   if(n==0||n==1) return n;                  /* 判断是否为结束条件 */
    else return fib(n-2)+fib(n-1);            /* 求斐波那契数列的递归方式 */
}
```

说明：运行程序，输入不同的 n 值查看运行结果，当 n 较大（n>40）时发现程序要耗费较长的时间，而第 6、7 章的实现方法有较快的速度。再次表明递归方法解决问题往往性能较差。

【例 8-24】 编写一个程序实现如下功能：利用自定义函数，实现将一个十进制数转换成十六进制数。

分析：将一个十进制正整数 m 转换成 16 进制数的思路是，将 m 不断除 16 取余数（若余数超过 9，还要进行相应的转换，例如 10 变成 A，11 变成 B 等），直到商为零，以反序得到结果，即最后得到的余数在最高位。源程序：

```
#include "string.h"
int main(void)
```

```
{   int i,n; char a[33];
    void trans10to16(char x[],int m);                //函数声明
    printf("\nInput a positive integer:"); scanf("%d",&n);
    trans10to16(a,n);                                //函数调用
    for (i=strlen(a)-1;i>=0;i--)                     //倒序输出
        printf("%c",a[i]);
    printf("\n");
}
void trans10to16 (char x[],int m)
{   int r,i=0;
    while(m>0)
    {   r=m%16;                                      //用除 16 取余，逆向取数的方法转换
        if(r<10) x[i]=r+48;                          //将数值转换为相应字符，送入数组相应元素
        else x[i]=r+55;
        m=m/16;
        i++;
    }
    x[i]='\0';                                       //在串尾加入结束标志，请思考结束标志的意义。
}
```

【例 8-25】 寻找矩阵中的“鞍点”。

在一个矩阵中，如果有一个元素符合这样的条件：它在该行中最大，而在该列中最小，这样的元素称为“鞍点”。一个矩阵也可以没有鞍点。

分析：容易想到可以逐行寻找鞍点。先找出某行的唯一最大元素，然后将该元素在同列中比较，如果是同列中最小，那么该元素就是矩阵的鞍点，并返回该元素在矩阵中的位置。

```
#include <stdlib.h>
int seachPoint(int *x,int *y,int (*A)[5],int m,int n)
{   int max,i,j,k,flag;
    for(i=0;i<m;i++)
    {   max=0; flag=1;
        for(j=1;j<n;j++)        /*找寻一行中最大的*/
            if(A[i][j]>A[i][max]) max=j;
        for(k=0;k<n;k++)        /*判断是否有多个重复最大值*/
            if(A[i][max]==A[i][k] && max!=k) { flag=0; break; }
        if(flag==1)             /*判断列中的最小值*/
            for(k=0;k<m;k++)
                if(A[k][max]<=A[i][max] && k!=i) { flag=0; break; }
        if(flag==1) { *x=i; *y=max; return 1;}
    }
    return 0;
}
int main(void)
{   int A[5][5],i,j,x,y;
    printf("请输入一个 5*5 的矩阵\n");
    for(i=0;i<5;i++)
```

```
        for(j=0;j<5;j++) scanf("%d",&A[i][j]);
    if(seachPoint(&x,&y,A,5,5)) printf("\n 鞍点的位置是(%d,%d):",x+1,y+1);
    else printf("\n 本矩阵没有鞍点！ ");
    system("PAUSE");
}
```

【例 8-26】 求两正整数的最大公约数与最小公倍数。

分析：本题在第 6 章例 6-18 已有解，这里给出利用函数实现的程序。可以利用试除法、辗转相除法分别编写求两数的最大公约数或最小公倍数的函数，主程序调用两函数即可。

（1）试除法

```
int gcd(int m,int n)                    /*求最大公约数，方法：m,n 循环尝试同时整除 min */
{  int min;
   if(m<=0||n<=0) return -1;
   if(m>n) min=n;                       /*取输入的两个数中最小的数赋给 min*/
   else min=m;
   while(min)                           //循环直到 min 为 0
   {  if(m%min==0&&n%min==0)            /*m,n 分别对 min 取余*/
          return min;                   /*返回最大公约数*/
      min--;
   }
   return -1;
}
int lcm(int m,int n)        /*求最小公倍数，方法：m,n 循环尝试同时被 max 整除*/
{  int max;
   if(m<=0||n<=0) return -1;
   if(m>n) max=m;        /*将 m 和 n 两个数中最大的数赋给 max*/
   else max=n;
   while(max)            //循环直到 max 超出整数的最大范围，此时函数结果是错的，为什么？
   {  if(max%m==0&&max%n==0) return max; /*max 分别对 m,n 取余*/
      max++;
   }
   return -1;
}
int main(void)
{  int m,n;
   printf("请输入两个数，求这两个数的最大公约数和最小公倍数！\n");
   scanf("%d %d",&m,&n);
   printf("%d 和%d 的最大公约数是%d\n",m,n,gcd(m,n));
   printf("%d 和%d 的最小公倍数是%d\n",m,n,lcm(m,n)); return 0;
}
```

思考：已知两数的最大公约数，最小公倍数可以直接计算得到，公式：m*n/最大公约数。lcm()函数在什么情况下，结果肯定是错的。

也可以利用递归函数来求两数的最大公约数，程序如下：

（2）辗转相除法（递归函数实现）

```
int gcd(int a,int b) {
    if (b!=0) return gcd(b,a%b);
    else return a;
}
int main(void)
{   int n1,n2,it;
    printf("请输入两个数，求这两个数的最大公约数和最小公倍数！\n");
    scanf("%d,%d",&n1,&n2);
    if(n1>n2) { it=n1; n1=n2; n2=it; }
    printf("%d 和%d 的最大公约数是%d\n",n1,n2, gcd(n2,n1));
    printf("%d 和%d 的最小公倍数是%d\n",n1,n2, n1*n2/ gcd(n2,n1));
}
```

【例 8-27】 哥德巴赫猜想。哥德巴赫猜想是一个伟大的世界性的数学猜想，其基本思想是：任何一个大于 2 的偶数都能表示成为两个素数之和。这里可以编写程序实现验证哥德巴赫猜想对 100 以内的正偶数成立。

分析：要验证哥德巴赫猜想对 100 以内的正偶数成立，可以将正偶数分解为两个数之和，再对这两个数分别判断，如果均是素数则满足题意，不是则重新分解另两数再继续判断。可以把素数的判断过程编写成自定义函数 goldbach_conjecture()，对每次分解出的两个数分别利用函数判断即可。若所有正偶数均可分解为两个素数，则哥德巴赫猜想得到验证。

```
int goldbach_conjecture(int i)    //即素数判断函数
{   int j;
    if (i <= 1) return 0;
    if (i == 2) return 1;
    for (j = 2; j < i; j++)
    {   if (i % j == 0) return 0;
        else if (i != j + 1) continue;
        else return 1;
    }
}
int main(void)
{ int i, j, k, flag1, flag2, n = 0;
  for (i = 6; i < 100; i += 2)
    for (k = 2; k <= i / 2; k++)
    {   j = i - k;
        flag1 = goldbach_conjecture(k);
        if (flag1)
        {   flag2 = goldbach_conjecture(j);
            if (flag2)
            {   printf("%3d=%3d+%3d,", i, k, j);
                n++; if (n % 5 == 0)printf("\n");
            }
```

```
            }
        }
    }
```

【例 8-28】 抢 30 游戏。这是中国民间的一个游戏。两人从 1 开始轮流报数，每人每次可报一个数或两个连续的数，谁先报到 30，谁就为胜者。本题中一方为人，另一方为计算机。

分析： 谁先抢是可选的，可通过产生 0 或 1 随机数来决定，然后循环控制两方交替抢数直到某一方先抢到 30 而获胜。

```
#include<time.h>
#include<stdlib.h>
int human(int t)
{ int num;
  do{
    printf("Please count(1 or 2):"); scanf("%d",&num);
    if(num>2||num<1||t+num>30) printf("Error input, again!");
    else printf("You count:%d\n",t+num);                  //当前抢到的数
  }while(num>2||num<1||t+num>30); return t+num;           //返回当前的抢数
}
int computer(int t)
{ int c; printf("Computer count:");
  if((t+1)%3==0) printf(" %d\n",++t);                     //若剩余的数的模为 1，则取 1
  else if((t+2)%3==0){ t+=2;printf(" %d\n",t);}           //若剩余的数的模为 2，则取 2
  else {c=random(2)+1; t+=c;printf(" %d\n",t);}           //否则随机取 1 或 2
  return t;
}
int main(void)
{ int ct=0;printf("\n******Catch Thirty******\n******Game Begin******\n");
  randomize();                                            //初始化随机数发生器
  if(random(2) ==1) ct=human(ct);                         //取随机数决定机器和人谁先抢
  while(ct!=30)                                           //游戏结束条件
   if((ct=computer(ct)) ==30)
      printf("\nComputer wins!\n");                       //计算机取一个数，若为 30 则机器胜
   else if((ct=human(ct)) ==30)printf("\nHuman wins!\n");  //人取一个数，若为 30 则人胜
  printf("******Game Over******\n");
}
```

说明： 程序在 Win-TC 中运行时，若把程序中“random(2)”改为“rand()%2”，“randomize()”改为“srand(time(NULL))”，则程序可运行于 VC++ 2010 中。多次游戏后，游戏先抢有利还是相反？设计与修改游戏规则，能实现其他的抢数游戏。

8.14 本章小结

本章主要掌握 C 语言程序中函数的概念、定义及调用规则、函数的返回值及其类型。掌握调用函数过程中实参和形参之间的结合规则与数据传递规则（单向按值传递），了解变量

在调用函数和退出函数后的变化，掌握变量的作用域和存储类别，掌握函数嵌套调用、递归调用，正确使用系统提供的库函数，利用函数实现一些简单的算法，并调用函数输出执行函数所得结果等。

特别注意：

1）函数类型为整型时，int 类型可以省略（反之省略的都被认为函数类型是 int），函数首部与函数体之间不能有分号（;），而函数声明是函数首部加分号（;）的表达形式，函数形参需要以“类型 参数名”的形式逐个在函数名右边括号内定义。

2）形式参数不能是常量或各种表达式，而实参可以。

3）实参与形参类型应一致或赋值兼容，C 语言中实参与形参的传递关系是实参向形参的“单向值传递”[这里的（实参）值包括数值或地址值]。

4）除 void 函数类型外，函数体内一般至少要有一个 return 语句（return 函数值;）。

5）函数形参、函数内定义的变量、数组等在没有特殊说明时，都是局部变量，在函数执行时有效，执行结束即释放而无效。

6）函数外定义的变量、数组，称为全局（外部）变量或全局（外部）数组，其有效范围是从其被定义位置到本源文件结束为止，extern 可以用来声明外部变量、外部数组或外部函数，static 用于声明静态变量与内部函数（限制只能在所在文件的内部使用）。

7）数组名作为函数参数，其实质传递的是一个指针（地址），即实参数组的首地址，由此，对形参数组的更改实质是在对实参数组改变。

8.15 习题

第 8 章
习题参考答案

一、选择题

1．若用数组名作为函数调用时的实参，则实际上传递给形参的是（　　）。

A．数组的第一个元素值　　B．数组首地址

C．数组中全部元素的值　　D．数组元素的个数

2．以下说法中不正确的是（　　）。

A．在不同的函数中可以使用相同名字的变量

B．形式参数是局部变量

C．在函数内定义的变量只在本函数范围内有效

D．在函数内的复合语句中定义的变量在本函数范围内有效

3．在一个文件中定义的全局变量的作用域为（　　）。

A．本程序的全部范围　　B．离定义该变量的位置最近的函数

C．函数内全部范围　　D．定义该变量的位置开始到本文件结束

4．一个函数返回值的类型是由（　　）。

A．return 语句中的表达式类型决定　　B．定义函数时所指定的函数类型决定

C．调用该函数的主调函数的类型决定　　D．在调用函数时临时指定

5．以下对 C 语言函数的有关描述中，正确的是（　　）。

A．调用函数时，只能把实参的值传送给形参，形参的值不能传送回实参

B．函数既可以嵌套定义又可以递归调用

C．函数必须有返回值，否则不能使用函数

D．程序中有调用关系的所有函数必须放在同一个源程序文件中

6．设函数 func 的定义形式为“void func(char ch,float x) {…}”，则以下对函数 func 的调用语句中，正确的是（　　）。

A．func("abc",3.0);　　B．t=func('A',10.5);

C．func('65',10.5);　　D．func(65,65);

7．函数调用语句“fun(fun1(a1,a2),(a3,a4),a5=x+y);”，其中函数 fun 含有实参的个数为（　　）。

A．1　　B．2　　C．3　　D．5

8．若已定义的函数有返回值，则以上关于该函数调用的叙述错误的是（　　）。

A．函数调用可以作为独立的语句存在　　B．函数调用可以出现在表达式中

C．函数调用可以作为一个函数的实参　　D．函数调用可以作为一个函数的形参

9．在函数调用过程中，如果函数 funa()调用了函数 funb()，函数 funb()又调用了函数 funa()，则称为（　　）。

A．函数的直接递归调用　　B．函数的间接递归调用

C．函数的循环调用　　D．C 语言中不允许这样的调用

10．凡是函数中未指定存储类别的局部变量，其隐含的存储类别为（　　）。

A．自动（auto）　　B．静态（static）

C．外部（extern）　　D．寄存器（register）

二、阅读程序写出运行结果

1.
```
func(int a,int b)
{   static int m=1,i=2;
    i+=m+1;
    m=i+a+b;
    return (m);
}
int main(void)
{   int k=3,m=1,p;
    p=func(k,m);
    printf("%d,",p);
    p=func(k,m);
    printf("%d",p);
}
```

2.
```
f(int d[],int m)
{   int j,s=1;
    for(j=0;j<m;j++) s=s*d[j];
    return s;
}
int main(void)
{   int a,z[]={2,4,6,8,10};
    a=f(z,3);
    printf("a=%d\n",a);
}
```

三、编程题

1．从键盘输入 3 个整数，求 3 个整数的最大值和最小值。

分析：编写两个求 3 个数间最大数与最小数的函数，并调用这两个函数来实现本题目。

第 8 章
扩展习题及其
参考答案

2．请调用本章的素数过程，实现输出 1000 以内的孪生素数。说明：a 是素数，b 是素数，且 a+2=b，则 a、b 是一对孪生素数。

实验 8　函数及其应用

一、实验目的

1）掌握函数定义的方法，掌握函数实参与形参的传递方式。

2）掌握函数的嵌套调用和递归调用的方法。

3）了解全局变量、局部变量、动态变量、静态变量的概念和使用方法。

二、实验内容

实验 8
实验内容扩展

1．改错题

以下程序的功能为：求整数 n 的阶乘。纠正程序中存在的错误。

```
#include <stdio.h>
int fun(int n)
{   static int p=1;
    p=p*n;
    return p;
}
int main(void)
{   int n,i, f=0;
    printf("input member:");
    scanf("%d",&n);
    for(i=1;i<=n;i++) f=f*fun(i);
    printf("%d!=%d\n",n,f);
}
```

2．程序填空题

以下程序的功能是：输入一个字符数小于 50 的字符串 string，然后将 string 所保存字符串中的每个字符之间加一个空格。补充完善程序，以实现其功能。

```
#include <stdio.h>
________________________
#define MAX 50
void Insert(char s[]);
int main(void)
{   char string[MAX];
    scanf("%s",string);
    Insert(________________);
    printf("%s",string);
}
void Insert(char srcStr[])
{   char strTemp[MAX]; int i=0,j=0;
    strcpy(strTemp,srcStr);
```

```
    while(________________________)
    {   srcStr[i++]=strTemp[j];
        ________________________
        srcStr[i++]=' ';
    }
    srcStr[i]= '\0';
}
```

3．编程题

从键盘输入 10 个数，用函数编程实现将其中最大数与最小数的位置对换后，再输出调整后的数组。

第9章　指针及其应用

指针是C语言中的一个重要概念，也是C语言的一个重要创新和特色，是C语言的灵魂与精华。正确而灵活地运用指针，可以使程序简洁、高效。每一个学习和使用C语言的人，都应当深入地学习和掌握指针。可以说，不掌握指针就是没有掌握C的精华，而能正确理解和灵活使用指针是掌握C语言的一个最重要的标志。

指针是C语言中最为困难的一部分，但只要在学习中正确理解基本概念，多编程、多上机、多讨论与多思考，是能较好地掌握它的。

学习重点和难点：

- 地址和指针
- 变量的指针和指向变量的指针变量
- 数组的指针和指向数组的指针变量
- 函数的指针和指向函数的指针变量
- 字符（串）指针变量与字符数组
- 返回指针值的函数
- 指针数组和指向指针的指针

学习本章后，读者将学会利用指针来操作数据，利用指针来作为函数参数等，真正体会到C语言的特色与奥妙。

9.1　本章引例

【例9-1】 将字符数组a复制到字符数组b

本例实际上实现 strcpy(b,a)的函数功能，即给出 strcpy()系统函数功能是如何实现的代码。借助指针 strcpy()函数实现起来是非常容易的，方法是利用两个字符指针变量s，t，分别指向字符数组a，b，通过循环控制s指向的字符数组元素依次赋值复制到t指向的字符数组中，直到完成数组a中字符串结束符“\0”的复制而结束。程序如下：

```
#include<stdio.h>
int main(void)
{
  char a[]="abcdefg",b[]="123456789",*s=a,*t=b;          //定义两字符数组 a,b 及字符指针变量 s,t
  printf("完成复制前，a 数组为：%s；b 数组为：%s\n",s,t); //完成复制前输出 a,b 字符串
  while(*t=*s){t++;s++;}        //或 while(*t++=*s++); 或 for(i=0;t[i]=s[i];i++);
                                //但 do{*t++=*s++;}while(*s);因'\0'未能复制到 b 中而不正确
  printf("完成复制后，a 数组为：%s；b 数组为：%s\n",a,b); //完成复制后输出 a,b 字符串
}
```

运行结果：
```
完成复制前，a数组为：abcdefg；b数组为：123456789
完成复制后，a数组为：abcdefg；b数组为：abcdefg
```

思考：若第 3 行改为 “char *a="abcdefg",*b="123456789",*s=a,*t=b;”，程序能正确运行吗？为什么？

若程序改写为自定义复制函数来完成，程序为：

```
#include<stdio.h>
int Strcpy(char b[], char a[], int *num)
{ char *s=a,*t=b;
  while(*t++=*s++) (*num)++;   //或直接 while(*b++=*a++) (*num)++;
  return *num;
}
int main(void)
{ int count=0;
  char a[]="abcdefg",b[]="123456789"; //定义两字符数组 a,b
  printf("完成复制前，a 数组为：%s；b 数组为：%s\n",a,b); //完成复制前输出 a,b 字符串
  Strcpy(b,a,&count);   //调用函数完成 a 复制到 b,并返回复制字符个数到 count 变量
  printf("完成复制后，a 数组为：%s；b 数组为：%s；共复制了 %d 个字符。\n",a,b,count);
  //上面 printf()完成复制后输出 a,b 字符串
}
```

运行结果：
```
完成复制前，a数组为：abcdefg；b数组为：123456789
完成复制后，a数组为：abcdefg；b数组为：abcdefg；共复制了 7 个字符。
```

本引例对指针的定义与使用、对指针与数组的结合使用可见一斑。

9.2　指针的基本概念

在计算机中，所有的数据都是存放在存储器中的。一般把内存储器中的一个字节称为一个内存单元，不同的数据类型所占用的内存单元数不同，如整型量占 2 或 4 个单元，字符量占 1 个单元等，在前面已有详细的介绍。为了正确地访问这些内存单元，必须为每个内存单元编上号。根据一个内存单元的编号即可准确地找到该内存单元。内存单元的编号也叫作地址。既然根据内存单元的编号或地址就可以找到所需的内存单元，所以通常也把这个地址称为指针。内存单元的指针和内存单元的内容是两个不同的概念。可以用一个通俗的例子来说明它们之间的关系。到银行去存取款时，银行工作人员将根据账号去找存款单，找到之后在存单上写入存款、取款的金额。在这里，账号就是存单的指针，存款数是存单的内容。对于一个内存单元来说，单元的地址即为指针，其中存放的数据才是该单元的内容。在 C 语言中，允许用一个变量来存放地址或指针，这种变量称为指针变量。因此，一个指针变量的值就是某个内存单元的地址或称为某内存单元的指针，如图 9-1 所示。

图 9-1 中，设有字符变量 c，其内容为'K'（ASCII 码为十进制数 75），c 占用了 12451A 号单元（地址用十六进数表示）。设有指针变量 p，内容为 12451A，这种情况称为 p 指向变量 c，或说 p 是指向变量 c 的指针。

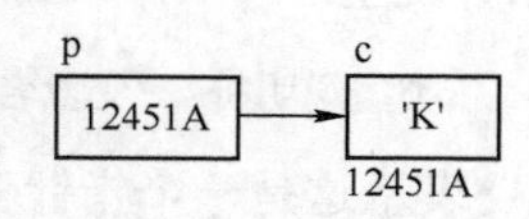

图 9-1　变量、地址及其内容示意图

严格地说，一个指针是一个地址，是一个常量。而一个指针变量却可以被赋予不同的指针值，是变量。但常把指针变量简称为指针。为了避免混淆，本书约定：“指针”是指地址，是常量，“指针变量”是指取值为地址的变量。定义指针的目的是为了通过指针去访问内存单元。

既然指针变量的值是一个地址，那么这个地址不仅可以是变量的地址，也可以是其他数据结构（如数组、结构体、函数、共用体等）的地址。在一个指针变量中存放一个数组或一个函数的首地址有何意义呢？数组或函数都是连续存放的，通过访问指针变量取得了数组或函数的首地址，也就找到了该数组或函数。这样一来，凡是出现数组、函数的地方都可以用一个指针变量来表示，只要该指针变量中赋予数组或函数的首地址即可。这样做，将会使程序的概念十分清楚，程序本身也精练、高效，并具有通用性与灵活性。在C语言中，一种数据类型或数据结构往往都占有一组连续的内存单元。用“地址”这个概念并不能很好地描述一种数据类型或数据结构，而“指针”虽然实际上也是一个地址，但它却是一个数据结构的首地址，它是“指向”一个数据结构的，因而概念更为清楚，表示更为明确。这也是引入“指针”概念的一个重要原因。

9.3 指针变量

9.3.1 指针变量的定义

变量的指针就是变量的地址。存放变量地址的变量是**指针变量**。即在C语言中，允许用一个变量来存放指针，这种变量称为指针变量。因此，一个指针变量的值就是某个变量的地址或称为某变量的指针。

为了表示指针变量和它所指向的变量之间的关系，在程序中用“*”符号表示“指向”，例如，i_pointer 代表指针变量，而*i_pointer 是 i_pointer 所指向的变量。因此，下面两条语句的作用相同。

```
i=3;
*i_pointer=3;  //假设 i_pointer 已指向 i，即有 i_pointer=&i;
```

第二条语句的含义是将3赋给指针变量 i_pointer 所指向的变量。

1．定义指针变量

对指针变量的定义包括3个内容。

1）指针类型说明，即定义变量为一个指针变量。

2）指针变量名。

3）变量值（指针）所指向的变量的数据类型。

指针变量的一般形式为

```
类型说明符  *变量名;
```

其中，*表示这是一个指针变量，变量名即为定义的指针变量名，类型说明符表示本指针变量所指向的变量的数据类型，该数据类型一般称为**指针的基类型**。

例如，“int *p1;”表示 p1 是一个指针变量，它的值是某个整型变量的地址。或者说 p1

可指向某一个整型变量。至于 p1 究竟指向哪一个整型变量，应由向 p1 赋予的地址来决定。再举例如下：

```
int *ip;      //ip 是指向整型变量的指针变量
float *fp;  //fp 是指向浮点型变量的指针变量
char *cp;  //cp 是指向字符型变量的指针变量
```

应该注意的是，一个指针变量只能指向同类型的变量，如 fp 只能指向浮点变量，不能时而指向一个浮点变量，时而又指向一个字符变量。指针变量基类型不同时是不相容的，一般是不能相互协作操作的。

2．指针变量的大小

指针变量是个变量，那要问指针变量多大呢？占几个字节呢？运行如下程序就能得到答案了。

```
#include <stdio.h>
int main(void)
{ int i=100;float f=100.0;char c='a';
   int *ip=&i;   float *fp=&f; char *cp=&c;
   printf("int %d bytes,float %d bytes,char %d bytes\n",sizeof(i),sizeof(f),sizeof(c));
   printf("int pointer var %d bytes,float pointer var %d bytes,char pointer var %d bytes\n",sizeof(ip),
sizeof(fp),sizeof(cp));
}
```

运行结果：

VC++ 2010 中：

```
int 4 bytes,float 4 bytes,char 1 bytes
int pointer var 4 bytes,float pointer var 4 bytes,char pointer var 4 bytes
```

Win-TC 中：

```
int 2 bytes,float 4 bytes,char 1 bytes
int pointer var 2 bytes,float pointer var 2 bytes,char pointer var 2 bytes
```

可以看到指针变量的大小是统一的，统一为 2 或 4 个字节。

9.3.2 指针变量的引用

指针变量同普通变量一样，使用之前不仅要定义说明，而且必须赋予具体的值。未经赋值的指针变量不能使用，否则将造成系统混乱，甚至死机。指针变量的赋值只能赋予地址，决不能赋予任何其他数据，否则将引起错误。在 C 语言中，变量的地址是由编译系统分配的，对用户完全透明，用户不知道变量的具体地址，如下取地址运算符能获取变量地址。

1）&：取地址运算符。

2）*：指针运算符（或称“间接访问”运算符）。

C 语言中提供了地址运算符&来表示变量的地址。其一般形式为

&变量名

例如，&a 表示变量 a 的地址，&b 表示变量 b 的地址。变量本身必须预先说明。

设有指向整型变量的指针变量 p，如要把整型变量 a 的地址赋予 p 可以有以下两种方式。

（1）指针变量初始化的方法

```
int a;
int *p=&a;
或 int a ,*p=&a;
```

（2）赋值语句的方法

```
int a;
int *p;
p=&a; //注意不能写成 *p=&a
```

地址赋值时，指针变量前不能再加“*”说明符，如写为“*p=&a”是错误的。

不允许把一个整数直接赋予指针变量，故这样赋值是错误的：“int *p; p=1000;”。

假设有：“int i=200,x,*ip;”定义了两个整型变量 i，x，还定义了一个指向整型数的指针变量 ip。i，x 中可存放整数，而 ip 中只能存放整型变量的地址。可以把 i 的地址赋给 ip，即“ip=&i;”。

此时指针变量 ip 指向整型变量 i，假设变量 i 的地址为 1245048，这个赋值可形象地理解为如图 9-2 所示的联系。

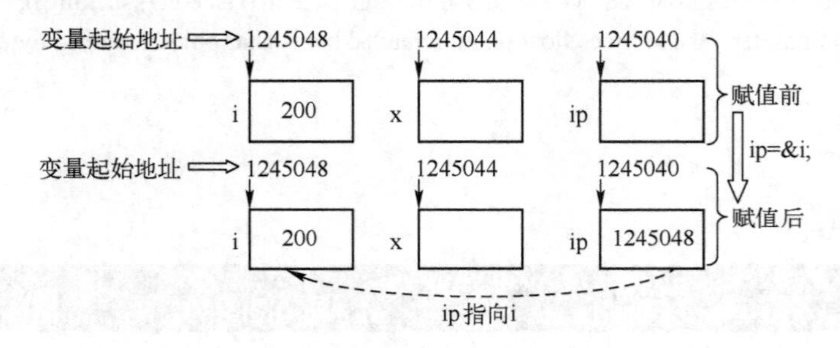

图 9-2　指针变量赋值示意图

以后便可以通过指针变量 ip 间接访问变量 i，例如“x=*ip;”。

运算符*访问以 ip 为地址的存储区域，而 ip 中存放的是变量 i 的地址，因此，*ip 访问的是地址为 124508 的存储区域（因为是整数，实际上是从 124508 开始的 2 个字节或 4 个字节），它就是 i 所占用的存储区域，所以上面的赋值表达式等价于“x=i;”。

另外，指针变量和一般变量一样，存放在它们之中的值是可以改变的，也就是说可以改变它们的指向，假设：

```
int i,j,*p1,*p2;
i='a';
j='b';
p1=&i;
p2=&j;
```

则建立如图 9-3a 所示的联系。

这时赋值表达式“p2=p1;”就使 p2 与 p1 指向同一对象 i，此时*p2 就等价于 i，而不是 j，如图 9-3b 所示。

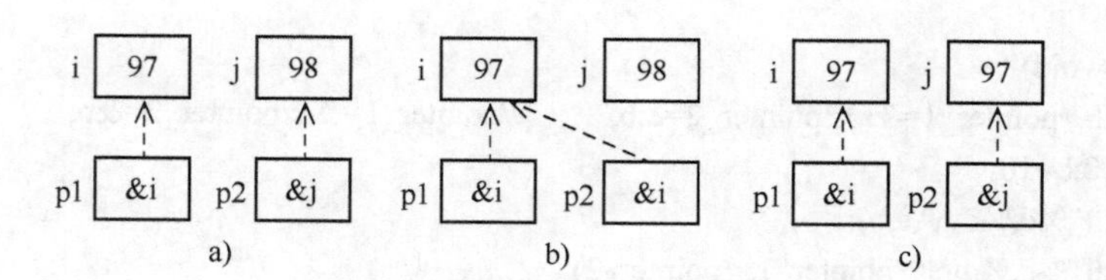

图 9-3　指针赋值示意图

如果按之前的定义后执行表达式“*p2=*p1;”，则表示把 p1 指向的内容赋给 p2 所指的区域，此时就变成如图 9-3c 所示的联系。

通过指针访问它所指向的一个变量是以间接访问的形式进行的，所以比直接访问一个变量要费时间，而且不直观，因为通过指针要访问哪一个变量，取决于指针的值（即指向），例如，“*p2=*p1;”实际上就是“j=i;”，前者不仅速度慢而且目的不明。但由于指针是变量，用户可以通过改变它们的指向，以间接访问不同的变量，这给程序员带来灵活性，也使程序代码更为简洁、有效与通用。

指针变量可出现在表达式中，设有“int x,y,*px=&x;”，指针变量 px 指向整数 x，则*px 可出现在 x 能出现的任何地方。例如：

```
y=*px+5;   //表示把 x 的内容加 5 并赋给 y
y=++*px;   //px 的内容加上 1 之后赋给 y，++*px 相当于++(*px)，++与*运算右结合
y=*px++;   //相当于 y=*px; px++;
```

【例 9-2】 指针指向变量示意。

```
int main(void)
{   int a,b;
    int *pointer_1, *pointer_2;
    a=100;b=10;
    pointer_1=&a;
    pointer_2=&b;
    printf("%d,%d\n",a,b);
    printf("%d,%d\n",*pointer_1, *pointer_2);
}
```

说明：在开头处虽然定义了两个指针变量 pointer_1 和 pointer_2，但它们并未指向任何一个整型变量。只是提供两个指针变量，规定它们可以指向整型变量。程序第 5、6 行的作用就是使 pointer_1 指向 a，pointer_2 指向 b。

最后一行的*pointer_1 和*pointer_2 就是变量 a 和 b。最后两个 printf 函数的作用是相同的。

程序中有两处出现*pointer_1 和*pointer_2，请区分它们的不同含义。

程序第 5、6 行的“pointer_1=&a”和 “pointer_2=&b”不能写成“*pointer_1=&a”和“*pointer_2=&b”。

思考：如果已经执行了“pointer_1=&a; ”语句，则&*pointer_1 的含义是什么？*&a 的含义是什么？(pointer_1)++和 pointer_1++有区别吗？在例 9-2 的基础上增加 4 个 printf 语句来实验与体会。参考程序如下：

```
int main(void)
{   int a,b,*pointer_1=&a, *pointer_2=&b;         //pointer_1=&a; pointer_2=&b;
    a=100;b=10;
    printf("%d,%d\n",a,b);
    printf("%d,%d\n",*pointer_1, *pointer_2);
    printf("%d %x\n",*pointer_1,&*pointer_1); //如下为增加的 4 个 printf 语句
    printf("%x %d\n",&a,*&a);
    printf("%x %x\n",(pointer_1)++,pointer_1++);
    printf("%x %x\n",++(pointer_1),++pointer_1);
}
```

运行结果： VC++ 2010

```
100, 10
100, 10
100 affeb8
affeb8 100
affebc affeb8
affec8 affec8
```

；VC++ 6.0

```
100,10
100,10
100 12ff7c
12ff7c 100
12ff7c 12ff7c
12ff8c 12ff88
```

；Win-TC

```
100,10
100,10
100 ffca
ffca 100
ffcc ffca
ffd2 ffd0
```

说明： 运行结果说明(pointer_1)++和 pointer_1++没有区别，至于不同系统里运行结果上的差异是因 printf 参数从右到左运算及不同 C 编译系统运算逻辑稍有异，以及整型数占 2 或 4 个字节等造成的。由于 printf 参数是从右到左运算，为此最后一行输出的地址是右小左大，相差 2 或 4 的，或两者相同。至于&*pointer_1、*&a 的含义从运算结果应该明了。

注意： 上面运行结果中的地址值可能不尽相同，但相互关系应该是明确的。

【例 9-3】 输入 a 和 b 两个整数，按先大后小的顺序输出 a 和 b。

```
int main(void)
{   int *p1,*p2,*p,a,b;
    scanf("%d,%d",&a,&b);
    p1=&a;p2=&b;
    if(a<b) {p=p1;p1=p2;p2=p;}                  //交换两指针变量的值，意味着 p1,p2 的指向改变了
    printf("\na=%d,b=%d\n",a,b);                //a,b 的值没变化
    printf("max=%d,min=%d\n",*p1, *p2);         //p1,p2 的指向可能改变了,p1 指向了最大数
}
```

9.3.3 指针变量作为函数参数

函数的参数不仅可以是整型、实型、字符型等数据，还可以是指针类型。它的作用是将一个变量的地址传送到另一个函数中。

【例 9-4】 题目同例 9-3，即输入的两个整数按大小顺序输出。这里用函数处理，而且用指针类型的数据作函数参数。

```
swap(int *p1,int *p2)
{   int temp;
    temp=*p1;
    *p1=*p2;
    *p2=temp;
}
```

```
int main(void)
{   int a,b,*pointer_1,*pointer_2;
    scanf("%d,%d",&a,&b);
    pointer_1=&a;pointer_2=&b;
    if(a<b) swap(pointer_1,pointer_2);
    printf("after swap: %d,%d\n",a,b);
}
```

运行结果：

```
100,200
after swap: 200,100
```

说明：

1）swap 是用户定义的函数，它的作用是交换两个变量（a 和 b）的值。swap 函数的形参 p1、p2 是指针变量。程序运行时，先执行 main 函数，输入 a 和 b 的值。然后将 a 和 b 的地址分别赋给指针变量 pointer_1 和 pointer_2，使 pointer_1 指向 a，pointer_2 指向 b。

2）执行 if 语句，由于 a<b，因此执行 swap 函数。注意实参 pointer_1 和 pointer_2 是指针变量，在函数调用时，将实参变量的值传递给形参变量。采取的依然是"值传递"的方式。因此虚实结合后形参 p1 的值为&a，p2 的值为&b。这时 p1 和 pointer_1 指向变量 a，p2 和 pointer_2 指向变量 b。

3）执行 swap 函数的函数体使*p1 和*p2 的值互换，也就是使 a 和 b 的值互换。函数调用结束后，p1 和 p2 不复存在（已释放）如图 9-4 所示。

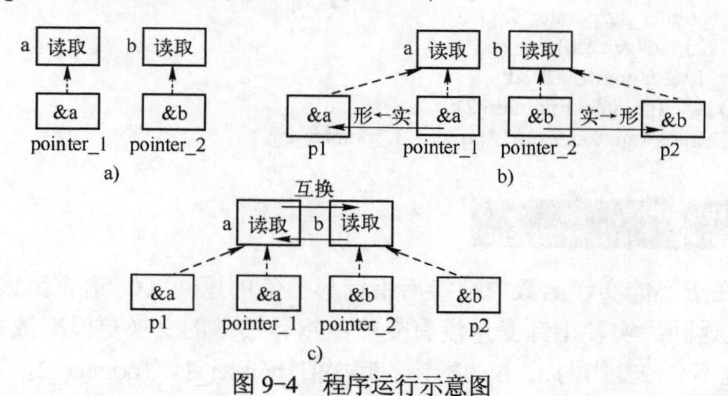

图 9-4　程序运行示意图

a) 主程序读取与赋值　b) 函数实参传形参　c) 函数调用、间接指向的值交换、函数返回

4）最后在 main 函数中输出的 a 和 b 的值是可能已经过交换的值。请注意交换*p1 和*p2 的值是如何实现的。请找出下列程序段的错误。

```
swap(int *p1,int *p2)
{   int *temp;
    *temp=*p1;   /*此语句有问题，因指针 temp 未指定，所以*temp 无意义*/
    *p1=*p2;
    *p2=*temp;
}
```

请考虑下面的函数能否实现实现 a 和 b 互换？

```
swap(int x,int y)
{   int temp;
```

```
        temp=x;
        x=y;
        y=temp;
    }
```

如果在 main 函数中用“swap(a,b);”调用 swap 函数，会有什么结果呢？显然不能实现值的交换，请看图 9-5 所示的程序运行示意图。

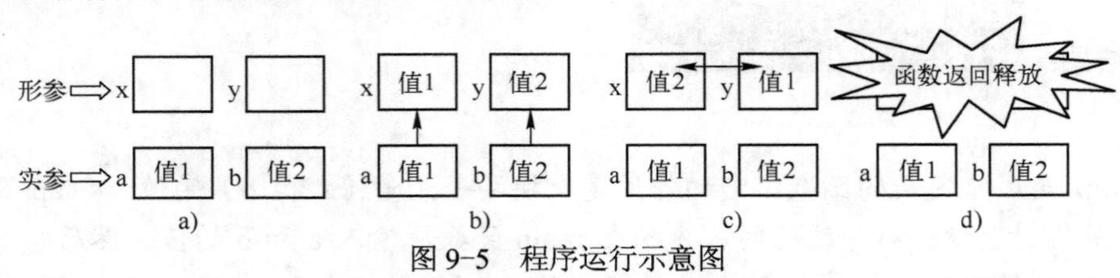

图 9-5 程序运行示意图

a) 主程序读值 b) 实参形参值传递 c) 函数交换 x,y d) 函数返回形参释放

【例 9-5】 不能企图通过改变指针形参的值而使指针实参的值改变。实验程序如下：

```
swap(int *p1,int *p2)
{   int *p;
    p=p1; p1=p2; p2=p;
}
int main(void)
{   int a,b,*pointer_1,*pointer_2;
    scanf("%d,%d",&a,&b);
    pointer_1=&a; pointer_2=&b;
    if(a<b) swap(pointer_1,pointer_2);
    printf("after swap: %d,%d\n",*pointer_1,*pointer_2);
}
```

运行结果：

```
100,200
after swap: 100,200
```

其中的问题在于不能实现函数内交换后指针形参值的返回（C 语言函数按单向值传递方式进行的），函数返回后实参指针变量没有变化；指针形参的交换更没有改变主程序中 a，b 变量的值，自然也不会改变指向 a，b 的指针的间接值*pointer_1，*pointer_2。请参阅图 9-6。

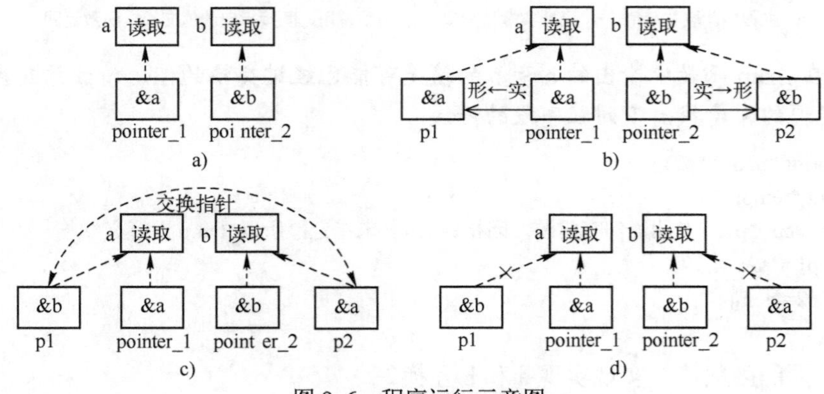

图 9-6 程序运行示意图

a) 主程序读取与赋值 b) 函数实参传形参 c) 函数调用、指针交换 d) 函数返回、形参指针为局部变量而释放

【例 9-6】 输入 a、b、c 三个整数，按大小顺序输出。

```
swap(int *pt1,int *pt2)
{   int temp;
    temp=*pt1; *pt1=*pt2; *pt2=temp;
}
exchange(int *q1,int *q2,int *q3)
{   if(*q1<*q2) swap(q1,q2);
    if(*q1<*q3) swap(q1,q3);
    if(*q2<*q3) swap(q2,q3);
}
int main(void)
{   int a,b,c,*p1,*p2,*p3;
    scanf("%d,%d,%d",&a,&b,&c);
    p1=&a;p2=&b; p3=&c;
    exchange(p1,p2,p3);
    printf("after exchange: %d,%d,%d \n",a,b,c);
}
```

运行结果：

```
100,200,300
after exchange: 300,200,100
```

9.3.4 指针变量的几个问题

指针变量可以进行某些运算，但其运算的种类是有限的。它只能进行赋值运算和部分算术运算及关系运算。

1．指针运算符

1）取地址运算符&：取地址运算符&是单目运算符，结合性为自右至左，功能是取变量的地址。在 scanf 函数及前面介绍指针变量赋值中，已经了解并使用了&运算符。

2）取内容运算符*：取内容运算符*是单目运算符，结合性为自右至左，用来表示指针变量所指的变量的值。在*运算符之后跟的变量必须是指针变量。

需要注意的是指针运算符*和指针变量说明中的指针说明符*不是一回事。在指针变量说明中"*"是类型说明符，表示其后的变量是指针类型。而表达式中出现的"*"则是一个运算符，用以表示指针变量所指的变量的值。

【例 9-7】 取内容运算符*的基本使用。

```
int main(void){
    int a=5,*p=&a;          //指针变量 p 取得了整型变量 a 的地址
    printf ("%d",*p);       //输出 p 所指变量 a 的值
}
```

2．指针变量的运算

（1）赋值运算

指针变量的赋值运算有以下几种形式。

1）指针变量初始化赋值，前面已作介绍。

2）把一个变量的地址赋予指向相同数据类型的指针变量。例如：

```
int a,*pa;
pa=&a;      /*把整型变量 a 的地址赋予整型指针变量 pa*/
```

3）把一个指针变量的值赋予指向相同类型变量的另一个指针变量。例如：

```
int a,*pa=&a,*pb;
pb=pa;      /*把 a 的地址赋予指针变量 pb*/
```

由于 pa，pb 均为指向整型变量的指针变量，因此可以相互赋值。

4）把数组的首地址赋予指向数组的指针变量，这时数组的类型要与指针变量的基类型相同或相容（所谓相容，如都是整型类的类型，但不鼓励这样做）。例如：

```
int a[5],*pa;
pa=a;       //数组名表示数组的首地址，故可赋予指针变量 pa
```

也可写为

```
pa=&a[0]; /*数组第一个元素的地址也是整个数组的首地址，也可赋予 pa*/
```

当然也可采取初始化赋值的方法，即“int a[5],*pa=a;”。

5）把字符串的首地址赋予指向字符类型的指针变量。例如：

```
char *pc;
pc="C Language";
```

或用初始化赋值的方法写为

```
char *pc="C Language";
```

再如，“char cs[13]="How are you?",*pc=cs;”。

这里应说明的是并不是把整个字符串装入指针变量，而是把存放该字符串的字符数组或字符串常量的首地址放入指针变量。在后面还将详细介绍。

本赋值情况实际上与第 4）种情况是类似的，原理是一样的。

6）把函数的入口地址赋予指向函数的指针变量。例如：

```
int (*pf)();
pf=fun; /*fun 为函数名，意味着函数名就代表着函数的入口地址，情况与数组类似*/
```

（2）与常量间的加减算术运算

对于指向数组的指针变量，可以加上或减去一个整数 n。设 pa 是指向数组 a 的指针变量，则 pa+n，pa-n，pa++，++pa，pa--，--pa 运算都是符合语法的。指针变量加或减一个整数 n 的意义是把指针指向的当前位置（指向某数组元素时）向后或向前移动 n 个位置。应该注意，数组指针变量向前或向后移动一个位置和地址加 1 或减 1 在概念上是不同的。因为数组可以有不同的类型，各种类型的数组元素所占的字节长度是不同的。如指针变量加 1，即向后移动 1 个位置表示指针变量指向下一个数据元素的首地址，而不是在原地址基础上加 1。例如：

```
int a[5],*pa;
pa=a;       /*pa 指向数组 a，也是指向 a[0]，值为&a[0]*/
pa=pa+2;    /*pa 指向 a[2]，即 pa 的值为&pa[2] 或 &a[2]*/
```

上两行的 pa 地址值要相差 2*（int 字节数），即相差为 2*4 或 2*2。

注意：指针变量的加减运算只能对指向数组的指针变量进行，而且要避免发生指针变量的越界（即超出数组的首或末元素的地址），对指向其他类型变量的指针变量作加减运算是毫无意义的，也会使程序极易产生错误或崩溃。

（3）两指针变量间的减运算

只有指向同一数组的两个指针变量之间才能进行减运算，否则运算同样毫无意义。

两指针变量相减所得之差是两个指针所指数组元素之间相差的元素个数。实际上是两个指针值（地址）相减之差再除以该数组元素的长度（字节数）。例如，pf1 和 pf2 是指向同一浮点数组的两个指针变量，设 pf1 的值为 2010H（后缀 H 表示 Hex，十六进制数），pf2 的值为 2000H，而浮点数组每个元素占 4 个字节，所以 pf1-pf2 的结果为(2010H-2000H)/4=4，表示 pf1 和 pf2 之间相差 4 个元素。两个指针变量不能进行加法运算。例如，pf1+pf2 毫无实际意义。

（4）两指针变量的关系运算

指向同一数组的两指针变量进行关系运算可表示它们所指数组元素之间的关系。例如：

pf1==pf2 表示 pf1 和 pf2 指向同一数组元素；

pf1>pf2　表示 pf1 处于高地址位置；

pf1<pf2　表示 pf1 处于低地址位置。

（5）指针变量与 0 比较

设 p 为指针变量，则 p==0 表明 p 是空指针，它不指向任何变量；p!=0 表示 p 不是空指针。空指针是由对指针变量赋予 0 值而得到的。例如：

```
#define NULL 0
int *p=NULL;
```

对指针变量赋 0 值和不赋值是不同的。指针变量未赋值时，可以是任意值，是不能使用的，否则将造成意外错误。而指针变量赋 0 值后，则可以使用，只是它不指向具体的变量而已。

【例 9-8】 指针变量的基本使用。

```
int main(void){
    int a=10,b=20,s,t,*pa,*pb;                 /*说明 pa,pb 为整型指针变量*/
    pa=&a;                                     /*给指针变量 pa 赋值，pa 指向变量 a*/
    pb=&b;                                     /*给指针变量 pb 赋值，pb 指向变量 b*/
    s=*pa+*pb;                                 /*求 a+b 之和,(*pa 就是 a,*pb 就是 b)*/
    t=*pa**pb;                                 /*本行是求 a*b 之积*/
    printf("a=%d\nb=%d\na+b=%d\na*b=%d\n",a,b,a+b,a*b);
    printf("s=%d\nt=%d\n",s,t);
}
```

【例 9-9】 利用指针变量，比较并输出 3 个数中的最大值与最小值。

```
int main(void){
    int a,b,c,*pmax,*pmin;                     /*pmax,pmin 为整型指针变量*/
```

```
    printf("input three numbers:\n");            /*输入提示*/
    scanf("%d%d%d",&a,&b,&c);                    /*输入 3 个数字*/
    if(a>b){                                     /*如果第一个数字大于第二个数字…*/
      pmax=&a; pmin=&b;                          /*指针变量赋值*/
    }                                            /*指针变量赋值*/
    else{
      pmax=&b; pmin=&a;                          /*指针变量赋值*/
    }                                            /*指针变量赋值*/
    if(c>*pmax) pmax=&c;                         /*判断并赋值*/
    if(c<*pmin) pmin=&c;                         /*判断并赋值*/
    printf("max=%d\nmin=%d\n",*pmax,*pmin);      /*输出结果*/
}
```

9.4 指针与数组

9.4.1 指向数组元素的指针

一个数组是由连续的一块内存单元组成的，数组名就是这块连续内存单元的首地址。一个数组也是由各个数组元素（下标变量）组成的，每个数组元素按其类型不同占有几个连续的内存单元。一个数组元素的首地址也就是指它所占有的几个内存单元的首地址。

定义一个指向数组元素的指针变量的方法，与之前介绍的指针变量相同。例如：

```
int a[9];      /*定义 a 为包含 9 个整型数据的数组*/
int *p;        /*定义 p 为指向整型变量的指针*/
```

应当注意，因为数组为 int 型，所以指针变量也应为指向 int 型的指针变量。下面是对指针变量赋值："p=&a[0];"即把 a[0]元素的地址赋给指针变量 p。也就是说，p 指向 a 数组的第 0 号元素。

C 语言规定，数组名代表数组的首地址，也就是第 0 号元素的地址。因此，下面两个语句等价：

p=&a[0]; ⟺ p=a;

在定义指针变量时可以赋给它初值，"int *p=&a[0];"等效于"int *p; p=&a[0];"。

当然定义时也可以写成"int *p=a;"。

从图 9-7 中可以看出有以下关系：p,a,&a[0]均指向同一单元，它们是数组 a 的首地址，也是 0 号元素 a[0]的首地址。应该说明的是 p 是变量，而 a,&a[0]都是常量。在编程时应予以注意。

数组指针变量说明的一般形式为

类型说明符 *指针变量名;

其中，类型说明符表示所指数组的元素类型。从一般形式可以看出指向数组的指针变量和指向普通变量的指针变量的说明是相同的。

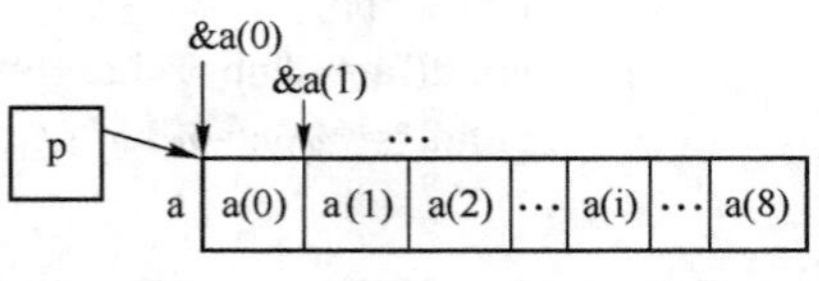

图 9-7 指向数组的指针 p

9.4.2 通过指针引用数组

C 语言规定：如果指针变量 p 已指向数组中的一个元素，则 p+1 指向同一数组中的下（或后）一个元素，p-1 指向同一数组中的上（或前）一个元素。

引入指针变量后，就可以用两种方法来访问数组元素了。

如果 p 的初值为&a[0]，则 p+i 和 a+i 就是 a[i]的地址，或者说它们指向 a 数组的第 i 个元素；*(p+i)或*(a+i)就是 p+i 或 a+i 所指向的数组元素，即 a[i]。例如，*(p+5)或*(a+5)就是 a[5]。

指向数组的指针变量也可以带下标，如 p[i]与*(p+i)等价。

根据以上叙述，引用一个数组元素可以用以下两种方法。

1）下标法，即用 a[i]或 p[i]的形式访问数组元素。在前面介绍数组时都是采用这种方法。

2）指针法，即采用*(a+i)或*(p+i)的形式，用间接访问的方法来访问数组元素，其中 a 是数组名，p 是指向数组的指针变量，其初值 p=a。

【例 9-10】 输出数组中的全部元素（下标法）。

```
int main(void){
    int a[10],i;
    for(i=0;i<10;i++) a[i]=i;
    for(i=0;i<10;i++) printf("a[%d]=%d\n",i,a[i]);
}
```

【例 9-11】 输出数组中的全部元素（通过数组名计算元素的地址，找出元素的值）。

```
int main(void){
    int a[10],i;
    for(i=0;i<10;i++) *(a+i)=i;
    for(i=0;i<10;i++) printf("a[%d]=%d\n",i,*(a+i));
}
```

【例 9-12】 输出数组中的全部元素（用指针变量指向元素）。

```
int main(void){
    int a[10],i,*p;    p=a;
    for(i=0;i<10;i++) *(p+i)=i;
    for(i=0;i<10;i++) printf("a[%d]=%d\n",i,*(p+i));
}
```

【例 9-13】 输出数组中的全部元素（指针 p++运算）。

```
int main(void){
    int a[10],i,*p=a;
    for(i=0;i<10;){
        *p=i; printf("a[%d]=%d\n",i++,*p++);
    }
}
```

需要注意以下两个问题。

1）指针变量可以实现本身的值的改变。例如，p++是合法的，而 a++是错误的。因为 a 是数组名，它是数组的首地址，是个地址常量。

2）要注意指针变量的当前值。

【例 9-14】 对 10 个元素的数组赋初值，并打印输出所有元素，请找出程序错误。

```
int main(void){
    int *p,i,a[10]; p=a;
    for(i=0;i<10;i++) *p++=i;  //循环赋值后，p 已指到数组 a 后面的地址
    for(i=0;i<10;i++) printf("a[%d]=%d\n",i,*p++);
}
```

【例 9-15】 对例 9-14 中错误的改正。

```
int main(void){
    int *p,i,a[10]; p=a;
    for(i=0;i<10;i++) *p++=i;
    p=a; //重置初值不可少，再次指向数组首址，后续才能逐个输出
    for(i=0;i<10;i++)
    printf("a[%d]=%d\n",i,*p++);
}
```

从上例可以看出，虽然定义数组时指定它包含 10 个元素，但指针变量可以指到数组以后的内存单元，系统并不认为非法（但是不提倡，此用法不正规而很危险）。

1）*p++，由于++和*同优先级，结合方向自右而左，等价于*(p++)。

2）*(p++)与*(++p)作用不同。若 p 的初值为 a，则*(p++)等价 a[0]，*(++p)等价 a[1]。

3）(*p)++表示 p 所指向的元素值加 1。

4）如果 p 当前指向 a 数组中的第 i 个元素，则*(p--)相当于 a[i--]，*(++p)相当于 a[++i]，*(--p)相当于 a[--i]。

9.4.3 数组名作函数参数

数组名可以作函数的实参和形参。举例如下：

```
int main(void)
{   int array[10];
    …
    f(array,10);
    …
}
f(int arr[],int n);
{
    …
}
```

array 为实参数组名，arr 为形参数组名。数组名就是数组的首地址，实参向形参传送数组名实际上就是传送数组的首地址，形参得到该地址后也就指向同一数组。这就好像同一件物品有两个彼此不同的名称一样。

同样，指针变量的值也是地址，指向数组的指针变量的值即为数组的首地址，当然也可作为函数的参数使用。

【例 9-16】 输入某学生 5 门课程的成绩，计算其平均成绩。

```
float aver(float *pa);             //函数声明
int main(void){
    float sco[5],av,*sp; int i; sp=sco;
    printf("\ninput 5 scores:\n");
    for(i=0;i<5;i++) scanf("%f",&sco[i]);
    av=aver(sp);
    printf("average score is %5.2f",av);
}
float aver(float *pa)              //函数 aver 计算 pa 指向地址开始的数组的 5 个元素的平均值
{   int i; float av,s=0;
    for(i=0;i<5;i++) s=s+*pa++;
    av=s/5;
    return av;
}
```

【例 9-17】 将数组 a 中的 n 个整数按相反顺序存放。

算法为：将 a[0]与 a[n-1]对换，再将 a[1]与 a[n-2] 对换……直到将 a[(n-1)/2]与 a[n-1-(n-1)/2]对换。本例用循环处理此问题，设两个“位置指示变量”i 和 j，i 的初值为 0，j 的初值为 n-1。将 a[i]与 a[j]交换，然后使 i 的值加 1，j 的值减 1，再将 a[i]与 a[j]交换，直到 i=(n-1)/2 为止。程序如下。

```
void inv(int x[],int n)                              /*形参 x 是数组名*/
{   int temp,i,j,m=(n-1)/2;
    for(i=0;i<=m;i++)
    {   j=n-1-i;
        temp=x[i];x[i]=x[j];x[j]=temp;               //交换两元素
    }
}
int main(void)
{   int i,a[10]={3,7,9,11,0,6,7,5,4,2};
    printf("The original array:\n");
    for(i=0;i<10;i++) printf("%d,",a[i]); printf("\n");  //输出反序前数组
    inv(a,10);
    printf("The array has been inverted:\n");
    for(i=0;i<10;i++) printf("%d,",a[i]); printf("\n");  //输出反序后数组
}
```

对此程序可以作一些改动。将函数 inv 中的形参 x 改成指针变量。

【例 9-18】 对例 9-17 可以作一些改动，将函数 inv 中的形参 x 改成指针变量。

```
void inv(int *x,int n)                               /*形参 x 为指针变量*/
{   int *p,temp,*i,*j,m=(n-1)/2;
    i=x;j=x+n-1;p=x+m;
```

```
    for(;i<=p;i++,j--) {temp=*i;*i=*j;*j=temp;}        //循环交换前后对应元素
}
int main(void)
{   int i,a[10]={3,7,9,11,0,6,7,5,4,2};
    printf("The original array:\n");
    for(i=0;i<10;i++) printf("%d,",a[i]); printf("\n");  //输出反序前数组
    inv(a,10);
    printf("The array has been inverted:\n");
    for(i=0;i<10;i++) printf("%d,",a[i]); printf("\n");  //输出反序后数组
}
```

运行情况与前一程序相同。

【例 9-19】 从 10 个数中找出其中的最大值和最小值。

调用一个函数只能得到一个返回值，本例用全局变量在函数之间“传递”数据。程序如下。

```
int max,min;          /*函数外定义的是全局变量*/
void max_min_value(int array[],int n)
{   int *p,*array_end;
    array_end=array+n;
    max=min=*array;
    for(p=array+1;p<array_end;p++)
        if(*p>max) max=*p;
        else if (*p<min) min=*p;
}
int main(void)
{   int i,number[10];
    printf("Enter 10 integer numbers:\n");
    for(i=0;i<10;i++) scanf("%d",&number[i]);
    max_min_value(number,10);
    printf("\nmax=%d,min=%d\n",max,min);
}
```

说明：*在函数 max_min_value 中求出的最大值和最小值放在 max 和 min 中。由于它们是全局变量，因此在主函数中可以直接使用。*

函数 max_min_value 中的语句“max=min=*array;”，其中 array 是数组名，它接收从实参传来的数组 number 的首地址；*array 相当于*(&array[0])==array[0]；与“max=min=array[0];”等价。

在执行 for 循环时，p 的初值为 array+1，也就是使 p 指向 array[1]。以后每次执行 p++，使 p 指向下一个元素。每次将*p 和 max 与 min 比较。将大者放入 max，小者放 min。

函数 max_min_value 的形参 array 可以改为指针变量类型。实参也可以不用数组名，而用指针变量传递地址。

【例 9-20】 修改例 9-19，形参与实参均用指针变量。程序如下。

```
int max,min;                        //定义全局变量
void max_min_value(int *array,int n)
{   int *p,*array_end;
```

```
    array_end=array+n;
    max=min=*array;
    for(p=array+1;p<array_end;p++)
        if(*p>max) max=*p;
        else if (*p<min) min=*p;
    return; //可省
}
int main(void)
{   int i,number[10],*p;
    p=number;                          //使 p 指向 number 数组
    printf("enter 10 integer umbers:\n");
    for(i=0;i<10;i++,p++) scanf("%d",p);
    p=number;
    max_min_value(p,10);               //函数调用
    printf("\nmax=%d,min=%d\n",max,min);
}
```

归纳起来，如果有一个实参数组，想在函数中改变此数组的元素的值，实参与形参的对应关系有以下 4 种。

1）形参和实参都是数组名。

```
int main(void)
{ int a[10];
   …
   fun(a,10);
   …
}
fun(int x[],int n)
{
   …
}
```

2）实参用数组，形参用指针变量。

```
int main(void)
{   int a[10];
    …
    fun(a,10);
    …
}
fun(int *x,int n)
{
    …
}
```

3）实参、形参都用指针变量。

```
int main(void)
{   int a[10],*p=a;
    …
    fun(p,10);
    …
}
fun(int *x,int n)
{
    …
}
```

4）实参为指针变量，形型参为数组名。

```
int main(void)
{   int a[10],*p=a;
    …
    fun(p,10);
    …
}
fun(int x[],int n)
{
    …
}
```

注意：调用函数 fun 时，p，a 和 x 指的是同一组数组，为此函数内对数组的修改，在函数结束后将一直有效。

【例 9-21】 用实参指针变量编写程序，将 n 个整数按相反顺序存放。

```
void inv(int *x,int n)
{   int *p,m,temp,*i,*j;
    m=(n-1)/2; //取中间值
    i=x;j=x+n-1;p=x+m;
    for(;i<=p;i++,j--) {temp=*i;*i=*j;*j=temp;}
}
int main(void)
{   int i,arr[10]={3,7,9,11,0,6,7,5,4,2},*p;
    p=arr;
    printf("The original array:\n");
    for(i=0;i<10;i++,p++) printf("%d,",*p); printf("\n");
    p=arr;   //上面循环打印指针 p 已移动，不忘这里需再指到数组首地址
    inv(p,10);
    printf("The array has benn inverted:\n");
    for(p=arr;p<arr+10;p++) printf("%d,",*p); printf("\n");
}
```

注意： main 函数中的指针变量 p 是有确定值的。即如果用指针变作实参，必须先使指针变量有确定值，指向一个已定义的数组。

【例 9-22】 用选择法对 10 个整数排序，要求编写函数完成排序功能。

```
int main(void)
{   int *p,i,a[10]={3,7,9,11,0,6,7,5,4,2};
    printf("The original array:\n");
    for(i=0;i<10;i++) printf("%d,",a[i]); printf("\n");
    p=a; sort(p,10); //调用排序函数
    for(p=a,i=0;i<10;i++){printf("%d ",*p);p++;} printf("\n");
}
sort(int x[],int n)
{   int i,j,k,t;
    for(i=0;i<n-1;i++)
    {   k=i;
        for(j=i+1;j<n;j++) if(x[j]>x[k]) k=j;
        if(k!=i) { t=x[i];x[i]=x[k];x[k]=t; } //交换两元素
    }
}
```

说明： 函数 sort 用数组名作为形参，也可改为用指针变量，这时函数的首部可以改为“sort(int *x,int n)”，其他可一律不改。

9.4.4 指向多维数组的指针

本节以二维数组为例介绍多维数组的指针变量，二维数组以上的多维数组情况类似，可类推（本书略）。

1．多维数组的地址

设有整型二维数组 a[3][4]如下：

```
0   1   2   3
4   5   6   7
8   9   10  11
```

它的定义为 int a[3][4]={{0,1,2,3},{4,5,6,7},{8,9,10,11}}。

设数组 a 的首地址为 1000，各下标变量的首地址及其值如图 9-8 所示。

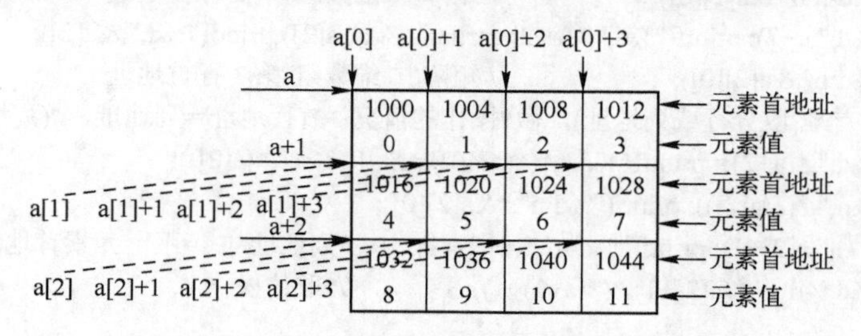

图 9-8　二维数组 a 下标变量的首地址及其值

C 语言允许把一个二维数组分解为多个一维数组（含 4 个元素）来看待和处理。因此数组 a 可分解为 3 个一维数组，即 a[0]，a[1]，a[2]。每一个一维数组又含有 4 个元素。

例如，a[0]数组含有 a[0][0]，a[0][1]，a[0][2]，a[0][3]四个元素。

数组及数组元素的地址表示如图 9-8 所示。

从二维数组的角度来看，a 是二维数组名，a 代表整个二维数组的首地址，也是二维数组 0 行的首地址，等于 1000。a+1 代表第二行的首地址，等于 1016（假设 int 占 4 个字节），如图 9-8 所示。

从把 a 看成一维数组的角度，*(a+0)或*a 是与 a[0]等效的。a[0]是第一个（0 行）一维数组的数组名和首地址，因此地址为 1000；它也表示一维数组 a[0]的 0 号元素的首地址，也为 1000；&a[0][0]是二维数组 a 的 0 行 0 列元素首地址，同样是 1000。因此，a，a[0]，*(a+0)，*a，&a[0][0]是相等的。

同理，a+1 是二维数组第二行（1 行）的首地址，等于 1016。a[1]是第二个一维数组的数组名和首地址，因此也为 1016；它也表示一维数组 a[1]的 0 号元素的首地址，也为 1016；&a[1][0]是二维数组 a 的 1 行 0 列元素地址，也是 1016。因此 a+1，a[1]，*(a+1)，&a[1][0]是等同的。

由此可得出：a+i，a[i]，*(a+i)，&a[i][0]是等同的。

此外，&a[i]和 a[i]也是等同的。因为在二维数组中不能把&a[i]理解为元素 a[i]的地址，不存在元素 a[i]。C 语言规定，它是一种地址计算方法，表示数组 a 第 i 行首地址。由此，可以得出 a[i]，&a[i]，*(a+i)，a+i 和&a[i][0]也都是等同的。

另外，a[0]也可以看成是 a[0]+0，是一维数组 a[0]的 0 号元素的首地址，而 a[0]+1 则是 a[0]的 1 号元素首地址，由此可得出 a[i]+j 则是一维数组 a[i]的 j 号元素首地址，它等于&a[i][j]。

由 a[i]=*(a+i)得 a[i]+j=*(a+i)+j。由于*(a+i)+j 是二维数组 a 的 i 行 j 列元素的首地址，所

以，该元素的值等于*(*(a+i)+j)。

【例 9-23】 输出二维数组的一些地址或元素。

```
int main(void){
   int a[3][4]={0,1,2,3,4,5,6,7,8,9,10,11};
   printf("%d,",a); printf("%d,",*a); printf("%d,",a[0]);printf("%d,",&a[0]);
   printf("%d\n",&a[0][0]);                  //矩阵(二维数组)首行首地址
   printf("%d,",a+1);printf("%d,",*(a+1)); printf("%d,",a[1]); printf("%d,",&a[1]);
   printf("%d\n\n",&a[1][0]);                //矩阵(二维数组)第 2 行首地址
   printf("%d,",a+2); printf("%d,",*(a+2));printf("%d,",a[2]);printf("%d,",&a[2]);
   printf("%d\n",&a[2][0]);                  //矩阵(二维数组)第 3 行首地址
//对第 3 行首地址(分行或列地址)，做*操作的情况：*(行地址)=列地址，*(列地址)=元素值
   printf("%d,",*(a+2)); printf("%d,",*(*(a+2)));printf("%d,",*(a[2]));
   printf("%d,",*(&a[2])); printf("%d\n",*&a[2][0]);
   printf("%d,",a[2]+1); printf("%d\n",*(a+2)+1);      //列地址加 1=下一元素首地址
   printf("%d,%d\n",*(a[2]+1),*(*(a+2)+1));           //*取值操作
}
```

VC++ 2010 中运行结果：

```
1703696,1703696,1703696,1703696,1703696
1703712,1703712,1703712,1703712,1703712

1703728,1703728,1703728,1703728,1703728
1703728,8,8,1703728,8
1703732,1703732
9,9
```

Win-TC 中运行结果(把%d 改为%u 后)：

```
4072,4072,4072,4072,4072
4080,4080,4080,4080,4080

4088,4088,4088,4088,4088
4088,8,8,4088,8
4090,4090
9,9
```

说明：从上面例题可知，二维数组（逻辑上可看成是若干行若干列构成的数据矩阵）中的元素地址值相同，但元素地址是有行地址和列地址的不同性质区分的（指向地址的指针自然也有行指针或列指针之分）。对元素或地址进行&、*操作，有如下规律。

1）*(行地址)==列地址；　　　　　　2）&(列地址)==行地址；

3）*(列地址)==地址中的元素值；　　4）&(数组元素)==数组元素地址(即元素列地址)。

2．指向多维数组的指针变量

把二维数组 a 分解为一维数组 a[0]，a[1]，a[2]之后，设 p 为指向二维数组的指针变量，可定义为“int (*p)[4];”表示 p 是一个指针变量，它指向包含 4 个元素的一维数组。若指向第一个（0 行）一维数组 a[0]，其值等于 a，a[0]或&a[0][0]等。而 p+i 则指向一维数组 a[i]。从前面的分析可得出*(p+i)+j 是二维数组 i 行 j 列的元素的地址，而*(*(p+i)+j)则是 i 行 j 列元素的值。

二维数组指针变量（整体来说，也即指向一维数组的指针变量）说明的一般形式为

类型说明符 (*指针变量名)[长度]

其中，“类型说明符”为所指数组的数据类型；“*”表示其后的变量是指针类型；“长度”表示二维数组分解为多个一维数组时，一维数组的长度，也就是二维数组的列数。应注意

“(*指针变量名)”两边的括号不可少，如缺少括号则表示是指针数组（本章后面介绍），意义就完全不同了。

【例 9-24】 通过二维数组指针来输出二维数组的各元素。

```
int main(void){
    int a[3][4]={0,1,2,3,4,5,6,7,8,9,10,11}; int i,j,(*p)[4],*q;//p 为行指针 q 为列指针
    p=a;
    for(i=0;i<3;i++)          //通过行指针访问各元素
    { for(j=0;j<4;j++) printf("%2d    ",*(*(p+i)+j)); printf("\n");}
    printf("\n");
    q=a;                      //或  q=a[0]; 或  q=(int *)a;
    for(i=0;i<3;i++)          //通过列指针访问各元素
    { for(j=0;j<4;j++) printf("%2d    ",*(q+4*i+j)); printf("\n");}
}
```

9.5 指针与字符串

9.5.1 字符串的表示形式

字符串可以初始化给字符数组，可以赋值给字符数组等；字符串也可以赋给字符指针（即字符指针指向字符串）。

1．用字符数组存放一个字符串，然后输出该字符串。

【例 9-25】 用字符数组存放一个字符串，然后输出该字符串。

```
int main(void){
    char string[]="I love China! ";
    printf("%s\n",string);
}
```

说明：和前面介绍的数组属性一样，string 是数组名，它代表字符数组的首地址，数组大小为初始化字符串字符个数再加 1，这里数组大小为 14。

2．用字符串指针指向一个字符串。

【例 9-26】 字符串初始化给字符串指针，然后输出。

```
int main(void){
    char *string="I love China!";
    printf("%s\n",string);
}
```

字符串指针变量的定义说明与指向字符变量的指针变量说明是相同的，它们只能按对指针变量的赋值不同来加以区别。

对指向字符变量的指针变量应赋予该字符变量的地址。例如，“char c,*p=&c;”表示 p 是一个指向字符变量 c 的指针变量。

而“char *s="C Language";”则表示 s 是一个指向字符串的指针变量。把字符串的首地址赋予 s。两种情况说法不同，实质上都是指向某一个字符。

例 9-26 中，首先定义 string 是一个字符指针变量，然后把字符串的首地址赋予 string（应写出整个字符串，以便编译系统把该串装入连续的一块内存单元），即把首字符地址送入 string。

程序中的“char *ps="C Language";”等效于“char *ps;　ps="C Language";”。

【例 9-27】 输出字符串中 n 个字符后的所有字符。

```
int main(void){
    char *ps="this is a book"; int n=10;
    ps=ps+n;
    printf("%s\n",ps);
}
```

运行结果： book

说明：在程序中对 ps 初始化时，即把字符串首地址赋予 ps，当 ps=ps+10 之后，ps 指向字符“b”，因此输出为"book"。输出字符串都是从起始字符到字符串结束字符'\0'间的所有字符。

【例 9-28】 在输入的字符串中查找有无'k'字符。

分析：读取字符串，逐个字符比较，直到'\0'字符串结束标志。查找后的字符指针当前字符为'\0'时，表示未找到'k'字符。

```
int main(void){
    char st[20],*ps=st; int i;
    printf("input a string:\n");
    scanf("%s",ps); //不用字符指针的话为：scanf("%s",st);
    for(i=0;ps[i]!='\0';i++)
      if(ps[i] =='k'){printf("There is a 'k' in the string.\n"); break; }
    if(ps[i] =='\0') printf("There is no 'k' in the string.\n");
}
```

【例 9-29】 本例是将指针变量指向一个格式字符串，用在 printf 函数中，用于输出二维数组的各种地址表示的值。但在 printf 语句中用指针变量 PF 代替了格式字符串。这也是程序中常用的方法。

```
int main(void){
    static int a[3][4]={0,1,2,3,4,5,6,7,8,9,10,11}; char *PF;
    PF="%d,%d,%d,%d,%d\n";
    printf(PF,a,*a,a[0],&a[0],&a[0][0]);
    printf(PF,a+1,*(a+1),a[1],&a[1],&a[1][0]);
    printf(PF,a+2,*(a+2),a[2],&a[2],&a[2][0]);
    printf("%d,%d\n",a[1]+1,*(a+1)+1);
    printf("%d,%d\n",*(a[1]+1),*(*(a+1)+1));
}
```

```
4344368,4344368,4344368,4344368,4344368
4344384,4344384,4344384,4344384,4344384
4344400,4344400,4344400,4344400,4344400
4344388,4344388
5,5
```

VC++ 2010 中运行结果：

说明：在函数原型中参数为字符指针或字符数组的，实参可以是字符串指针变量。这里 printf 函数的第一个参数为字符串常量或指向字符串的字符串指针变量（const char *）。

【例 9-30】 把字符串指针作为函数参数的使用。要求把一个字符串的内容复制到另一个字符串中，并且不能使用 strcpy 函数。函数 cpystr 的形参为两个字符指针变量。pss 指向源字符串，pds 指向目标字符串。注意表达式：(*pds=*pss)!='\0'的用法。

```
cpystr(char *pds, char *pss){
    while((*pds=*pss)!='\0'){
        pds++;    //这里也可 ++pds;
        pss++;    //这里也可 ++pss;
    }
}
int main(void){
    char *pa="CHINA",b[10],*pb; pb=b;   //"pb=b;"使 pb 指向数组 b
    cpystr(pb, pa);
    printf("string a=%s\nstring b=%s\n",pa,pb);
}
```

说明：在本例中，程序完成了两项工作：一项是把 pss 指向的源字符串复制到 pds 所指向的目标字符串中。另一项是判断所复制的字符是否为'\0'，若是则表明源字符串结束，不再循环。否则，pds 和 pss 都加 1，指向下一字符。在主函数中，以指针变量 pa，pb 为实参，分别取得确定值后调用 cpystr 函数。由于采用的指针变量 pa 和 pss，pb 和 pds 均指向同一字符串，因此在主函数和 cpystr 函数中均可使用这些字符串。也可以把 cpystr 函数简化为以下形式：

```
cpystr(char *pds,char*pss) {while ((*pds++=*pss++)!='\0');}
```

即把指针的移动和赋值合并在一个语句中。进一步分析还可发现'\0'的 ASCII 码为 0，对于 while 语句只看表达式的值为非 0 就循环，为 0 则结束循环，因此也可省去“!='\0'”这一判断部分，而写为以下形式：

```
cpystr (char *pds,char *pss) {while (*pds++=*pss++);}
```

表达式的意义可解释为，源字符向目标字符赋值，移动指针，若所赋值为非 0 则循环，否则结束循环。这样使程序更加简洁。

【例 9-31】 例 9-30 简化后的程序。

```
cpystr(char *pds,char *pss){
    while(*pds++=*pss++);   //循环体为空语句
}
int main(void){
```

```
    char *pa="CHINA",b[10],*pb=b;
    cpystr(pb,pa);
    printf("string a=%s\nstring b=%s\n",pa,pb);
}
```

9.5.2 字符（串）指针变量与字符数组

指向字符串的字符指针变量也可以叫作字符串指针变量，用字符数组和字符串指针变量都可实现字符串的存储和运算。但是两者是有区别的，在使用时应注意以下几个问题。

（1）两者内存分配有本质区别

字符串指针变量，本身是一个变量（2 或 4 个字节），用于存放字符串的首地址（字符串第 1 个字符的地址），而字符串本身是存放在以该首地址为首的一块连续的内存空间中并以'\0'作为字符串的结束。为此，绝不是将整个字符串放到字符串指针变量中。字符数组是由若干个数组元素组成的，它可用来存放整个字符串，也可以存放若干字符而不含字符串结束字符'\0'。

（2）对字符串的赋值方式有区别

对字符串指针赋值方式："char *ps="C Language";"，可以写为"char *ps; ps="C Language";"（对指针变量可以直接赋值的）。

而对字符数组方式："char string[]={"C Language"};"，不能写为"char string[20]; string={"C Language"};"（数组名看成是地址常量，不可赋值）。

只能对字符数组的各元素逐个赋值或用 strcpy 函数复制。

（3）要注意字符指针变量应先赋值指向再使用

例如，"char *cp;scanf("%s",cp);"是错误的，cp 在未赋值前其地址值是不确定的，是随意的值，在其指向某字符数组前对它输入字符串，意味着是把字符串随机地输入到内存的某地址开始的连续的存储区，这是错误的、危险的，应该禁止发生。

```
char str[10],*cp;cp=str;scanf("%s",cp);   //注意输入的字符数应小于等于 9
```

（4）关于可变与不可变

字符指针变量的值（即对字符的指向）是可以改变的，而字符数组名代表一个固定的地址值，是不可改变的；字符数组中的各数组元素是可以改变的，而字符串指针指向的字符串常量中的内容是不可以改变的。

【例 9-32】 可变与不可变程序举例（正常运行需要注去不合法语句）。

```
int main(void)
{ char *cp="I love China!",cstr[]="I love China!!! "; //cp 指向字符串常量的首字符
  cp[7]= 'c';              //cp 指向字符串常量，本赋值不合法
  cp=cp+7;                 //cp 指向第 8 个字符 C，这是可以的。但"cstr=cstr+7;"是不可以的
  printf("%s\n",cp);       //输出 cp 指向字符到字符串结束标志'\0'间的字符串
  cp=cp-7;                 //cp 又指向字符串首字符，为下面语句做好准备
  printf("%c %c\n",cp[7],*(cp+7));//赋值不可以，但下标法与地址法读取引用是可以的
  cp=cstr;                             //cp 指向字符数组了。
  cp[7]='c';cstr[7]='C';               //此时，cp[7]与 cstr[7]都代表数组第 8 个元素，可赋值
  *(cp+7)='c'; *(cstr+7)='C';          //cp 指向数组时，也可以用地址法引用数组元素
```

```
    printf("%s\n",cstr);            //输出字符数组
}
```

运行结果（注掉第3行后的结果）：

```
China!
C C
I love China!!!
```

说明：本例表现出的差异，其本质在于内存中字符串常量与字符数组代表的首地址的不可变性，是字符数组元素的变量特性。而字符指针只是一种手段而已。

注意："cp=cstr;"语句后，cp原指向的字符串常量"I love China!"，因没有其他指针指向它，后续将无法再引用（尽管它始终不变地存在于内存某区域）。

从以上几点可以看出字符串指针变量与字符数组在使用时的区别，同时也可看出使用指针变量更加方便与灵活，也需要仔细与谨慎。

9.6 指针与函数

9.6.1 函数指针变量

在 C 语言中，一个函数总是占用一段连续的内存区，而函数名就是该函数所占内存区的首地址。给函数的首地址（或称入口地址）赋予一个指针变量，使该指针变量指向该函数，然后通过指针变量就可以找到并调用这个函数。这种指向函数的指针变量称为"函数指针变量"。

函数指针变量定义的一般形式为

类型说明符 (*指针变量名)(形参表);

其中，"类型说明符"表示被指函数的返回值的类型。"(* 指针变量名)"表示"*"后面的变量是定义的指针变量。最后的空括号表示指针变量所指的是一个函数。例如，"int (*pf)();"表示pf是一个指向函数入口的指针变量，该函数的返回值（函数值）是整型。

【例 9-33】 输出两数间的最大数（本例用来说明用指针形式实现对函数调用的方法）。

```
int max(int a,int b){
    if(a>b)return a;
    else return b;
}
int main(void){
    int (*pmax)(int,int);       //pmax 这里为类型定义,pmax 是函数指针变量
    int x,y,z;
    pmax=max;                   //把函数名赋值给函数指针变量
    printf("input two numbers:\n"); scanf("%d%d",&x,&y);
    z=(*pmax)(x,y); //调用函数指针变量指向的函数，注意*号不能少
    printf("maxmum=%d",z);
}
```

从上述程序可以看出用函数指针变量形式调用函数的步骤如下。

1）先定义函数指针变量，如上一程序中第 6 行“int (*pmax)();”，该语句定义 pmax 为函数指针变量。

2）把被调函数的入口地址（函数名）赋予该函数指针变量，如程序中第 8 行“pmax=max;”。

3）用函数指针变量形式调用函数，如程序第 10 行“z=(*pmax)(x,y);”。

调用函数的一般形式为

```
(*指针变量名) (实参表)
```

使用函数指针变量还应注意以下两点。

1）函数指针变量不能进行算术运算，这是与数组指针变量不同的。数组指针变量加减一个整数可使指针移动指向后面或前面的数组元素，而函数指针的移动是毫无意义的。

2）函数调用中“(*指针变量名)”的两边的括号不可少，其中的*不应该理解为求值运算，在此处它只是一种表示符号。

9.6.2 指针型函数

所谓函数类型是指函数返回值的类型。在 C 语言中允许一个函数的返回值是一个指针（即地址），这种返回指针值的函数称为指针型函数。定义指针型函数的一般形式为

```
类型说明符 *函数名(形参表)
{
  ...     /*函数体*/
}
```

其中，函数名之前加了“*”号表明这是一个指针型函数，即返回值是一个指针。类型说明符表示了返回的指针值所指向的数据类型。例如：

```
int *fun(int x,int y)
{
    ...       /*函数体*/
}
```

以上代码表示 fun 是一个返回指针值的指针型函数，fun 返回的指针指向一个整型变量。

【例 9-34】 通过指针型函数，输入一个 1～7 的整数，输出对应的星期名。

```
int main(void){
    int i;
    char *day_name(int n);     //函数声明
    printf("Input day No:\n"); scanf("%d",&i);
    if(i<0) exit(1);
    printf("Day No:%2d-->%s\n",i,day_name(i));
}
char *day_name(int n){
    static char *name[]={ "Illegal day", "Monday","Tuesday","Wednesday",
                        "Thursday","Friday","Saturday","Sunday"};
```

```
    return ((n<1||n>7) ? name[0] : name[n]);
}
```

说明：本例中定义了一个指针型函数 day_name，它的返回值指向一个字符串。该函数中定义了一个静态指针数组 name。name 数组初始化赋值为 8 个字符串，分别表示各个星期名及出错提示。形参 n 表示与星期名所对应的整数。在主函数中，把输入的整数 i 作为实参，在 printf 语句中调用 day_name 函数并把 i 值传送给形参 n。day_name 函数中的 return 语句包含一个条件表达式，n 值若大于 7 或小于 1 则把 name[0]字符串指针返回主函数输出出错提示字符串"Illegal day"，否则返回主函数输出对应的星期名。主函数中的第 6 行是个条件语句，其语义是，如输入为负数（i<0）则中止程序运行退出程序。exit 是一个库函数，通常 exit(1)表示发生错误后退出程序，exit(0)表示正常退出。

注意：应该特别注意的是函数指针变量和指针型函数这两者在写法和意义上的区别。如 int(*p)()和 int *p()是两个完全不同的量。

int (*p)()是一个变量说明，说明 p 是一个指向函数入口的指针变量，该函数的返回值是整型量，(*p)两边的括号不能少。

int *p()则不是变量说明而是函数声明，说明 p 是一个指针型函数，其返回值是一个指向整型量的指针，*p 两边没有括号。作为函数声明，在括号内最好写入形式参数，这样便于与变量说明区别。

对于指针型函数定义，int *p()只是函数头部分，一般还应该有函数体部分。

9.7　指针数组

若一个数组的元素值为指针，则该数组是指针数组。指针数组是一组有序的指针的集合。指针数组的所有元素都必须是具有相同存储类型和指向相同数据类型的指针变量。指针数组说明的一般形式为

类型说明符 *数组名[数组长度]

其中，类型说明符为指针值所指向的变量的类型。例如，"int *pa[3]"表示 pa 是一个指针数组，它有 3 个数组元素，每个元素值都是一个指针，指向整型变量。

【例 9-35】 通常可用一个指针数组来指向一个二维数组。指针数组中的每个元素被赋予二维数组每一行的首地址，因此也可理解为指向一个一维数组。

```
int main(void){
    int a[3][3]={1,2,3,4,5,6,7,8,9};
    int *pa[3]={a[0],a[1],a[2]};        //或 int *pa[3]={a,a+1,a+2};注意本初始化 Win-TC 不允许
    int (*pr)[3]=a;                     //pr 为二维数组指针变量（pr 指向二维数组 a），为行指针
    int *pc=a[0];   //pc 为一维数组指针变量（pc 指向第一行(0 行)这一维数组），为列指针
    int i;          //Win-TC 里可赋值实现对 pa 初始化的功能：pa[0]=a[0];pa[1]=a[1];pa[2]=a[2];
    for(i=0;i<3;i++)
        printf("%d,%d,%d\n",a[i][2-i],*a[i],*(*(a+i)+i));//*a[i]≡*(*(a+i))≡**(a+i)
    for(i=0;i<3;i++)
```

```
        printf("%d,%d,%d\n",*pa[i],pc[i],*(pc+i)); //pc 为列指针，i++每次移动 1 列
    for(i=0;i<3;i++)
        printf("%d,%d,%d\n",pr[i][0],pr[i][1],pr[i][2]);//pr 为行指针，i++每次移动 1 行
        //或 printf("%d,%d,%d\n",(*(pr+i))[0],(*(pr+i))[1],(*(pr+i))[2]);
}
```

运行结果：

```
3,1,1
5,4,5
7,7,9
1,1,1
4,2,2
7,3,3
1,2,3
4,5,6
7,8,9
```

说明：本例程序中，pa 是一个指针数组，3 个元素分别指向二维数组 a 的各行，然后用循环语句输出指定的数组元素。其中，*a[i]表示 i 行 0 列元素值；*(*(a+i)+i)表示 i 行 i 列的元素值；*pa[i]表示 i 行 0 列元素值；由于 pc 与 a[0]相同，故 pc[i]表示 0 行 i 列的值；*(pc+i)表示 0 行 i 列的值。读者可仔细领会元素值的各种不同的表示方法。

pr 二维数组指针变量，初始化指向数组 a，为行指针，为此每加 1 移动数组的一行，上面程序最后一个 for 循环，一次输出一行，for 循环输出了整个数组。

【参考知识】

关于行指针与列指针之间，一般有如下规律。

1）*(行指针)==列指针；　//如以上程序中：*(pr+i)

2）&(列指针)==行指针；　//如&a[0] 与 a 相当

3）*(列指针)==指针指向的元素变量值；　//如*(pc+i)、*(*(a+i)+i)

4）&(元素变量)==元素变量地址(即数组列指针)//如&a[0][0]为 0 行 0 列元素地址或指针

注意：应该注意指针数组和二维数组指针变量的区别。这两者虽然都可用来表示二维数组，但是其表示方法和意义是不同的。

二维数组指针变量是单个的变量，其一般形式中“(*指针变量名)”两边的括号不可少。

而指针数组类型表示的是多个指针（一组有序指针），在一般形式中“*指针数组名”两边不能有括号。例如，“int (*pr)[3];”表示一个指向二维数组的指针变量，也即指向含 3 个元素的一维数组的指针变量。该指向的二维数组的列数为 3 或分解为一维数组的长度为 3。

“int *pc[3];”表示 pc 是一个指针数组，有 3 个下标变量 pc[0]，pc[1]，pc[2]均为指针变量。

指针数组也常用来表示一组字符串，这时指针数组的每个元素被赋予一个字符串的首地址。指向字符串的指针数组的初始化更为简单。例 9-34 中即采用指针数组来表示一组字符串。其初始化赋值为

```
char *name[]={ "Illegal day", "Monday","Tuesday","Wednesday",
                        "Thursday","Friday","Saturday","Sunday"};
```

完成这个初始化赋值之后，name[0]即指向字符串"Illegal day"，name[1]指向"Monday"，……

注意：name[0]，name[1]……中存放的是字符串首地址而并非具体字符串。

指针数组也可以用作函数参数。

【例 9-36】 指针数组作指针型函数的参数。

说明：在本例主函数中，定义了一个指针数组 name，并对 name 作了初始化赋值，其每个元素都指向一个字符串。然后又以 name 作为实参调用指针型函数 day_name，在调用时把数组名 name 赋予形参变量 name，输入的整数 i 作为第二个实参赋予形参 n。在 day_name 函数中定义了两个指针变量 pp1 和 pp2，pp1 被赋予 name[0]的值（即*name），pp2 被赋予 name[n]的值即*(name+ n)。由条件表达式决定返回 pp1 或 pp2 指针给主函数中的指针变量 ps。最后输出 i 和 ps 所指向的字符串的值。

```
int main(void){
    static char *name[]={ "Illegal day", "Monday","Tuesday","Wednesday",
                         "Thursday","Friday","Saturday","Sunday"};
    char *ps; int i;
    char *day_name(char *name[],int n); //函数声明
    printf("input Day No:"); scanf("%d",&i);
    if(i<0||i>100) exit(1);   //i 在错误范围而退出
    ps=day_name(name,i);
    printf("Day No:%2d-->%s\n",i,ps);
}
char *day_name(char *name[],int n)
{   char *pp1,*pp2;
    pp1=*name;
    pp2=*(name+n);
    return((n<1||n>7)? pp1:pp2);
}
```

【例 9-37】 输入 5 个国家名并按字母顺序排列后输出。

```
#include "string.h"
void sort(char *name[],int n){
    char *pt; int i,j,k;
    for(i=0;i<n-1;i++){          //选择排序方法
      k=i;
      for(j=i+1;j<n;j++)
          if(strcmp(name[k],name[j])>0) k=j;
      if(k!=i){
          pt=name[i];          //name[i]与 name[k]为字符指针，为此交换的是字符指针值
          name[i]=name[k]; //交换字符指针值（即地址）能提高运行效率
          name[k]=pt;
      }
    }
}
void print(char *name[],int n){
    int i; for (i=0;i<n;i++) printf("%s\n",name[i]);
}
int main(void){                //如下初始化字符串(如:"CHINA")要看成字符串首地址，即字符指针
    static char *name[]={ "CHINA","AMERICA","AUSTRALIA","FRANCE","GERMAN"};
```

```
    int n=5;
    sort(name,n);          //排序
    print(name,n);         //输出
}
```

运行结果：

```
AMERICA
AUSTRALIA
CHINA
FRANCE
GERMAN
```

说明：在例 7-22 中采用了普通的排序方法，逐个比较之后交换字符串的内容。交换字符串的物理位置是通过字符串复制函数完成的。反复的交换将使程序执行的速度很慢，同时由于各字符串（国名）的长度不同，又增加了存储管理的负担。用指针数组能很好地解决这些问题。把所有的字符串存放在一个数组中，把这些字符数组的首地址放在一个指针数组中，当需要交换两个字符串时，只需交换指针数组相应两元素的内容（即地址）即可，而不必交换字符串本身。

本程序定义了两个函数，一个名为 sort 完成排序，其形参为指针数组 name，即为待排序的各字符串数组的指针。形参 n 为字符串的个数。另一个函数名为 print，用于排序后字符串的输出，其形参与 sort 的形参相同。主函数 main 中，定义了指针数组 name 并做了初始化赋值。然后分别调用 sort 函数和 print 函数完成排序和输出。值得说明的是在 sort 函数中，对两个字符串比较，采用了 strcmp 函数，strcmp 函数允许参与比较的字符串以指针方式出现。name[k]和 name[j]均为指针，因此是合法的。字符串比较后需要交换时，只交换指针数组元素的值（地址），而不交换具体的字符串，这样将大大减少时间的开销，提高运行效率。

9.8 指向指针的指针

如果一个指针变量存放的又是另一个指针变量的地址，则称这个指针变量为指向指针的指针变量。在前面已经介绍过，通过指针访问变量称为间接访问。由于指针变量直接指向变量，所以称为“单级间址”。而如果通过指向指针的指针变量来访问变量则构成“二级间址”。

怎样定义一个指向指针型数据的指针变量呢？举例如下：

```
char **p;
```

其中，p 前面有两个*号，相当于*(*p)。显然*p 是指针变量的定义形式，如果没有最前面的*，那就是定义了一个指向字符数据的指针变量。现在它前面又有一个*号，表示指针变量 p 是指向一个字符指针型变量的。*p 就是 p 所指向的另一个指针变量。

从图 9-9 可以看到，name 是一个指针数组，它的每一个元素是一个指针型数据，其值为地址。name 是一个数组，它的每一个元素都有相应的地址。数组名 name 代表该指针数组的首地址。name+ i 是 name[i]的地址。name+ i 就是指向指针型数据的指针（地址）。还可以设置一个指针变量 p，使它指向指针数组元素。p 就是指向指针型数据的指针变量。

name	"Follow me"	"BASIC"	"Great Wall"	"FORTRAN"	"Computer deseighn"

图 9-9　name 指针数组

有以下代码：

```
p=name+2;
printf("%o\n ",*p);
printf("%s\n",*p);
```

其中，第一个 printf 函数语句输出 name[2]的值（它是一个地址），第二个 printf 函数语句以字符串形式（%s）输出字符串“Great Wall”。

注意：这里同一个地址量*p，对不同的输出格式符产生了截然不同的输出效果。当然，这种情况类似于一个正整数分别按%o 与%x 格式输出，效果不同一样。

【例 9-38】 使用指向指针的指针。

```
int main(void)
{   char *name[]={"Follow me","BASIC","Great Wall","FORTRAN","Computer desighn"};
    char **p; int i;
    for(i=0;i<5;i++)
    {   p=name+i;
        printf("%s\n",*p);    //可加个“printf("%o\n",*p);”看看输出的地址
        printf("%c\n",**p);  /* (*p)代表 name[i]元素内容，即 name[i]数组元素存放的字符串首地
址，则**p==*(*p)表示 name[i]数组元素字符串首字符。*/
    }
}
```

说明：p 是指向指针的指针变量。

【例 9-39】 一个指针数组的元素指向数据的简单例子。

```
int main(void)
{   static int a[5]={1,3,5,7,9};
    int *num[5]={&a[0],&a[1],&a[2],&a[3],&a[4]}; int **p,i;
    p=num;
    for(i=0;i<5;i++)
    { printf("%d\t",**p); p++; }    //或 { printf("%d\t",**p++);}
}
```

9.9　main 函数参数

前面介绍的 main 函数都是不带参数的，因此 main 后的括号都是空括号()或(void)形式。实际上，main 函数可以带参数，这些参数可以认为是 main 函数的形式参数。标准 C 语言规定 main 函数的参数只能有两个，习惯上将这两个参数写为 argc 和 argv。

C 语言还规定，argc（第一个形参）必须是整型变量，argv（第二个形参）必须是指向字符串的指针数组。加上形参说明后，main 函数的函数头应写为“int main(int argc,char *argv[]);”。

由于 main 函数不能被其他函数调用，因此不可能在程序内部取得实际值。那么，在何处把实参值赋予 main 函数的形参呢？实际上，main 函数的参数值是从操作系统命令行上获得的。当运行一个可执行文件时，在命令提示符或 MS-DOS 提示符（Windows 里的一个命令执行程序）下输入文件名，再输入实际参数即可把这些实参传送到 main 的形参中去。

说明：启动命令提示符窗口的方法，在 Windows 操作系统桌面，单击左下角“开始”图标，查找到“命令提示符”选项；或者同时按〈Win+R〉组合键，再输入 cmd 命令。

命令提示符下命令行的一般形式为

C:\>可执行文件名　参数 1　参数 2 …

但是应该特别注意的是：main 的两个形参和命令行中的参数在位置上不是一一对应的。因为 main 的形参只有两个，而命令行中的参数个数原则上未加限制。argc 参数表示了命令行中参数的个数（注意：文件名本身也算一个参数），argc 的值是在输入命令行时由系统按实际参数的个数自动赋予的。例如有如下命令行：

```
C:\>E24   BASIC   foxpro   FORTRAN
```

由于文件名 E24 本身也算一个参数，所以共有 4 个参数，因此 argc 取得的值为 4。argv 参数是字符串指针数组，其各元素值为命令行中各字符串（参数均按字符串处理）的首地址。指针数组的长度即为参数个数。数组元素初值由系统自动赋予，其表示如图 9-10 所示。

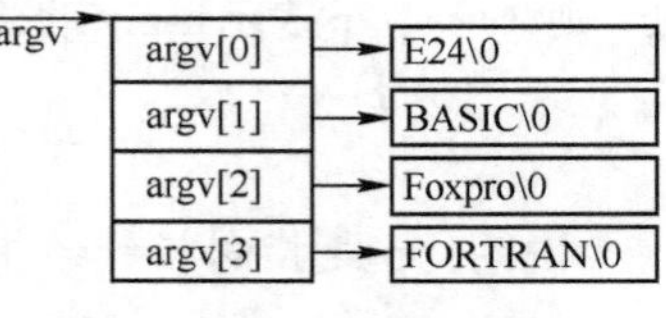

图 9-10　argv 指针数组

【例 9-40】　显示命令行中输入的参数。

```
int main(int argc,char *argv[]){
    while(argc-->1) printf("%s\n",*++argv);
}
```

本例是显示命令行中输入的参数。如果可执行文件名为 E24.exe，存放在 C 盘根目录内。因此输入的命令行为：C:\>E24 BASIC Foxpro FORTRAN。

运行结果：

```
C:\>E24 BASIC Foxpro FORTRAN
BASIC
Foxpro
FORTRAN
```

说明：该行共有 4 个参数，执行 main 时，argc 的初值即为 4。argv[]的 4 个元素分为 4 个字符串的首地址。执行 while 语句，每循环一次 argc 值减 1，当 argc 等于 1 时停止循环，共循环 3 次，因此共可输出 3 个参数。在 printf 函数中，由于打印项*++argv 是先加 1 再打印，故第一次打印的是 argv[1]所指的字符串 BASIC。第二、三次循环分别打印后两个字符串。而参数 E24 是文件名，不必输出。

9.10　应用实例

【例 9-41】　实践 printf 函数多参数时的求值顺序问题（参阅 4.5 节）。

```
#include <stdio.h>
int main(void)
{   int a[5]={1,2,3,4,5}; int *p = a;
    printf("%d %d ",(*(++p))++,*p++);
    printf("%d\n",a[2]);
}
```

运行结果：VC++ 2010 `3 1 4`；VC++ 6.0 `2 1 3`；Win-TC `3 1 4`

【例 9-42】 毫秒表时间显示功能。

```
#include<windows.h>
int main(void)
{   SYSTEMTIME sys;                        //定义系统时间结构变量 sys
    char *week[]={"星期日","星期一","星期二","星期三","星期四","星期五","星期六"};
    while(1){
      system("cls");                       //清屏
      GetLocalTime( &sys );                //获取本地系统时间
      printf( "%4d/%02d/%02d %02d:%02d:%02d.%03d %s\n",sys.wYear,sys.wMonth,
sys.wDay,sys.wHour,sys.wMinute, sys.wSecond,sys.wMilliseconds,week[sys.wDayOfWeek]);
      //定义 week 指针数组，week[sys.wDayOfWeek]为各星期名的字符串指针
      _sleep(1);                           //暂停 1 毫秒，即每 1 毫秒系统时间刷新一次
    }
}
```

运行结果（某一瞬间）：`2013/02/09 21:38:43.484 星期六`

【例 9-43】 反向输出一个字符串，首先要输出字符串本身，再输出反向字符串。

分析：如将“This is a C program.”本身显示在屏幕上并反向输出，其结果在屏幕上应输出：“This is a C program..margorp C a si sihT”。本题可以使用字符串来循环显示，也可以使用递归函数完成。以下是采用递归调用方法编写的程序。

```
#include <stdio.h>                         /* 使用 printf 等库函数需要 */
#include <string.h>                        /* 使用 strcpy 等库函数需要 */
void reversedisplay(char s[],int no);      /* 自定义函数的声明 */
int main(void)                             /* 主函数，无参数，无返回值 */
{  int index=0;                            /* 显示字符的当前位置 */
   char string[81];
   strcpy(string, "This is a C program.");
   reversedisplay(string,index);           /* 调用反向显示字符串函数 */
}
/*反向显示字符串函数。char s[]：表示源字符串，int no：表示显示字符的当前位置 */
void reversedisplay(char s[],int no)       /* 自定义函数的声明 */
{  if(s[no])                               /* 遇到\0 字符时显示结束 */
    {  printf("%c",s[no]);                 /* 显示源字符串的每个字符 */
       reversedisplay(s,no+1);             /* 递归调用 */
       printf("%c",s[no]);                 /* 反向显示字符串的每个字符 */
    }
}
```

使用字符串来循环显示，可修改 reversedisplay()函数如下：

```
void reversedisplay(char s[],int no)   /* 自定义函数的定义 */
{  int i; printf("%s",s);
   for(i=strlen(s)-1;i>=no;i--) printf("%c",s[i]);
}
```

【例 9-44】 用 4 种方法来输入与显示数组所有元素。

1）下标法：

```
int main(void)
{  int a[10]={1,2,3,4,5,6,7,8,9,0},i;
   for (i=0;i<10;i++) scanf("%d",&a[i]); //数组元素 a[i]如同一般变量，要加“&”
   printf("\n"); for (i=0;i<10;i++) printf("%6d",a[i]);
}
```

2）通过数组名计算元素地址：

```
int main(void)
{  int a[10],i;
   for (i=0;i<10;i++)scanf("%d",a+i);//a+i 移动 i 个数组元素位置，a+i 为 i 个元素的地址
   printf("\n"); for (i=0;i<10;i++) printf("%6d",*(a+i));
}
```

3）通过指针变量操作数组元素：

```
int main(void)
{  int a[10],i,*p;
   for (p=a,i=0;i<10;i++)scanf("%d",p+i);//p+i 可改为&p[i]，p+i 移动 i 个数组元素位置
   printf("\n"); for (p=a,i=0;i<10;i++)printf("%6d",*(p+i)); //*(p+i)可改为 p[i]
}
```

4）通过指针变量自增操作数组元素：

```
int main(void)
{  int a[10],*p;
   for(p=a;p<(a+10);p++) scanf("%d",p); //p++每次移动一个数组元素位置
   printf("\n"); for (p=a;p<(a+10);p++) printf("%6d",*p);
}
```

思考：哪种方法表达简单？哪种方法效率高些？

【例 9-45】 将数组 arr 中 n 个整数按相反顺序存放。

分析：如果有数组 arr，正序为 arr[0]，arr[1]，…，arr[n-2]，arr[n-1]，相反顺序就是 arr[n-1]，arr[n-2]，…，arr[1]，arr[0]，即 arr[0]与 arr[n-1]交换，arr[1]与 arr[n-2]交换，直到数组的中间 2 个元素交换。如果数组 arr 为奇数个元素，则中间一个元素不动；如果数组 arr 为偶数个元素，则中间两个元素要交换。可以将下标从小到大地用 i 变量来循环，下标从大到小地用 j 变量来循环，即交换 a[i]和 a[j]，其中 i 取值 0，1，…，j 取值 n-1，n-2，…，直到 i=(n-1)/2 为止。

```
#define N 10
void inverter(int *x,int n)      /* 相反顺序排序 */
```

```
{   int *i,*j,*p,m,temp;
    m=(n-1)/2;                    /* 需要交换的中间位置的左边元素个数 */
    i=x;                          /* 第一个元素的地址赋给递增变量 */
    j=x+n-1;                      /* 最后一个元素的地址赋给递减变量 */
    p=x+m;                        /* 递增变量 i 循环的结束地址 */
    for (;i<=p;i++,j--)           /* 以上 4 条语句都可放 for 循环表达式 1 位置 */
    {   temp=*i;                  /* 循环体为前后两个数的交换 */
        *i=*j;
        *j=temp;
    }
}
int main(void)
{   int i,arr[N];
    printf("The original array:\n");
    for (i=0;i<N;i++) scanf("%d",&arr[i]);        /* 输入数组元素 */
    inverter(arr,N);                               /* 将数组反向存放 */
    printf("\nThe array has been inverted:\n");
    for (i=0;i<N;i++) printf("%d\t",arr[i]); printf("\n");
}
```

【例 9-46】 统计输入字符在输入字符串中的出现次数。

分析：通过定义一个含字符指针的函数来实现。

```
int main(void)
{   char str[40],ch; int n;
    printf("Input string: ");
    scanf("%s",str);                         /* 输入不含空格的字符串 */
    fflush(stdin);                           /* 清除键盘缓冲区全部内容 */
    printf("Input character: ");
    ch=getchar();                            /* 输入字符 */
    n=chrn(str,ch);                          /* 调用统计字符个数函数 */
    printf("n=%d\n",n);
}
int chrn(char *s,char c)                     /* 定义统计字符 c 个数的函数 */
{   int count=0;
    while(*s)                                /* 当遇到'\0'字符时结束循环 */
        if(*s++ == c) count++;               /* 如果是要统计的字符，则计数器加 1 */
    return(count);
}
```

【例 9-47】 折半法查找一个数。

分析：折半查找法（也称对分查找，或二分查找）的前提是对数组已经排序。其思想是：使用均分确定的方法，先找到本区间的中点元素；如果被查找信息的关键字小于中点元素，则关键字在本区间中点的前半部分（降序时为后半部分）；如果被查找信息的关键字大于中点元素，则关键字在本区间中点的后半部分（降序时为前半部分）。继续该过程直到找到该关键字或无法二分为止。

假设：pos—要找数的位置，x—要查找的数，low—左端点，high—右端点，mid—中间点，并且数组已按升序排列。

```
#define    N 25
int main(void)
{   int bins(int a[],int n,int x);              /* 自定义函数声明 */
    int a[N],i=1,x,pos;
    scanf("%d",&a[0]);                          /* 输入第 0 号元素 */
    while(i<N)
    {   scanf("%d",&a[i]);                      /* 输入第 i 号元素 */
        if(a[i]>=a[i-1]) i++;                   /*如果输入数据为升序，则输入下一个元素，否则重新输入*/
    }
    scanf("%d",&x);                             /* 输入要查找的数据 */
    pos=bins(a,N,x);                            /* 调用折半法查找数据的函数 */
    if(pos!=-1)
        printf("%d,%d",pos,x);                  /* 如果找到，输出位置及该数 */
    else printf("Not found");
}
/*升序折半法查找函数。int a[]—升序数组  int n—数组个数  int x—要查找的数*/
int bins(int a[],int n,int x)                   //或 int bins(int *a,int n,int x)
{   int low,high,mid;
    low=0;                                      /* low—左端点 */
    high=n-1;                                   /* high—右端点 */
    while(low<=high)
    {   mid=(low+high)/2;                       /* mid—中间点 */
        if(x>a[mid]) low=mid+1;                 /* 重新分区间段 */
        else if(x<a[mid]) high=mid-1;               /* 重新分区间段 */
        else return(mid);                           /* 返回要找数所在位置 */
    }
    return(-1);                                     /* 未找到返回-1 */
}
```

9.11 本章小结

当使用指针时要时时自问：这个是什么指针？指针的基类型是什么？该指针指向了哪里？如果能够时刻清楚地知道这几个问题的答案，就最大程序地灵活运用指针而少犯错。学习本章后，读者要能理解与区分：地址与指针的概念、指针与数组的关系；变量与变量指针为函数参数、二维数组的地址和指针概念、字符数组和字符指针的区别与联系、指向数组的指针和指针数组的区别等。如下是指针相关内容的罗列。

1．指针的种类及其含义

指针的定义及含义如表 9-1 所示。

表 9-1　指针的定义及含义

定义	含义
int i;	定义整型变量 i
int *p	p 为指向整型数据的指针变量
int a[n];	定义整型数组 a，它有 n 个元素
int *p[n];	定义指针数组 p，它由 n 个指向整型数据的指针元素组成

（续）

定义	含义
int(*p)[n];	p 为指向含 n 个元素的一维数组的指针变量，用于指向二维数组
int f();	f 为带回整型函数值的函数
int *p();	p 为带回一个指针的函数，该指针指向整型数据
int (*p)();	p 为指向函数的指针，该函数返回一个整型值
int **p;	p 是一个指针变量，它指向一个指向整型数据的指针变量
void *p;	p 是一个指针变量，基类型为 void（空类型），不指向具体的对象

2．指针运算

现把全部指针运算总结如下。

1）指针变量加（减）一个整数：

例如：p++、p--、++p、--p、p+i、p-i、p+=i、p-=i

一个指针变量加（减）一个整数并不是简单地将原值加（减）一个整数，而是将该指针变量的原值（是一个地址）和它指向的变量所占用的内存单元字节数的整数倍相加（减）。

2）指针变量赋值：将一个变量的地址赋给一个指针变量。具体定义及含义如表 9-2 所示。

表 9-2　指针变量的定义及含义

定义	含义
p=&a;	将变量 a 的地址赋给 p
p=array;	将数组 array 的首地址赋给 p
p=&array[i];	将数组 array 第 i 个元素的地址赋给 p
p=max;	设 max 为已定义的函数，将 max 的入口地址赋给 p
p1=p2;	p1 和 p2 都是指针变量，将 p2 的值赋给 p1

注意：不能按 p=1000; 的形式对指针变量赋值。

3）指针变量可以有空值，即该指针变量不指向任何变量，即“p=NULL;”。

4）两个指针变量可以相减：如果两个指针变量指向同一个数组的元素，则两个指针变量值之差是两个指针之间的元素个数。

5）两个指针变量比较：如果两个指针变量指向同一个数组的元素，则两个指针变量可以进行比较。指向前面的元素的指针变量“小于”指向后面的元素的指针变量。

3．void 指针类型

ANSI 新标准增加了一种“void”指针类型，即可以定义一个指针变量，但不指定它是指向哪一种类型数据。

特别注意：

1）指针变量一般经赋值后才能使用，有时可以给指针变量初始化为空指针（意思是暂时指针变量没有明确的指向），例如，“int *p=NULL;”中的 NULL 是预定义符号常量，可以认为其值为 0。

2）注意“*”符号多种用途，例如，“int i=1,*p=&i; *p=i*2;”中的第 1 个*号是指针变量定义符，第 2 个*号是间址运算符，第 3 个*号是乘号。

3）指针变量加（减）1，意思是指针变量向后（前）移动一个基类型所占的字节数，指针变量加（减）一个整型值依此类推。

4）在指针变量 p 指向一维数组 a 的首地址后（如“p=a;”），指针变量与数组名在表示数组元素时，往往可以等换，例如，a[1]，p[1]，*(a+1)，*(p+1)可以互换；不同之处是数组名 **a 看作常量地址**，不能对 a 改变（譬如 a++是错的），而 p 可以变化（p++是可以的）。

9.12 习题

第 9 章
习题参考答案

一、选择题

1．若有说明“int i,j=7,*p=&i;”，则与“i=j;”等价的语句是（　　）。

A．i=*p;　　B．*p=*&j;　　C．i=&j;　　D．i=**p;

2．设已有定义：“char *st="how are you";”，下列程序段中正确的是（　　）。

A．char a[11],*p;strcpy(p=a+1,&st[4]);　　B．char a[11]; strcpy(++a,st);

C．char a[11];strcpy(a, st);　　D．char a[],*p;strcpy(p=&a[1],st+2);

3．以下不能将 s 所指字符串正确复制到 t 所指存储空间的是（　　）。

A．while(*t=*s){t++;s++;}　　B．for(i=0;t[i]=s[i];i++);

C．do{*t++=*s++;}while(*s);　　D．for(i=0,j=0;t[i++]=s[j++];);

4．若已定义“int a[]={2,3,4,5,6},*p=a+1;”，则 p[2]的值是（　　）。

A．无意义　　B．3　　C．4　　D．5

5．设已定义“char s[]="ABCD";”，printf("%s",s+1)的输出值为（　　）。

A．ABCD1　　B．BCD　　C．B　　D．ABCD

6．设已定义“int a,*p;”，下列赋值表达式中正确的是（　　）。

A．*p=a　　B．p=*a　　C．*p=&a　　D．p=&a

7．若已定义“int a[]={1,2,3,4},*p=a;”，则下面表达式中值不等于 2 的是（　　）。

A．*(++a)　　B．*(p+1)　　C．*(a+1)　　D．*(++p)

8．下面字符串的初始化或赋值操作中，错误的是（　　）。

A．char a[]="OK";　　B．char *a="OK";

C．char a[10];a="OK";　　D．char *a;a="OK";

9．设已定义“char *ps[2]={"abc","1234"};”，则以下叙述中错误的是（　　）。

A．ps 为指针变量，它指向一个长度为 2 的字符串数组

B．ps 为指针数组，其两个元素分别存储字符串"abc"和"1234"的地址

C．ps[1][2]的值为'3'　　D．*(ps[0]+1)的值为'b'

10．以下程序运行后，输出结果是（　　）。

```
int main(void)
{   char *s="abcde";
    s+=2; printf("%ld\n",s);
}
```

A．cde　　B．字符 c 的 ASCII 码值

C．字符 c 的地址　　D．出错

二、阅读程序写出运行结果

1．
```
int fun(char p[][10])
{   int n=0,i;
    for(i=0;i<7;i++) if(p[i][0]=='T') n++;
    return n;
}
int main(void)
{   char str[][10]={"Mon","Tue","Wed","Thu","Fri","Sat","Sun"};
    printf("%d\n",fun(str));
}
```

2．以下程序运行时输出结果的第一行是：________；第二行是：________。

```
int fun(int *x,int n)
{   int i,j;
    for(i=j=0;i<n;i++) if(*(x+i)%2) *(x+j++)=*(x+i);
    return j;
}
int main(void)
{   int a[10]={1,5,2,3,8,3,9,7,4,10}, n,i;
    n=fun(a,10);
    for(i=0;i<n;i++){
        printf("%5d",a[i]);
        if((i+1)%3==0) printf("\n");
    }
}
```

第9章
扩展习题及其
参考答案

三、编程题（利用指针方法编写程序）

1．输入3个整数，按由大到小的顺序输出。

2．输入3个字符串，按由大到小的顺序输出。

实验9　指针及其应用

一、实验目的

1）掌握指针和指针变量、内存单元和地址、变量与地址、数组与地址的关系。

2）掌握指针变量的定义和初始化，指针变量的引用方式。

3）掌握指向变量的指针变量、指向数组的指针变量及指向字符数组指针变量的使用等。

二、实验内容

实验9
实验内容扩展

1．改错题

下列程序的功能为：求出从键盘输入的字符串的实际长度，字符串中可以包含空格键、跳格键等，但回车结束符不计入。例如，输入abcd efg后按〈Enter〉键，应返回字符串长度8。纠正程序中存在的错误，以实现其功能。

```
#include <stdio.h>
int len(char s)
{   char *p=s;
    while (p!= '\0') p++;
    return p-s;
}
int main(void)
{   char str[80]; scanf("%s",str);
    printf("\"%s\" include %d characters.\n",str,len(str));
}
```

2．程序填空题

下列程序的功能是将一个整数字符串转换为一个数，如字符串"3678"转换为数字 3678。选择填空，使程序实现其功能。

```
#include<string.h>
chnum(char *p);
int main(void)
{   char str[6];
    int n;
    gets(str);
    if (*str=='-') n=-chnum(str+1);
    else n=chnum(str);
    printf("%d\n",n);
}
chnum(char *p)
{   int num=0,k,len,j;
    len=strlen(p);
    for(;____①_____;p++)
    {   k=_____②_____;
        j=(--len);
        while (________③_________) {k=k*10;}
        num=num+k;
    }
    return(num);
}
```

① A．*p!= '\0'　　B．*(++p)!= '\0'　　C．*(p++)!='\0'　　D．len!<>0

② A．*p　　B．*p+'0'　　C．*p-'0'　　D．*p-32

③ A．--j　　B．j-->0　　C．-len　　D．len-->0

3．编程题

1）输入一个字符串，将其中的数字字符组成一个数字。

2）利用指针作函数参数，设计一函数对字符串进行简单加密，把字符串中的小写字母变成其后面第 3 个字母，例如，a 变为本 d，b 变为 e，最后 3 个字母 x，y，z 则分别变成字母 a，b，c。再设计一函数把加密字符串还原。主程序中输入字符串，并完成加密与还原功能。

3）设计一个指针函数，实现将字符串 b 连接到字符串 a 的后面。

第 10 章　自定义类型及其应用

用户自定义（或自构造）的数据类型有数组、结构体、共用体与枚举类型等，这些自定义类型的应用能极大地增强 C 语言对数据的表达与处理能力。本章将介绍后 3 种自定义数据类型的定义与使用。

学习重点和难点：

- 结构体
- 共用体
- 枚举类型

学习本章后，读者将学会自定义数据类型的定义与使用，进一步扩展 C 语言对多样数据的处理能力。

10.1　本章引例

【例 10-1】 计算班级学生（学生含学号、姓名、性别和某课成绩等信息）的平均成绩和不及格的人数，能按学号查找学生信息。

分析： 本例程序定义了一个外部结构体数组 stu，共初始化赋值了 5 个元素。在 main 函数中用 for 语句逐个累加各元素的 score 成员值存于 total 之中，如果 score 的值小于 60（不及格）则计数器 c 加 1，循环完毕后计算并输出全班平均分及不及格人数。再通过循环程序结构来循环输入学号（输入 0 退出查询）来查询学生信息。程序如下：

```
#include<stdio.h>
#include<string.h>
struct student
{   int num;
    char *name;
    char sex;
    float score;
}
stu[]={{101,"Li ping",'M',45},{102,"Zhang ping",'M',62.5},{103,"He fang",'F',92.5},
       {104,"Cheng ling",'F',87},{105,"Wang ming",'M',58}};
int main(void)
{   int i,c=0,xh=-1; float aver,total=0; char sex[3];
    for(i=0;i<5;i++)
    {   total +=stu[i].score;
        if(stu[i].score<60) c+=1;
    }
```

```
        aver= total / 5;
        printf("该班学生该课平均成绩为：%f，课程不及格学生有：%d 位。\n",aver,c);
        while(xh){
            printf("请输入你要查找的学生学号(输入 0 退出查询)：");scanf("%d",&xh);
            if (xh) {
                for(i=0;i<5;i++)
                {   if(stu[i].num==xh){
                        if (stu[i].sex=='M') strcpy(sex,"男");
                        else strcpy(sex,"女");
                        printf("该学生学号为：%d 的学生，姓名为：%s，性别为：%s，课程成绩为：%f\n",xh, stu[i].name, sex, stu[i].score);
                        break;
                    }
                }
                if (i==5) printf("没有找到学号：%d 的学生，请再试。\n",xh);
            }
        }
    }
```

运行结果：

```
该班学生该课平均成绩为：69.000000，课程不及格学生有：2 位。
请输入你要查找的学生学号(输入0退出查询)：102
该学生学号为：102 的学生，姓名为：Zhang ping，性别为：男，课程成绩为：62.500000
请输入你要查找的学生学号(输入0退出查询)：105
该学生学号为：105 的学生，姓名为：Wang ming，性别为：男，课程成绩为：58.000000
请输入你要查找的学生学号(输入0退出查询)：106
没有找到学号：106 的学生，请再试。
请输入你要查找的学生学号(输入0退出查询)：0
```

本引例体现了本章学习重点——结构体的基本使用方法。

10.2 如何定义结构体

在实际问题中，一组数据往往具有不同的数据类型，尽管这些数据的类型不同，但却有内在的联系。例如，在学生登记表中，姓名应为字符型；学号可为整型或字符型；年龄应为整型；性别应为字符型；成绩可为整型或实型。显然不能用一个数组来存放这一组数据。因为数组中各元素的类型和长度都必须一致，以便于编译系统处理。为了解决这个问题，C 语言中给出了另一种构造数据类型——“结构（structure）”或叫“结构体”。它相当于其他高级语言中的文件记录类型或数据库中的表记录结构。

“结构体”是一种构造类型，它是由若干“成员”组成的。每一个成员可以是一个基本数据类型，又或者是一个构造类型。既然结构体是一种“构造”而成的数据类型，那么在说明和使用之前必须先定义它，也就是构造它。如同在说明和调用函数之前要先定义函数一样。

定义一个结构体的一般形式为

```
struct 结构体名
{
    成员表列
};
```

成员表列由若干个成员组成，每个成员都是该结构体的一个组成部分。对每个成员也必须作类型说明，其形式为

类型说明符 成员名；或 类型说明符 成员名 1,…,成员名 n；

成员名的命名应符合标识符的书写规定。例如：

```
struct student
{
    int num;
    char name[20];
    char sex;
    float score;
};
```

在这个结构体定义中，结构体名为 student，该结构体由 4 个成员组成。第一个成员为 num，整型变量；第二个成员为 name，字符数组；第三个成员为 sex，字符变量；第四个成员为 score，实型变量。**注意括号后的分号是不可少的。**结构体定义之后，即可进行变量说明。凡说明为结构体 student 的变量都由上述 4 个成员组成。由此可见，结构体是一种复合的数据类型，是数目固定类型不同的若干有序成员的集合。

要注意的是：成员类型可以是各种 C 语言类型，如指针类型、另一结构体类型、共用体类型等。例如，可以在 struct student 结构类型中再增加一个学生的出生日期成员，出生日期成员的类型可以是 struct date 结构类型的。

10.3 结构体类型变量的说明

说明结构体变量有以下 3 种方法。以 10.2 节中定义的 student 为例来加以说明。

1）先定义结构体，再说明结构体变量。如：

```
struct student
{
    int num;
    char name[20];
    char sex;
    float score;
};
struct student stu1,stu2;
```

说明了两个变量 stu1 和 stu2 为 student 结构体类型。也可以用宏定义使一个符号常量来表示一个结构体类型。例如：

```
#define STU struct student
STU
{   int num;
    char name[20];
    char sex;
    float score;
};
STU stu1,stu2;
```

2）在定义结构体类型的同时说明结构体变量。例如：

```
struct student
{   int num;
    char name[20];
    char sex;
    float score;
} stu1,stu2;
//后续可以由 struct student 为结构体类型来定义其他结构体变量
```

一般形式为

```
struct 结构体名
{
    成员表列
} 变量名表列;
```

3）直接说明结构体变量。例如：

```
struct
{   int num;
    char name[20];
    char sex;
    float score;
} stu1,stu2;
```

一般形式为

```
struct
{
    成员表列
} 变量名表列;
```

第三种方法与第二种方法的区别在于第三种方法中省去了结构体名，而直接给出结构体变量。3 种方法中说明的 stu1，stu2 变量都具有图 10-1 所示的结构体。

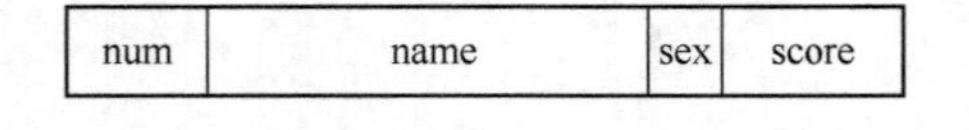

图 10-1 student 结构体示意图

说明了 stu1，stu2 变量为 student 类型后，即可向这两个变量中的各个成员赋值。

在上述 student 结构体定义中，所有的成员都是基本数据类型或数组类型。成员也可以又是一个结构体，即构成了嵌套的结构体。图 10-2 给出了另一个数据结构体。

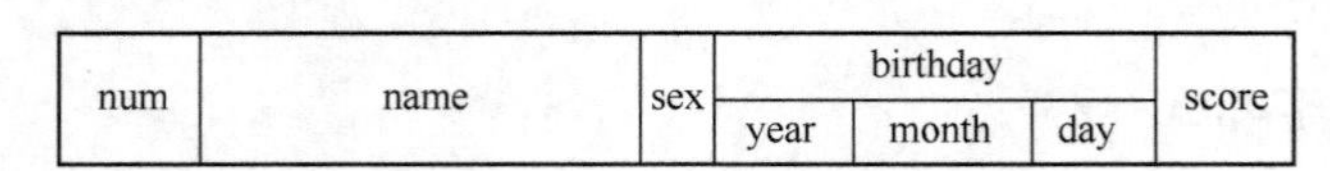

图 10-2 另一个 student 结构体示意图

按图 10-2 可给出以下结构体定义：

```
struct date
{   int year;
    int month;
    int day;
};
struct{
    int num;
    char name[20];
    char sex;
    struct date birthday; //成员类型又是一个结构体类型
    float score;
}stu1,stu2;
```

首先定义一个结构体 date，由 year（年）、month（月）、day（日）3 个成员组成。在定义并说明变量 stu1 和 stu2 时，其中的成员 birthday 被说明为 date 结构体类型。

注意：成员名可与程序中其他变量同名，互不干扰。

10.4 结构体变量

10.4.1 结构体变量成员的表示方法

在程序中使用结构体变量时，往往不把它作为一个整体来使用。在 C 语言中除了允许具有相同类型的结构体变量相互赋值以外，一般对结构体变量的使用，包括赋值、输入、输出、运算等都是通过结构体变量的成员来实现的。

表示结构体变量成员的一般形式为

结构体变量名.成员名

例如，stu1.num 即第一个人的学号；stu2.sex 即第二个人的性别。

如果成员本身又是一个结构体，则必须逐级找到最低级的成员才能使用。例如：

```
stu1.birthday.month
```

即第一个人出生的月份成员可以在程序中单独使用。

注意：成员单独使用时，与普通变量的使用完全等同。

10.4.2 结构体变量的赋值

结构体变量的赋值就是给各成员赋值，可用输入语句或赋值语句来完成。

【例 10-2】 给结构体变量赋值并输出其值。

```
int main(void)
{
    struct student
    {   int num;
        char *name;   //name 这里为指针变量
```

```
        char sex;
        float score;
    } stu1,stu2;
    stu1.num=102;                                          //成员赋值
    stu1.name="Zhang ping";                                //成员赋值
    printf("input sex and score\n");
    scanf("%c %f",&stu1.sex,&stu1.score);//成员输入
    stu2=stu1;   //stu1 的所有成员的值整体赋予 stu2
    printf("Number=%d\nName=%s\n",stu2.num,stu2.name);     //成员要逐个输出
    printf("Sex=%c\nScore=%f\n",stu2.sex,stu2.score);      //成员不能整体输出
}
```

本程序中用赋值语句给 num 和 name 两个成员赋值，name 是一个字符串指针变量。用 scanf 函数动态地输入 sex 和 score 成员值，然后把 stu1 所有成员的值整体赋予 stu2。最后分别输出 stu2 的各个成员值。本例表示出了结构体变量的赋值、输入和输出的方法。

10.4.3 结构体变量的初始化

和其他类型变量一样，结构体变量可以在定义时进行初始化赋值。

【例 10-3】 对结构体变量初始化。

```
struct student      /*在各函数外，定义的是外部结构体*/
{   int num;
    char *name;
    char sex;
    float score;
}stu2,stu1={102,"Zhang ping",'M',78.5}; /*按成员顺序逗号分隔，给出各成员常量值*/
int main(void)
{   stu2=stu1;
    printf("Number=%d\nName=%s\nSex=%c\nScore=%f\n",
                stu2.num,stu2.name,stu2.sex,stu2.score);
}
```

本例中，stu2，stu1 均被定义为外部结构体变量，并对 stu1 作了初始化赋值。在 main 函数中，把 stu1 的值整体赋予 stu2，然后用两个 printf 语句输出 stu2 各成员的值。

10.4.4 指向结构体变量的指针

一个指针变量当用来指向一个结构体变量时，称之为结构体指针变量。结构体指针变量中的值是所指向的结构体变量的首地址。通过结构体指针即可访问该结构体变量，这与数组指针和函数指针的情况是相同的。

结构体指针变量说明的一般形式为

struct 结构体名 *结构体指针变量名

例如，在前面的例题中定义了 student 这个结构体，如要说明一个指向 student 的指针变量 pstu，可写为“struct student *pstu;”。

当然也可在定义 student 结构体时同时说明 pstu。与前面讨论的各类指针变量相同，结

构体指针变量也必须要先赋值后才能使用。

赋值是把结构体变量的首地址赋予该指针变量，不能把结构体名赋予该指针变量。如果 stu 是被说明为 student 类型的结构体变量，则 pstu=&stu 是正确的，而 pstu=&student 是错误的。

结构体名和结构体变量是两个不同的概念，不能混淆。结构体名只能表示一个结构体类型，编译系统并不对它分配内存空间。只有当某变量被说明为这种类型的结构体时，才对该变量分配存储空间。因此上面&student 这种写法是错误的，不可能去取一个结构体类型名的首地址。有了结构体指针变量，就能更方便地访问结构体变量的各个成员。

访问结构体指针变量所指变量成员的一般形式为

(*结构体指针变量).成员名 或 结构体指针变量->成员名

例如，(*pstu).num 或者 pstu->num。应该注意(*pstu)两侧的括号不可少，因为成员符“.”的优先级高于“*”。如去掉括号写作*pstu.num 则等效于*(pstu.num)，这样意义就完全不对了。下面通过例子来说明结构体指针变量的具体说明和使用方法。

【例 10-4】 结构体指针变量名的定义、赋值与成员表示。

```
#include <stdio.h>
struct student
{   int num;
    char *name;
    char sex;
    float score;
} stu1={102,"Zhang ping",'M',78.5},*pstu;
int main(void)
{   pstu=&stu1;
    printf("Number=%d\nName=%s\n",stu1.num,stu1.name);              //结构体成员表示一
    printf("Sex=%c\nScore=%f\n\n",stu1.sex,stu1.score);
    printf("Number=%d\nName=%s\n",(*pstu).num,(*pstu).name);        //成员表示二
    printf("Sex=%c\nScore=%f\n\n",(*pstu).sex,(*pstu).score);
    printf("Number=%d\nName=%s\n",pstu->num,pstu->name);            //成员表示三
    printf("Sex=%c\nScore=%f\n\n",pstu->sex,pstu->score);
}
```

说明： 本例程序定义了一个结构体 student，定义了 student 类型结构体变量 stu1 并做了初始化赋值，还定义了一个指向 student 类型结构体的指针变量 pstu。在 main 函数中，pstu 被赋予 stu1 的地址，因此 pstu 指向 stu1。然后在 printf 语句内用 3 种形式输出 stu1 的各个成员值。从运行结果可以看出：

结构体变量.成员名；(*结构体指针变量).成员名；结构体指针变量->成员名

这 3 种用于表示结构体成员的形式是完全等效的。

10.5 结构体数组

10.5.1 结构体数组的定义

数组的元素也可以是结构体类型的。因此可以构成结构体数组。结构体数组的每一个元

素都是具有相同结构体类型的下标结构体变量。在实际应用中，经常用结构体数组来表示具有相同数据结构体的一个群体，例如，一个班的学生档案，一个车间职工的工资表等。方法和结构体变量相似，只需说明它为数组类型即可。例如：

```
struct student
{   int num;
    char *name;
    char sex;
    float score;
} stu[5];
```

定义了一个结构体数组 stu，共有 5 个元素，stu[0]～stu[4]。每个数组元素都具有 struct student 的结构体形式。对结构体数组可以作初始化赋值。例如：

```
struct student
{   int num;
    char *name;
    char sex;
    float score;
}stu[5]={{101,"Li ping",'M',45},{102,"Zhang ping",'M',62.5},{103,"He fang",'F',92.5},
    {104,"Cheng ling",'F',87},{105,"Wang ming",'M',58}
}   //{}括起每个学生的数据比较清晰，但内{}并不是必需的。
```

当对全部元素作初始化赋值时，也可不给出数组长度，即可将“stu[5]”改为“stu[]”。

【例 10-5】 建立同学通讯录。

```
#define NUM 3
struct schoolmate
{   char name[20];
    char phone[10];
};
int main(void)
{   struct schoolmate fellow[NUM]; int i;
    for(i=0;i<NUM;i++)
    {   printf("input name:\n");
        gets(fellow[i].name);
        printf("input phone:\n");
        gets(fellow[i].phone);
    }
    printf("name\t\t\tphone\n\n");    \\“\t” tab 键输出格式定位
    for(i=0;i<NUM;i++)
        printf("%s\t\t\t%s\n",fellow[i].name,fellow[i].phone);
}
```

本程序中定义了一个结构体 schoolmate，它有两个成员 name 和 phone 用来表示姓名和电话号码。在主函数中定义 fellow 为具有 schoolmate 类型的结构体数组。在 for 语句中，用 gets 函数分别输入各个元素中两个成员的值。然后又在 for 语句中用 printf 语句输出各元素中两个成员值。

10.5.2 指向结构体数组的指针

指针变量可以指向一个结构体数组，这时结构体指针变量的值是整个结构体数组的首地址。结构体指针变量也可指向结构体数组的任意一个元素，这时结构体指针变量的值是该结构体数组元素的首地址。

设 ps 为指向结构体数组的指针变量，则 ps 即指向该结构体数组的 0 号元素，ps+1 指向 1 号元素，ps+i 则指向 i 号元素。这与普通数组的情况是完全一致的。

【例 10-6】 用指针变量输出结构体数组。

分析：定义结构体数组并初始化，定义结构体指针变量指向结构体数组首元素，结构体指针变量表达引用成员并输出，逐个加 1 移动结构体指针变量遍历整个结构体数组。

```
struct student
{   int num;
    char *name;
    char sex;
    float score;
}stu[]={{101,"Zhou ping",'M',45}, {102,"Zhang ping",'M',62.5}, {103,"Liou fang",'F',92.5}, {104,
"Cheng ling",'F',87}, {105,"Wang ming",'M',58}};
int main(void)
{   struct student *ps;
    printf("No\tName\t\t\tSex\tScore\t\n");
    for(ps=stu;ps<stu+5;ps++)   //“5”可改为：sizeof(stu)/sizeof(struct student)
    printf("%d\t%s\t\t%c\t%f\t\n",ps->num,ps->name,ps->sex,ps->score);
}
```

说明：在程序中，定义了 student 结构体类型的外部数组 stu 并做了初始化赋值。在 main 函数内定义 ps 为指向 student 类型的指针。在循环语句 for 的表达式 1 中，ps 被赋予 stu 的首地址（这是对 ps 的初始化），然后循环 5 次，输出 stu 数组中各成员值。

应该注意的是，一个结构体指针变量虽然可以用来访问结构体变量或结构体数组元素的成员，但是不能使它指向一个成员。也就是说不允许取一个成员的地址来赋予它（因为指针的基类型与成员类型是不同的)。因此，下面的赋值是错误的。

```
ps=&stu[1].sex;
```

而只能是“ps=stu;”(赋予数组首地址) 或者是“ps=&stu[0];”(赋予 0 号元素首地址)。

10.6 结构体指针变量作函数参数

在 C 语言标准中允许用结构体变量作函数参数进行整体传送。但是这种传送要将全部成员逐个传送，特别是成员为数组时将会使传送的时间和空间开销很大，严重地降低了程序的效率。因此最好的办法就是使用指针，即用指针变量作函数参数进行传送。这时由实参传向形参的只是地址，从而减少了时间和空间的开销。

【例 10-7】 计算一组学生的平均成绩和不及格人数。用结构体指针变量作函数参数编程。

```
struct student
{   int num;
    char *name;
    char sex;
    float score;
}stu[]={ {101,"Li ping",'M',45}, {102,"Zhang ping",'M',62.5}, {103,"He fang",'F',92.5},
  {104,"Cheng ling",'F',87}, {105,"Wang ming",'M',58} };
int main(void)
{   struct student *ps;
    void aver(struct student *ps);
    ps=stu;
    aver(ps);
}
void aver(struct student *ps)    //或  void aver(struct student ps[])
{   int c=0,i;
    float avers,total=0;
    for(i=0;i<5;i++,ps++)              //或  for(;ps<stu+5;ps++)
    {
        total +=ps->score;
        if(ps->score<60) c+=1;
    }
    avers= total /5;
    printf("average=%f\ncount=%d\n",avers,c);
}
```

本程序中定义了函数 aver，其形参为结构体指针变量 ps。stu 被定义为外部结构体数组，因此在整个源程序中有效。在 main 函数中定义说明了结构体指针变量 ps，并把 stu 的首地址赋予它，使 ps 指向 stu 数组。然后以 ps 作实参调用函数 ave。在函数 aver 中完成计算平均成绩和统计不及格人数的工作并输出结果。

由于本程序全部采用指针变量作函数参数运算和处理，故速度更快，程序效率更高。而 main 和 aver 函数若改为如下程序，那传递给函数 aver 的是一个个 student 结构体的数据，那效率要差些的。

```
/* stu  结构体数组定义与初始化同上，略*/
int main(void) //本程序效率相对低，只为说明以整个结构体数据为参数虚实传递的情况
{   float total=0; int c=0,i;
    void aver(struct student,float *,int *);              //函数声明
    for(i=0;i<5;i++)   avers(stu[i],&total,&c);           //循环调用函数 5 次
    printf("average=%f\ncount=%d\n",total/5,c);           //总分与次数指针变量方式返回
}
void aver(struct student ps,float *total,int *c)          //ps 为 student 结构体变量
{
    *total +=ps.score;
    if(ps.score<60) *c+=1;
}
```

10.7 C 语言动态存储分配

在数组一章中，曾介绍过数组的长度是预先定义好的，在整个程序中固定不变。C 语言中不允许动态数组类型。例如：

```
int n;
scanf("%d",&n);
int a[n];
```

用变量表示长度，想对数组的大小作动态说明，这是错误的。但是在实际的编程中，往往会发生这种情况，即所需的内存空间取决于实际输入的数据，而无法预先确定。对于这种问题，用数组的办法很难解决。为了解决上述问题，C 语言提供了一些内存管理函数，这些内存管理函数可以按需要动态地分配内存空间，也可把不再使用的空间回收待用，为有效地利用内存资源提供了手段。

常用的内存管理函数有以下 3 个：

1．分配内存空间函数 malloc

调用形式：(类型说明符*)malloc(size)

功能：在内存的动态存储区中分配一块长度为"size"字节的连续区域。函数的返回值为该区域的首地址。

“类型说明符”表示把该区域用于何种数据类型。

(类型说明符*)表示把返回值强制转换为该类型指针。

“size”是一个无符号数，例如，“pc=(char *)malloc(100);”，表示分配 100 个字节的内存空间，并强制转换为字符数组类型，函数的返回值为指向该字符数组的指针，把该指针赋予指针变量 pc。

2．分配内存空间函数 calloc

calloc 也用于分配内存空间。

调用形式：**(类型说明符*)calloc(n,size)**

功能：在内存动态存储区中分配 n 块长度为“size”字节的连续区域。函数的返回值为该区域的首地址。

(类型说明符*) 用于强制类型转换。

calloc 函数与 malloc 函数的区别仅在于一次可以分配 n 块区域。例如，“ps=(struct student*)calloc(2,sizeof(struct student));”中的 sizeof(struct student)是求 student 的结构体长度。因此该语句的意思是按 student 的长度分配 2 块连续区域，强制转换为 student 类型，并把其首地址赋予指针变量 ps。

3．释放内存空间函数 free

调用形式：**free(void*ptr);**

功能：释放 ptr 所指向的一块内存空间，ptr 是一个任意类型的指针变量，它指向被释放区域的首地址。被释放区域应是由 malloc 或 calloc 函数所分配的区域。

【例 10-8】 malloc 与 free 使用不当的例子。

```
#include <stdlib.h>
int main(void)
{   char a[10],*p=a;
    p = (char * )malloc(10);   //p 指向申请分配区域
    p = "Hello";               //应该改为 strcpy(p,"Hello"); 这里是程序错误点
    printf("%s\n", p);
    free(p);                   //p 应指向 malloc 所分配的区域后再释放，否则错误
}
```

本例“p = "Hello";”语句使得 p 指向了"Hello"字符串，而非 malloc 分配的区域，后续的“free(p);”语句就错误了。若“p = "Hello";”语句改为“strcpy(p,"Hello");”，p 通过复制得到了"Hello"，p 仍然指向 malloc 分配的区域，这时“free(p);”执行就没问题了。

【例 10-9】 分配一块区域，输入一个学生数据。

```
#include <malloc.h>   //动态内存分配函数头文件
int main(void)
{   struct student
    {   int num;
        char *name;
        char sex;
        float score;
    } *ps;                //定义结构体指针变量 ps
    ps=(struct student*)malloc(sizeof(struct student));          //申请内存空间
    ps->num=102;
    ps->name="Zhang ping";
    ps->sex='M';
    ps->score=62.5;
    printf("Number=%d\nName=%s\n",ps->num,ps->name);          //使用内存空间
    printf("Sex=%c\nScore=%f\n",ps->sex,ps->score);
    free(ps);                                                 //释放内存空间
}
```

说明：本例中，定义了结构体 student，定义了 student 类型指针变量 ps。然后分配一块 student 大内存区，并把首地址赋予 ps，使 ps 指向该区域。再以 ps 为指向结构体的指针变量对各成员赋值，并用 printf 输出各成员值。最后用 free 函数释放 ps 指向的内存空间。整个程序包含了申请内存空间、使用内存空间、释放内存空间 3 个步骤，实现存储空间的动态分配。

10.8 C 语言链表的概念

在例 10-9 中采用了动态分配的办法为一个结构体分配内存空间。每一次分配一块空间可用来存放一个学生的数据，可称之为一个结点。有多少个学生就应该申请分配多少块内存空间，也就是说要建立多少个结点。当然用结构体数组也可以完成上述工作，但如果预先不能准确把握学生人数，也就无法确定数组大小。而且当学生留级、退学之后也不能把该元素占用的空间从数组中释放出来。

用动态存储的方法可以很好地解决这些问题。有一个学生就分配一个结点，无须预先确定学生的准确人数，某学生退学，可删去该结点，并释放该结点占用的存储空间，从而节约了宝贵的内存资源。另一方面，用数组的方法必须占用一块连续的内存区域。而使用动态分配时，每个结点之间可以是不连续的（结点内是连续的）。结点之间的联系可以用指针实现。在结点结构体中定义一个成员项用来存放下一结点的首地址，这个用于存放地址的成员，常把它称为**指针域**。

可在第一个结点的指针域内存入第二个结点的首地址，在第二个结点的指针域内又存放第三个结点的首地址，如此串联下去直到最后一个结点。最后一个结点因无后续结点连接，其指针域可赋为 0。这样一种连接方式，在数据结构中称为**“链表”**。图 10-3 为这种简单单向链表的示意图。

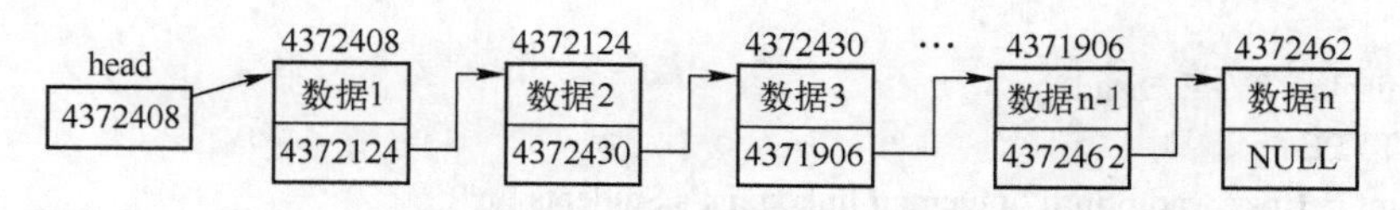

图 10-3　含 n 个结点的单向链表的示意图

图 10-3 中，第 0 个结点 head 称为头结点，它存放有第一个结点的首地址，没有数据，只是一个指针变量。以下的每个结点都分为两个域，一个是**数据域**（一般含多个结构成员），存放各种实际的数据，如学号 num、姓名 name、性别 sex 和成绩 score 等。另一个域为**指针域**，存放下一结点的首地址。链表中的每一个结点都是同一种结构类型的。

例如，一个存放学生学号和成绩的结点应为以下结构体：

```
struct student
{   int num;
    int score;
    struct student *next;
};
```

前两个成员项组成数据域，后一个成员项 next 构成指针域，它是一个指向 student 类型结构体的指针变量。

链表的基本操作有：建立链表；结构体的查找与输出；插入一个结点；删除一个结点。下面通过例题来说明这些操作。

【例 10-10】　建立一个 3 个结点的链表，存放学生数据，并遍历显示 3 个学生的数据。

分析：为简单起见，假定学生数据结构中只有学号和年龄两项。可编写一个建立链表的函数 creat。程序如下：

```
#include < malloc.h>
#define TYPE struct student
#define LEN sizeof (struct student)
struct student
{   int num;
    int age;
    struct student *next;
};
```

```
TYPE *creat(int n)
{   TYPE *head,*pf,*pb; int i;
    for(i=0;i<n;i++)
    {   pb=(TYPE*) malloc(LEN);
        printf("input Number and Age\n");
        scanf("%d%d",&pb->num,&pb->age);
        if(i= =0) pf=head=pb;
        else pf->next=pb;
        pb->next=NULL;
        pf=pb;
    }
    return(head);
}
int display(TYPE *head)
{   TYPE *ps;
    int i=1;ps=head;printf("\nOupput linked list's Students :\n");
    while(ps!=NULL)
    {   printf("No: %d Number=%d,Age=%d\n",i++,ps->num,ps->age);
        ps=ps->next;
    }
    return i-1;
}
int main(void)
{   TYPE *head;
    head= creat(3);
    display(head);
}
```

运行结果：

```
input Number and Age
1002 16
input Number and Age
1003 18
input Number and Age
1004 17

Oupput linked list's Students :
No: 1 Number=1002,Age=16
No: 2 Number=1003,Age=18
No: 3 Number=1004,Age=17
```

说明：在函数外首先用宏定义对 2 个符号常量作了定义。这里用 TYPE 表示 struct student，用 LEN 表示 sizeof(struct student)，主要的目的是为了在以下程序内减少书写并使阅读更加方便。结构体 student 定义为外部类型，程序中的各个函数均可使用该定义。

creat 函数用于建立一个有 n 个结点的链表，它是一个指针函数，它返回的指针指向 student 结构体链表首结点。在 creat 函数内定义了 3 个 student 结构体的指针变量。head 为头指针，pf 为指向两相邻结点的前一结点的指针变量，pb 为后一结点的指针变量。

display 函数用于顺序遍历与显示链表中的各学生数据。链表结点的插入与删除等进一步的应用详见 10.11 节。

10.9 共用体

"共用体"也是一种构造类型的数据结构。在一个"共用体"内可以定义多种不同的数据类型，一个被说明为该"共用体"类型的变量中，允许装入该"共用体"所定义的任何一种数据。这在前面的各种数据类型中都是办不到的。例如，定义为整型的变量只能装入整型数据，定义为实型的变量只能赋予实型数据。

在实际问题中有很多这样的例子。例如，在学校的教师和学生中填写以下表格：姓名、年龄、职业、单位。"职业"一项可分为"教师"和"学生"两类，对"单位"一项学生应填入班级编号，教师应填入某系某教研室。班级可用整型量表示，教研室只能用字符或字符数组类型。要求把这两种类型不同的数据都填入"单位"变量中，就必须把"单位"定义为包含整型和字符型数组这两种类型的"共用体"。

"共用体"与"结构体"有一些相似之处，但两者有本质上的不同。在结构体中，各成员有各自的存储空间，一个结构体变量的总长度是各成员长度之和。而在"共用体"中，各成员共享一段存储空间，一个共用体变量的长度等于各成员中最长的长度。应该说明的是，这里所谓的共享不是指把多个成员同时装入一个共用体变量内，而是指该共用体变量可被赋予任一成员值，但每次只能赋一种值，赋入新值则冲去旧值。如前面介绍的"单位"变量，如定义为一个可装入"班级"或"教研室"的共用体后，就允许赋予整型值（班级）或字符串（教研室）。要么赋予整型值，要么赋予字符串，不能把两者同时赋予它。一个共用体类型必须经过定义之后，才能把变量说明为该共用体类型。

10.9.1 共用体的定义

定义一个共用体类型的一般形式为

```
union 共用体名
{
    成员表
};
```

成员表中含有若干成员，成员的一般形式为

```
类型说明符 成员名
```

其中，成员名的命名应符合标识符的规定。

例如：

```
union perdata
{
    int class;
    char office[10];
};
```

定义了一个名为 perdata 的共用体类型，它含有两个成员，一个为整型，成员名为 class；另一个为字符数组，数组名为 office。共用体定义之后，即可进行共用体变量说明，被说明为 perdata 类型的变量，可以存放整型量 class 或存放字符数组 office。

10.9.2 共用体变量的说明

共用体变量的说明和结构体变量的说明方式相同，也有 3 种形式。即先定义类型再说明变量；定义类型同时说明变量和直接说明变量。以 perdata 类型为例，说明如下。

```
union perdata
{   int class;
    char officae[10];
};
union perdata a,b;   /*说明 a,b 为 perdata 类型*/
```

或者可同时说明为

```
union perdata
{   int class;
    char office[10];
} a,b;
```

或直接说明为

```
union
{   int class;
    char office[10];
}a,b;
```

经说明后的 a，b 变量均为 perdata 类型。它们的内存分配示意图如图 10-4 所示。

a，b 变量的长度应等于 perdata 的成员中最长的长度，即等于 office 数组的长度，共 10 个字节。从图 10-4 中可见，a，b 变量若赋予整型值时，只使用了 2 或 4 个字节，而赋予字符数组时，可用 10 个字节。

图 10-4　perdata 类型变量内存分配示意图

10.9.3 共用体变量的赋值和使用

对共用体变量的赋值与使用都只能是对变量的成员进行。共用体变量的成员表示为

共用体变量名.成员名

例如，a 被说明为 perdata 类型的变量之后，可使用 a.class，a.office。不允许只用共用体变量名作赋值或其他操作。也不允许对共用体变量作初始化赋值，赋值只能在程序中进行。还要再强调说明的是，一个共用体变量，每次只能赋予一个成员值，即某一时刻一个共用体变量的值只能有共用体变量的某一个成员的值。

【例 10-11】 设有一个教师与学生通用的表格，教师数据有姓名、年龄、身份标志、教研室 4 项。学生有姓名、年龄、身份标志、班级 4 项，编程输入人员数据，再以表格输出。

```
#include <stdio.h>
```

```
int main(void)
{   struct
    {   char name[10];
        int age;
        char job;   //'s'代表学生，'t'代表老师
        union
        {   int class;
            char office[10];
        } depa;
    } body[2];
    int i;
    for(i=0;i<2;i++)
    {
        printf("input name,age,job and department\n");
        scanf("%s %d %c",body[i].name,&body[i].age,&body[i].job);
        if(body[i].job=='s')                        //'s'代表学生，输入班级号
            scanf("%d",&body[i].depa.class);
        else                                        //'t'代表老师，输入教研室名称
            scanf("%s",body[i].depa.office);
    }
    printf("name\t age job class/office\n");        //以下是输出
    for(i=0;i<2;i++)
    {   if(body[i].job=='s')
            printf("%s\t%3d %3c %d\n",body[i].name,body[i].age,body[i].job,
                                body[i].depa.class);
        else
            printf("%s\t%3d %3c %s\n",body[i].name,body[i].age,body[i].job,
                                body[i].depa.office);
    }
}
```

说明：本例程序用一个结构体数组 body 来存放人员数据，该结构体共有 4 个成员。其中成员项 depa 是一个共用体类型的成员，这个共用体成员又由两个成员组成，一个为整型量 class，另一个为字符数组 office。在程序的第一个 for 语句中，输入人员的各项数据，先输入结构体的前 3 个成员 name，age 和 job，然后判别 job 成员项，如为"s"则对共用体 depa.class 输入(对学生赋班级编号)，否则对 depa.office 输入（对教师赋教研室名）。

在用 scanf 语句输入时要注意，凡为数组类型的成员（主要指字符数组或字符指针），无论是结构体成员还是共用体成员，在该项前不能再加"&"运算符。如程序第 16 行中“body[i].name”是一个数组类型，第 20 行中的“body[i].depa.office”也是数组类型，因此在这两项之前不能加"&"运算符。程序中的第 2 个 for 语句用于输出各成员项的值。

10.10 C 语言枚举类型

在实际问题中，有些变量的取值被限定在一个有限的范围内。例如，一个星期内只有七

天，一年只有 12 个月，一个班每周有 10 门课程等。如果把这些量说明为整型、字符型或其他类型显然是不妥当的。为此，C 语言提供了一种称为“枚举”的类型。在“枚举”类型的定义中列举出所有可能的取值，被说明为该“枚举”类型的变量取值不能超过类型定义时的范围。应该说明的是，枚举类型是一种自定义式的基本数据类型，而不是一种构造类型，因为它不能再分解为任何基本类型。

10.10.1 枚举类型的定义及其变量说明

1．枚举的定义

枚举类型定义的一般形式为

enum 枚举名{ 枚举值表 };

在枚举值表中应罗列出所有可用值，这些值也称为**枚举元素**。例如：

```
enum weekday { sun,mon,tue,wed,thu,fri,sat };
```

该枚举类型名为 weekday，枚举值共有 7 个，即一周中的 7 天。凡被说明为 weekday 类型变量的取值只能是 7 天中的某一天。

2．枚举变量的说明

如同结构体和共用体一样，枚举变量也可用不同的方式说明，即先定义后说明，同时定义说明或直接说明。设有变量 a，b，c 被说明为上述的 weekday，可采用下述任意一种方式。

```
enum weekday{ sun,mon,tue,wed,thu,fri,sat };
enum weekday a,b,c;                                  //方式 1
enum weekday{ sun,mon,tue,wed,thu,fri,sat }a,b,c;    //方式 2
enum { sun,mon,tue,wed,thu,fri,sat }a,b,c;           //方式 3
```

10.10.2 枚举类型变量的赋值和使用

枚举类型在使用中有以下规定。

1）枚举值是常量，不是变量。不能在程序中用赋值语句对枚举值（或枚举元素）赋值。例如，对枚举 weekday 的元素再作以下赋值，都是错误的。

```
sun=5;
mon=2;
sun=mon;
```

2）枚举元素本身由系统定义了一个表示序号的数值，从 0 开始顺序定义为 0，1，2，……，例如，在 weekday 中，sun 值为 0，mon 值为 1，……，sat 值为 6。

【例 10-12】 对枚举变量赋值，并输出这些变量值对应的整形序号。

```
#include <stdio.h>
int main(void){
  enum weekday { sun,mon,tue,wed,thu,fri,sat } a,b,c;
  a=sun;
  b=mon;
  c=tue;
```

```
    printf("%d,%d,%d",a,b,c);
}
```

运行结果：0,1,2

说明：

1）只能把枚举值赋予枚举变量，不能把元素的数值直接赋予枚举变量。例如，"a=sun;b=mon;"是正确的。而"a=0;b=1;"是错误的。如一定要把数值赋予枚举变量，则必须用强制类型转换。例如，"a=(enum weekday)2;"的意义是将顺序号为 2 的枚举元素赋予枚举变量 a，相当于"a=tue;"。

2）枚举元素不是字符常量也不是字符串常量，使用时不要加单、双引号。

【例 10-13】 定义 month 枚举数组，并输出该月星期情况。

```
int main(void){
  enum body {one,two,three,four,five,six,seven} month[31],j; //定义 month 星期数组
  int i; printf("Please input the first day's day of week(1-mon,..7-sun):");
  scanf("%d",&i);                  //输入该月第一天是星期几，1-周一，…7-周日
  j=(enum body)(i-1)%7;            //对枚举变量 j 赋值
  for(i=1;i<=30;i++){
      month[i]=j++;                //j++ 枚举变量加 1，表示后一个枚举值
      if (j>seven) j=one;          //j 超出最后一个枚举值，则设置为第一个枚举值
  }
  for(i=1;i<=30;i++)               //赋值结束，以下对 month 星期数组输出
  {   switch(month[i])             //枚举值是整型的子集，可以用于 switch 语句
      {   case one:printf("%2d %s\t",i,"一"); break;   //对应输出星期几
          case two:printf("%2d %s\t",i,"二"); break;
          case three:printf("%2d %s\t",i,"三"); break;
          case four:printf("%2d %s\t",i,"四"); break;
          case five:printf("%2d %s\t",i,"五"); break;
          case six:printf("%2d %s\t",i,"六"); break;
          case seven:printf("%2d %s\t",i,"日"); break;
          default:break;
      }
      if (i%7= =0) printf("\n");   //7 天换一行
  }
  printf("\n");
}
```

运行结果：

```
Please input the first day's day of week(1-mon,..7-sun):2
 1 二     2 三     3 四     4 五     5 六     6 日     7 一
 8 二     9 三    10 四    11 五    12 六    13 日    14 一
15 二    16 三    17 四    18 五    19 六    20 日    21 一
22 二    23 三    24 四    25 五    26 六    27 日    28 一
29 二    30 三
```

10.11 C 语言类型定义符 typedef

C 语言不仅提供了丰富的数据类型，而且还允许由用户自己定义类型说明符，也就是说

允许由用户为数据类型取“别名”。类型定义符 typedef 即可用来完成此功能。例如，有整型量 a，b 的说明如下：

```
int a,b;
```

其中，int 是整型变量的类型说明符。int 的完整写法为 integer，为了增加程序的可读性，可把整型说明符用 typedef 定义为

```
typedef int INTEGER
```

以后就可用 INTEGER 来代替 int 作整型变量的类型说明了。例如，“INTEGER a,b;”等效于“int a,b;”。

用 typedef 定义数组、指针、结构体等类型将带来很大方便，不仅使程序书写简单而且使意义更为明确，因而增强了可读性。例如，“typedef char NAME[20];”表示 NAME 是字符数组类型，数组长度为 20。然后可用 NAME 说明变量，如“NAME a1,a2,s1,s2;”完全等效于“char a1[20],a2[20],s1[20],s2[20]”。又如下面的定义：

```
typedef struct student
{   char name[20];
    int age;
    char sex;
} STU;
```

定义 STU 表示 student 的结构体类型，然后可用 STU 来说明结构体变量：

```
STU stu1,stu2;
```

typedef 定义的一般形式为

typedef 原类型名 新类型名

其中，原类型名中含有定义部分，新类型名一般用大写表示，以便于区别。

有时也可用宏定义来代替 typedef 的功能，但是宏定义是由预处理完成的，而 typedef 则是在编译时完成的，后者更为灵活方便。

10.12 应用实例

【例 10-14】 利用结构体输出学生成绩等记录信息。

```
#include <stdio.h>
#include <string.h>
#define FORMAT "%d\t%s\t%f\t%f\t%f\n"
struct student
{   int num;              /* 学号 */
    char name[20];        /* 姓名 */
    float score[3];       /* 3 门成绩 */
};
void print(struct student);
int main(void)
```

```
{   struct student stu;
    stu.num=12345;
    strcpy(stu.name, "Li Lin");
    stu.score[0]=67.5;
    stu.score[1]=89;
    stu.score[2]=78.6;
    print(stu);
}
void print(struct student stu)        /* 输出学生信息 */
{   printf(FORMAT,stu.num,stu.name,stu.score[0],        \
                    stu.score[1],stu.score[2]);
}
```

运行结果：

```
12345   Li Lin  67.500000        89.000000        78.599998
```

【例 10-15】 计算某日是本年的第几天。

分析：一年 12 个月，除了 2 月份有闰年和非闰年相差 1 天外，其他月份均是不变的，1 月份 31 天，2 月份 28 天（闰年 29 天），3 月份 31 天，4 月份 30 天，5 月份 31 天，6 月份 30 天，7 月份 31 天，8 月份 31 天，9 月份 30 天，10 月份 31 天，11 月份 30 天，12 月份 31 天。如果当前月份在 3 月之后，并且该年度是闰年，则总天数加 1。

```
struct yyyymmdd
{   int year;       /* 年 */
    int month;      /* 月 */
    int day;        /* 日 */
};
typedef struct yyyymmdd YMD;
int countdays(YMD date);
int main(void)
{   YMD date; int days;
    printf("Input year,month,day:");
    scanf("%d-%d-%d",&date.year,&date.month,&date.day); /* 输入年月日*/
    /* 注意这里没对年、月、日输入值加以合法性检验的 */
    days=countdays(date);              /* 计算天数 */
    printf("%d-%d-%d is the %dth day in %d.\n",date.year,date.month,
date.day,days,date.year);
}
int countdays(YMD date)
{   int days=0,i;
    int day_tab[13]={0,31,28,31,30,31,30,31,31,30,31,30,31};
    for(i=1;i<date.month;i++)
        days+=day_tab[i];              /* 累计前面月数的天数 */
    days+=date.day;                    /* 加上当月天数 */
    if((date.year%4==0&&date.year%100!=0||date.year%400==0)&&date.month>2)
        days++;                        /* 闰年且在 2 月份之后要加 1 */
    return(days);
}
```

运行结果：

```
Input year,month,day:2013-10-01
2013-10-1 is the 274th day in 2013.
```

【例 10-16】 通过共用体来操作整型数的不同字节值。

分析： 一个 int 整型数据占用 2 或 4 个字节，如果要改变其中一个字节的值，则要通过非常复杂的运算才能实现。如果将这 2 或 4 个字节看成是独立字节的话，那么要改变其中一个字节的值就很容易了。这在低级语言操作硬件系统中经常用到。这种方法在 C 语言中可以使用共用体来实现。本例将使用共用体结构来解决如何读取一个整型数据的高字节数据的问题。实现程序如下。

```
union data
{   int i;
    char c[2];
};
typedef union data DATA;
int main(void)
{ DATA r,*s=&r;              //r 为共用体变量，s 为指向 r 的指针，下面赋值后数据存放 r 中
  s->c[0]='b'; s->c[1]='a';   //给共用体成员 c 字符数组赋值
  printf("c[0]=%c,c[1]=%c,ih=%xH,id=%d\n",r.c[0],s->c[1],(*s).i,s->i);//2 个成员引用
  printf("c[0]=%d,c[1]=%d\n\n",r.c[0],s->c[1]);   //两种引用方式
  s->i=0x3833;                //给共用体成员 i 整数赋值，覆盖前成员 c 的赋值了
  printf("c[0]=%c,c[1]=%c,ih=%xH,id=%d\n",r.c[0],s->c[1],(*s).i,s->i);
  printf("c[0]=%d,c[1]=%d\n",r.c[0],s->c[1]);
}
```

运行结果：

在 VC++ 2010 中：

```
c[0]=b,c[1]=a, ih=cccc6162H,id=-859020958
c[0]=98,c[1]=97

c[0]=3,c[1]=8, ih=3833H,id=14387
c[0]=51,c[1]=56
```

在 Win-TC 中：

```
c[0]=b,c[1]=a, ih=6162H,id=24930
c[0]=98,c[1]=97

c[0]=3,c[1]=8, ih=3833H,id=14387
c[0]=51,c[1]=56
```

说明： 共用体内存变化情况如图 10-5 所示。

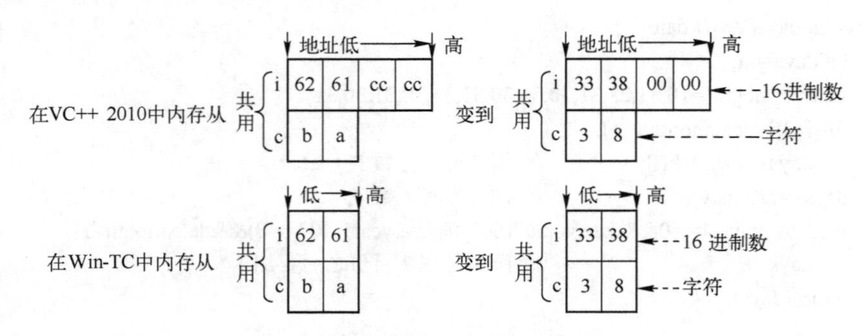

图 10-5　共用体内存变化图

在 VC++ 2010 中运行，由于整型为 4 字节，当只给 2 低字节分别赋值为'b','a'时，另外 2 高字节内容未知（随机或不确定），为此，得到的 16 进制值为 cccc6162H（其 10 进制值为 -859020958，不同机器运行结果可能不同）；而当给另一共用体成员 i 赋值为 0x3833 时，整个 4 个字节相当于存放 0x00003833，两高字节为 0x0000，相当于只用了两个字节，为此与在 Win-TC 中运行结果相同。在 Win-TC 中整型为 2 字节，当使用语句“s->c[0]='b'; s->c[1]='a';”赋值后，从成员 i 角度看为“0x6162H”（其 10 进制值为 14387）；当使用语句“s->i=0x3833;”赋值后，从 c 字符数组角度看两字节分别为'3'与'8'。

【例 10-17】 链表操作集中示例。

链表操作是 C 语言中一个难点。牵扯到结构操作、动态分配空间等。用结构作为链表的结点是非常适合的，例如：

```
struct node {
    int data;
    struct node *next;
};
```

其中，next 是指向自身所在结构类型的指针，这样就可以把一个个结点相连，构成链表。链表结构的一大优势就是动态分配存储，不会像数组一样必须在定义时确定大小，造成不必要的浪费。用 malloc 和 free 函数即可实现开辟和释放存储单元。malloc 的参数多用 sizeof 运算符计算得到。

链表的基本操作有正、反向建立链表；查找并输出链表；删除链表中结点；在链表中插入结点等都是要熟练掌握的，初学者通过画图的方式能比较形象地理解建立、插入、删除链表等实现的过程。如下是这些链表的基本操作对应设计成的函数。

```
typedef struct node { int data; struct node *next; } NODE; /*定义结点类型 NODE */
NODE *create_f()                                    /*正向建立链表*/
{   char ch='a';
    NODE *p,*h=NULL,*q=NULL;
    while(ch<='z') {
        p=(NODE *)malloc(sizeof(NODE));     /*强制类型转换为指针*/
        p->data=ch;
        if(h= =NULL) h=p;
        else q->next=p;
        ch++; q=p;
    }
    q->next=NULL;      /*链表结束*/
    return h;
}
NODE *create_b()      /*逆向建立*/
{   char ch='a';
    NODE *p,*h=NULL;
    while(ch<='z') {
        p=(NODE *)malloc(sizeof(NODE));
        p->data=ch;
        p->next=h;         /*不断地把 head 往前挪*/
```

```
        h=p; ch++;
    }
    return h;
}
void output_f(NODE *h)              /*用递归实现链表正序输出*/
{   if(h!=NULL)
    {   printf("%c ",h->data);
        output_f(h->next);
    }
}
void output_b(NODE *h)              /*用递归实现链表逆序输出*/
{   if(h!=NULL)
    {   output_b(h->next);
        printf("%c ",h->data);
    }
}
NODE *insert(NODE *h,int x)         /*插入结点（已有升序的链表）*/
{   NODE *new,*front,*current=h;
    while(current!=NULL&&(current->data<x))      /*查找插入的位置*/
    {   front=current;
        current=current->next;
    }
    new=(NODE *)malloc(sizeof(NODE));
    new->data=x; new->next=current;
    if(current==h)                  /*判断是否是要插在表头*/
        h=new;
    else front->next=new;
    return h;
}
NODE *delete(NODE *h,int x)         /*删除结点*/
{   NODE *q,*p=h;
    while(p!=NULL&&(p->data!=x)){ q=p; p=p->next; }
      if(p->data==x)                /*找到了要删的结点*/
      {   if(p==h) h=h->next;       /*判断是否要删表头*/
          else q->next=p->next;
          free(p);                  /*释放掉已删掉的结点*/
      }
    return h;
}
```

设计一个综合调用以上函数的 main 主函数，程序如下，运行结果扫描二维码查看。

```
int main(void)
{   NODE *p1,*p2;   char ch='z';
    p1=create_f();                  /*正向建立链表*/
    output_f(p1); printf("\n");     /*用递归实现链表正序输出*/
    output_b(p1); printf("\n");     /*用递归实现链表逆序输出*/
```

链表操作集中
示例运行结果

```
    p2=create_b();                      /*逆向建立链表*/
    output_f(p2); printf("\n");         /*用递归实现链表正序输出*/
    output_b(p2); printf("\n");         /*用递归实现链表逆序输出*/
    p1=insert(p1,65);                   /* 插入字母 A 到链表 */
    p1=insert(p1,66);                   /* 插入字母 B 到链表 */
    output_f(p1); printf("\n");         /*用递归实现链表正序输出*/
    p1=delete(p1,66);                   /*从链表中删除字母 B */
    output_f(p1); printf("\n");         /*用递归实现链表正序输出*/
    p1=delete(p1,65);                   /*从链表中删除字母 A */
    output_f(p1); printf("\n");         /*用递归实现链表正序输出*/
    while(ch>='a') {                    /*循环删除并释放所有结点*/
        p1=delete(p1,ch);               /*从链表中删除字母 ch */
        output_f(p1);printf("\n");      /*用递归实现链表正序输出*/
        ch--;
    }
}
```

【例 10-18】 创建单链表（逆向创建），输入要查找的数值，查找链表并显示结果。若数值不存在，则结束查找。

```
#include <stdlib.h>
typedef int datatype;                   //定义 int 类型 datatype
typedef struct node{
    datatype data;
    struct node *next;
} listnode;                             //定义结构类型 listnode
typedef listnode * linklist;            //定义结构指针类型 linklist
listnode *p ;                           //定义结构指针变量 p
linklist createlist()                   //定义返回结构指针类型的创建链表函数 createlist
{   int ch;
    linklist head;                      //定义结构指针变量 head
    listnode *p;                        //定义结构指针变量 p
    head=NULL;
    scanf("%d",&ch);
    while (ch!=0){
        p=(listnode*)malloc(sizeof(listnode));p->data=ch;p->next=head;
        head=p;
        scanf("%d",&ch);
    }
    return (head);
}
listnode * findkey(linklist head,datatype key)
{   listnode * p=head;
    while(p && p->data!=key) p=p->next;
    if(p!=NULL) printf("要查找的数值是：%d\n",(p->data));
    else printf("要查找的数不存在！\n");
    return p;
```

```
}
int main(void)
{   linklist list;
    listnode *node;
    datatype key=5;
    printf("请输入创建链表的值(0-结束输入)：\n");
    list=createlist();
    while(key!=0){
        printf("请再输入要查找的数值(0-结束输入)\n"); scanf("%d",&key);
        node= findkey(list,key);
    }
    return 0;
}
```

【例 10-19】 创建单链表（正向创建），删除链表中的重复元素，并输出去除重复元素后的链表。

```
#include <stdlib.h>
typedef struct Node {
    int data;
    struct Node *next;
}NODE;
NODE *createlist()                        //正序建链表
{   int ch;
    NODE *last=NULL;
    NODE *p,*head=NULL;
    while (ch!=0){
        p=(NODE*)malloc(sizeof(NODE));
        scanf("%d",&ch); p->data=ch; p->next=NULL;
        if(head= =NULL){
            head=p;last=p;
        }
        else { last->next=p;last=p; }
    }
    return head;
}
NODE *compress(NODE *head)
{   NODE *ptr,*q;
    ptr =head->next;                      /*取得第一个元素结点的指针 */
    while(ptr&& ptr->next){
        q = ptr->next;
        while(q&&(q->data= =ptr->data)) { /*处理重复元素 */
            ptr->next=q->next;
            free(q);
            q=ptr->next;
        }
        ptr=ptr->next;
```

```
        }
        return (head);
    }
    void out(NODE *head){
        NODE *ptr;
        ptr =head;                          /*取得第一个元素结点的指针 */
        printf("处理后链表是：\n");
        while(ptr->next){
            printf("%3d",ptr->data);
            if(ptr->next!=NULL) ptr= ptr->next;
        }
    }
    int main(void)
    {   NODE *list,*list1;
        printf("请输入链表的值(0-结束输入)：\n ");
        list=createlist();
        list1=compress(list);
        out(list1); printf("\n");           //输出链表
    }
```

运行程序，读者会发现，程序只能删除链表中相邻的重复元素而不能删除不相邻的链表重复元素。若替换成如下 compress 函数，读者再运行实践，看是否可以？

```
NODE *compress(NODE *head)
{   NODE *ptr,*q,*q2;
    ptr =head->next;                    /*取得第一个元素结点的指针 */
    while(ptr&& ptr->next){
        q2=ptr;q = ptr -> next;         //q2,q 为下一循环语句处理中需要的一前一后两指针
        while(q) {                      /*处理整个链表中重复元素 */
            if (q->data==ptr->data){
                q2->next= q -> next;
                free(q);                //注意：是释放 q 指向的结构体存储单元，并非消除 q
                q = q2 -> next;         //q 重新指向下一个结点
            }else{q2=q;q=q->next;}      //q2,q 相邻后一个结点
        }
        ptr= ptr->next;
    }
    return (head);
}
```

10.13 本章小结

1）结构体和共用体是两种构造类型数据，是用户定义新数据类型的重要手段。结构体和共用体有很多的相似之处，它们都由成员组成。成员可以具有不同的数据类型。成员的表示方法相同，都可用 3 种方式作变量说明。

2）在结构体中，各成员都占有自己的存储空间，它们是同时存在的。一个结构体变量

的总长度等于所有成员长度之和。在共用体中，所有成员不能同时占用它的存储空间，它们相互不能同时存在，共用体变量的长度等于最长的成员的长度。

3）“.”是成员运算符，可用它表示成员项，成员还可用“->”运算符来表示（指针表示法）。

4）结构体变量可以作为函数参数，函数也可返回指向结构体的指针变量。而共用体变量也能作为函数参数，函数也能返回指向共用体的指针变量，并可以使用指向共用体变量的指针，也可使用共用体数组。

5）结构体、共用体定义允许嵌套，结构体中可用共用体作为成员，共用体中也可用结构体作为成员，形成结构体和共用体的嵌套。

6）链表是一种重要的数据结构，它便于实现动态的存储分配。虽然本章主要介绍的是单向链表，但还可组成双向链表、循环链表等。

7）“枚举”类型的变量取值不能超过定义的范围，枚举类型可以作为函数参数。枚举类型是一种基本数据类型，而不是一种构造类型，因为它不能再分解为任何基本类型。

特别注意：

1）定义结构体、公用体、枚举类型时，注意右大括号“}”后的分号(;)不能少。

2）定义结构体、公用体、枚举类型后，得到的自定义类型的形式是：“struct 结构体名”“union 共用体名”“enum 枚举名”。

3）结构体成员有 3 种等价的表示方法：“结构体变量.成员名;”“(*结构体指针变量).成员名;”“结构体指针变量->成员名”，注意这里“.”与“->”运算优先级高于“*”间址取值运算符的。

4）除可以整体赋值或可以文件数据块整体读写（文件操作具体见下一章）外，结构体、公用体的数据一般要以成员为单位逐个处理，处理时成员的身份如同于一般变量或数组。

5）结构体最复杂的部分是链表操作，包括建立各种链表、结构体数据查找与输出、插入与删除一个结点等，可参照典型例题，掌握对链表的基本操作。

10.14 习题

第 10 章
习题参考答案

一、选择题

1．以下对结构体变量 stu1 中成员 age 非法引用的是（　　）。

```
struct student { int age;int num;} stu1,*p; p=&stu1;
```

A．stu1.age　　B．student.age　　C．p->age　　D．(*p).age

2．以下程序在 VC++ 2010 中的运行结果是（　　）。

```
int main(void)
{   struct date { int year,month,day;} today;
    printf("%d\n",sizeof(struct date));
}
```

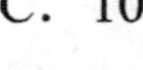

A．6　　B．8　　C．10　　D．12

3．根据下面的定义，能打印出字母 M 的语句是（　）。

```
struct person{ char name[9]; int age; };
struct person class[10]={ "John",17, "Paul",19, "Mary",18, "adam",16};
```

A．printf("%c\n",class[3].name[0]);　　B．printf("%c\n",class[3].name[1]);

C．printf("%c\n",class[2].name[1]);　　D．printf("%c\n",class[2].name[0]);

4．若已经定义“struct student {int a,b;} stu;”，则下列输入语句中正确的是（　）。

A．scanf("%d",&a);　　B．scanf("%d",&stu.a);

C．scanf("%d",&student.a);　　D．scanf("%d",&stu);

5．已知学生记录描述为

```
struct student
{   int no;
    char name[20];
    char sex;
    struct
    { int year; int month; int day;
    } birth;
};
struct student s;
```

设变量 s 中的“生日”应该是“1984 年 1 月 1 日”，对“生日”的正确赋值方式是（　）。

A．year=1984;month=1;day=1;

B．s.birth.year=1984;s.birth.month=1;s.birth.day=1;

C．s.year=1984;s.month=1;s.day=1;

D．birth.year=1984; birth.month=1; birth.day=1;

6．设有以下语句：

```
struct st{ int n; struct st *next;};
struct st a[3]={5, &a[1], 7, &a[2], 9, '\0'},*p;
p=&a[0];
```

则以下表达式的值为 6 的是（　）。

A．p++->n　　B．p->n++　　C．(*p).n++　　D．++p->n

7．当定义一个结构体变量时，系统分配给它的内存是（　）。

A．成员中占内存量最大者所需的容量　　B．结构体中第一个成员所需内存量

C．各成员所需内存的总和　　D．结构体中最后一个成员所需内存量

8．设有以下说明语句“struct student {int i;float f;} stu;”，则以下叙述中不正确的是（　）。

A．struct 是结构体类型的关键字　　B．struct student 是用户定义的结构体类型名

C．stu 是用户定义的结构体类型名　　D．i 和 f 都是结构体成员名

9．若有以下程序段：

```
struct stnm { int n;int *m;};
int a=1,b=2,c=3;
```

```
struct stnm s[3]={{101,&a},{102,&b},{103,&c}};
int main(void)
{   struct stnm *p;
    p=s; …
}
```

则以下表达式的值为 2 的是（ ）。

A．(p++)->m　　B．*(p++)->m　　C．(*p).m　　D．*(++p)->m

10．若有以下说明和语句：

```
struct student { int num;int age; };
struct student stu[3]={{1001,20},{1002,19},{1003,21}};
struct student *p;
p=stu;
```

则下面表达式中的值为 1002 的是（ ）。

A．(++p)->num　　B．(++p)->age　　C．(*p).num　　D．(*p++).age

二、阅读程序写出运行结果

1．若有以下说明语句，则指针变量 p 对结构体变量 pup 中 sex 域的正确引用是________。

```
struct student { char name[20]; int sex;} pup,*p;
p=&pup;
```

2．若有以下程序段：

```
struct dent { int n; int *m; }
int a=1,b=2,c=3;
struct dent s[3]={{101,&a},{102,&b},{103,&c}};
struct dent *p=s;
```

则表达式 *(++p)->m 的值是________。

第 10 章
扩展习题及其
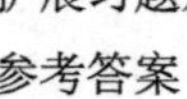
参考答案

三、编程题

1．用结构体变量表示平面上的一个点（横坐标和纵坐标），输入两个点再求两个点之间的距离。

2．用结构体表示日期（年月日），任意输入两个日期，求它们之间相差的天数。

实验 10　自定义类型及其应用

一、实验目的

1）掌握结构体类型变量的定义和使用。

2）掌握结构体类型数组的概念和应用。

3）掌握链表的概念，初步学会对链表进行操作。

二、实验内容

1．改错题

下列程序的功能为：按学生姓名查询其排名和平均成绩。查询可连续进行，直到输入 0 时结束。纠正程序中存在的错误，以实现其功能。

```
#include <string.h>
#define NUM 5
struct student
{   int rank;              /* 学生排名 */
    char name;             /* 学生姓名 */
    float score;           /* 学生成绩 */
} stu[]={5,"Cary",95.8,3,"Tom",89.3,4,"Mary",78.2,1,"Jack",95.1,2,"Jim",90.6};
int main(void)
{ char str[10]; int i;
  do
  {   printf("Enter a name: ");
      scanf("%s",&str);
      for(i=0;i<NUM;i++)
          if ((strcmp(str,stu[i].name)!=0))
          {   printf("name:%5s\n",stu[i].name);
              printf("rank:%d\n",stu[i].rank);
              printf("average:%5.1f\n",stu[i].score);
              continue;
          }
          if (i>=NUM) printf("Not found\n");
  } while(strcmp(str,"0")!=0);
}
```

2．程序填空题

设有 3 人的姓名和年龄存储在结构数组中，以下程序的功能是：输出 3 人中年龄居中者的姓名和年龄。补充完善程序以实现其功能。

```
static struct person
{   char name[20];
    int age;
} person[]={"Li-ming",18, "wang-hua",19, "zhang-ping",20};
int main(void)
{   int i,max,min;
    max=min=person[0].age;
    for(i=1;i<3;i++)
        if (person[i].age>max) ______________________;
        else if (person[i].age<min) ____________________;
    for(i=0;i<3;i++)
        if (person[i].age!=max______ person[i].age!=min)
        { printf("%s %d\n",person[i].name,person[i].age); break; }
```

}

3．编程题

1）从键盘输入 5 名学生的信息，包含学号、姓名、数学成绩、英语成绩、C 语言成绩，求每个学生 3 门课程的总分，输出总分最高和最低的学生学号、姓名和总分。

2）建立两个单向链表，按交替的顺序轮流从这两个链表中取其成员归并成为一个新的链表，如其中一个链表的成员取完，另一个链表的多余成员依次接到新链表的尾部，并把指向新链表的指针作为函数值返回。例如，若两个链表成员分别是｛1,4,6,8,30,45｝和｛5,10,15｝，则链接成的新链表是｛1,5,4,10,6,15,8,30,45｝。

第 11 章　文件及其应用

前面章节中的程序所处理的数据都是通过键盘、显示器等标准输入/输出设备进行输入和输出的，这些数据都是暂存在内存中的。但实际上计算机中处理的数据大部分是以文件的形式存放在磁盘等外部存储器上，在外部存储器上进行的数据输入/输出通常被称为文件处理。

本章主要讲解程序处理的数据文件（称为数据文件）。C 语言提供了强大的文件处理能力，文件处理需要通过一些文件操作函数来完成。

学习重点和难点：

- 文件的概述
- 文件类型指针
- 文件的打开和关闭
- 各类文件的读写、定位、检测等操作

学习本章后，读者将学会对数据文件实施功能操作，再次扩展C语言对大量数据的处理能力。

11.1　本章引例

第 10 章的引例功能比较简单，班级 5 个学生及学生具体信息等都是预设并固定的，若学生信息变动了就不能用于下次程序运行。待学习本章内容后，能够利用文件来更灵活与更实用地管理班级学生信息。下面通过引例来领略对文件的多种操作功能。

【例 11-1】 对班级学生信息（含学号、姓名、性别、某课成绩等）开展多方面管理，管理功能有文件信息读取、保存，学生信息添加、删除、修改、查询、统计等。

分析：本例程序定义了一个外部结构体数组 stu（预设有 30 个元素），先初始化赋值了前 5 个元素。程序安排了如下 8 个管理功能。

1——显示学生信息　　5——按学号查找学生
2——添加学生信息　　6——学生成绩统计
3——删除学生信息　　7——从文件读取信息
4——修改学生信息　　8——保存信息到文件

程序进入循环显示 8 个管理菜单前，先从 students 文件中读取学生信息覆盖到 stu 结构体数组中（若文件不存在则读不到），然后输入 1～8 选择执行不同的管理功能，程序运行中选 7 或 8 随时可以对 stu 结构体数组与 students 文件进行学生信息输入或输出交互。在选 0 退出整个程序之前，程序也会调用“保存信息到文件”功能，保存内存中 stu 结构体数组中的最新信息到文件中，这样，程序下次运行时，能再从文件中读取，而恢复到上次管理时学生的信息。文件要能起到管理信息的永久保存功能，这是信息管理所必需的。如何实现 8 个管理功能，请读者自己理解与把握。程序请扫二维码查看。

源程序：

文件操作引例

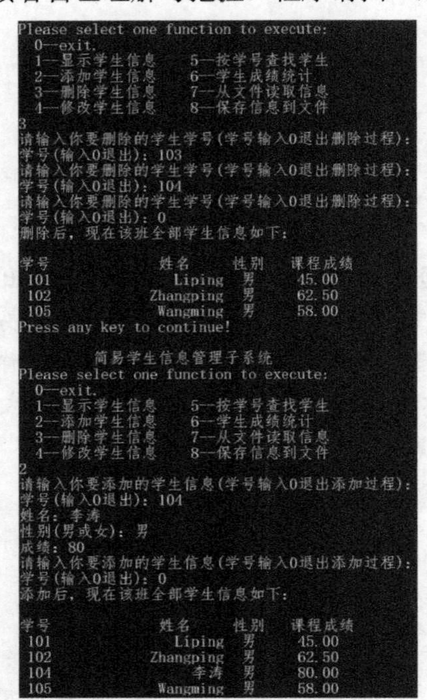

运行结果：

本引例体现了文件作为信息管理技能的基本使用方法。本引例可以看成是读者学习 C 语言后的能力与应用价值的综合呈现。

11.2 C 语言文件概述

所谓“文件”是指一组相关数据的有序集合，这个有序集合的名称叫作文件名。实际上在前面的各章中已经多次使用了文件，例如，源程序文件、目标文件、可执行文件、库文件（头文件）等。

文件通常是驻留在外部介质（如磁盘等）上的，在使用时才调入内存中来。从不同的角度可对文件作不同的分类。从用户的角度看，文件可分为普通文件和设备文件两种。

普通文件是指驻留在磁盘或其他外部介质上的一个有序数据集，可以是源文件、目标文件、可执行程序；也可以是一组待输入处理的原始数据，或者是一组输出的结果。对于源文件、目标文件、可执行程序可以称作程序文件，对输入/输出数据可称作数据文件。

设备文件是指与主机相连的各种外部设备，如显示器、打印机、键盘等。在操作系统中，把外部设备也看作是一个文件来进行管理，把它们的输入、输出等同于对磁盘文件的读和写。

通常把显示器定义为标准输出文件，文件指针为 stdout，一般情况下在屏幕上显示有关信息就是向标准输出文件输出。如前面经常使用的 printf、putchar 函数就是这类输出。

键盘通常被指定为标准输入文件，文件指针为 stdin，从键盘上输入就意味着从标准输入文件上输入数据。scanf、getchar 函数就属于这类输入。

标准错误输出也是标准设备文件，文件指针为 stderr。

从文件编码的方式来看，文件可分为 ASCII 码文件和二进制码文件两种。ASCII 文件也称为文本文件，这种文件在磁盘中存放时每个字符对应一个字节，用于存放对应的ASCII码。

例如，ASCII 码文件里数 5678 的存储形式为（4 个 8 位二进制数，即 4 个 ASCII 码）：

ASCII 码：	00110101	00110110	00110111	00111000
	↓	↓	↓	↓
十进制码：	5	6	7	8

共占用 4 个字节。

ASCII 码文件可在屏幕上按字符显示，例如，源程序文件就是 ASCII 文件，用 MS-DOS 命令 TYPE 可显示文件的内容。由于是按字符显示，因此能读懂文件内容。但 ASCII 文件占用存储空间大，在进行读、写操作时要进行二进制与十进制之间的相互转换，效率低。

二进制文件是按二进制的编码方式来存放文件数据的。

二进制文件是对不同的数据类型，按其实际占用内存字节数存放。即内存的存储形式，原样输出到磁盘上存放。例如，整型十进制数 5678，按二进制文件存放 WIN-TC 编译环境只需要 2 个字节；二进制文件里数 5678 的存储形式为：00010110 00101110。

二进制文件虽然也可在屏幕上显示，但其内容无法读懂。然而，二进制文件占用存储空间少，在进行读、写操作时不用进行二进制与十进制之间的相互转换，效率要高。C 语言系统在处理这些文件时，并不区分类型，而都看成是字符流，按字节进行处理。输入/输出字符流的开始和结束只由程序控制而不受物理符号（如〈Enter〉键）的控制。因此也把这种文件称作“流式文件”。

根据操作系统对文件处理方式的不同，把文件系统分为缓冲文件系统与非缓冲文件系统。缓冲文件系统是指操作系统在内存中为每一个正在使用的文件开辟一个读写缓冲区；非缓冲文件系统是指系统不自动开辟确定大小的内存缓冲区，而是由程序自已为每个文件设定缓冲区。

在输入数据时，先把数据从磁盘读到“输入缓冲区”，等输入缓冲区已满或强制把它清空时，再把其中的数据送到程序数据区进行处理；处理完后的数据要送到文件中保存，先放到“输出文件缓冲区”，等输出缓冲区已满或强制把它清空时，再把其中的数据送到磁盘文件。

ANSI C 标准采用缓冲文件系统。

本章将主要讨论流式缓冲文件的打开、关闭、读、写、定位等各种操作。

在 C 语言中，没有专门的文件输入/输出语句，对文件的读写都是用库函数来实现的（读写库函数一般就认为是 C 语言的输入/输出语句或命令）。基本的文件操作函数声明都在标准 I/O 库接口 stdio.h 头文件中。

11.3 文件指针

在 C 语言中用一个指针变量指向一个文件，这个指针称为**文件指针**。通过文件指针就可对它所指的文件进行各种操作。

定义说明文件指针的一般形式为

FILE *指针变量标识符;

其中，FILE 应为大写，它实际上是由系统定义的一个结构，该结构中含有文件名、文件状态和文件当前位置等信息。在编写源程序时不必关心 FILE 结构的细节。例如，“FILE *fp;”表示 fp 是指向 FILE 结构的指针变量，通过 fp 即可找到存放某个文件信息的结构变量，然后按结构变量提供的信息找到该文件，实施对文件的操作。习惯上也笼统地把 fp 称为指向一个文件的指针。

扩展阅读：FILE 的结构体类型信息

【参考知识】

FILE 的结构体类型信息，通常被放在 stdio.h 头文件内。在文件操作中，可以通过类似“FILE *fp;”这样定义的文件指针变量 fp 来获取文件操作过程中 FILE 结构体中某些成员的信息。例如：

```
printf("文件缓冲区的大小为：%d\n",fp->_bufsiz);    //输出缓冲区的大小
```

11.4 文件的打开与关闭

文件在进行读写操作之前要先打开，使用完毕要关闭。所谓打开文件，实际上是建立文件的各种有关信息，并使文件指针指向该文件，以便能对其进行读、写等操作。关闭文件则是断开指针与文件之间的联系，也就是禁止再对该文件进行操作。

11.4.1 文件打开函数 fopen

对文件的操作的一般步骤包括：打开文件、文件的读写、关闭文件。

在 C 语言中，文件操作都是由库函数来完成的。这些库函数包含在 stdio.h 头文件中。

fopen 函数用来打开一个文件，其调用的一般形式为

文件指针名=fopen(文件名,使用文件方式);

其中，“文件指针名”必须是被说明为 FILE 类型的指针变量；“文件名”是被打开文件的文件名，一般用字符串常量或字符串数组来表示；“使用文件方式”是指文件的类型和操作要求。

函数 fopen()的函数原型为

FILE *fopen(char *filename，char *type);

其中，filename 为需要打开的文件名；type 为文件打开的类型，也是一个字符串，用于确定文件的使用方式。例如，“FILE *fp; fp= fopen ("filea","r");”的意义是在当前目录下打开文件 filea，只允许进行“读”操作，并使 fp 指向该文件；“FILE *fp; fp=("c:\\student","rb");”的意义是打开 C 驱动器磁盘的根目录下的文件 student，这是一个二进制文件，只允许按二进制方式进行读操作。两个反斜线“\\”中的第一个表示转义字符，第二个表示根目录。

文件的使用方式共有 12 种，表 11-1 给出了它们的符号和意义。

表 11-1 文件的使用方式及其含义

文件使用方式	意义
“rt”	只读打开一个文本文件，只允许读数据
“wt”	只写打开或建立一个文本文件，只允许写数据

（续）

文件使用方式	意义
“at”	追加打开一个文本文件，并在文件末尾写数据
“rb”	只读打开一个二进制文件，只允许读数据
“wb”	只写打开或建立一个二进制文件，只允许写数据
“ab”	追加打开一个二进制文件，并在文件末尾写数据
“rt+”	读写打开一个文本文件，允许读和写
“wt+”	读写打开或建立一个文本文件，允许读和写
“at+”	读写打开一个文本文件，允许读，或在文件末追加数据
“rb+”	读写打开一个二进制文件，允许读和写
“wb+”	读写打开或建立一个二进制文件，允许读和写
“ab+”	读写打开一个二进制文件，允许读，或在文件末追加数据

对于文件使用方式有以下几点说明。

1）文件使用方式由 r，w，a，t，b，+六个字符拼成，各字符单独的含义如下。

- r(read)：读。
- w(write)：写。
- a(append)：追加。
- t(text)：文本文件，可省略不写。
- b(binary)：二进制文件。
- +：读和写。

2）用“r”打开一个文件时，该文件必须已经存在，且只能从该文件读出。

3）用“w”打开的文件只能向该文件写入。若打开的文件不存在，则以指定的文件名新建该文件；若打开的文件已经存在，则将该文件内容删去，重建一个新文件。

4）若要向一个已存在的文件追加新的信息，只能用“a”方式打开文件。但此时该文件必须是存在的，否则将会出错。

5）在打开一个文件时，如果出错，fopen 将返回一个空指针值 NULL。在程序中可以用这一信息来判别是否完成打开文件的工作，并作相应的处理。因此常用以下程序段打开文件。

```
if((fp=fopen("c:\\student","rb"))==NULL)
{   printf("\nerror on open c:\\student file!");
    getch();exit(1);
}
```

这段程序的意义是，如果返回的指针为空，表示不能打开 C 盘根目录下的 student 文件，则给出提示信息“error on open c:\student file!”，下一行 getch()的功能是从键盘输入一个字符，但不在屏幕上显示。在这里，该行的作用是等待，只有当用户从键盘按下任一键时，程序才继续执行，因此用户可利用这个等待时间阅读出错提示。按下键后执行 exit(1)退出程序。

6）把一个文本文件读入内存时，要将 ASCII 码转换成二进制码，而把文件以文本方式写入磁盘时，也要把二进制码转换成 ASCII 码，因此文本文件的读写要花费较多的转换时间。对二进制文件的读写不存在这种转换。

7）标准输入文件（键盘）、标准输出文件（显示器）、标准出错输出文件（出错信息）是由系统打开的，可直接使用。

11.4.2 文件关闭函数 fclose

文件一旦使用完毕，应该用关闭文件函数把文件关闭，以避免文件的部分数据在内存中因未及时保存到磁盘文件中而丢失等错误。

fclose 函数调用的一般形式是

fclose(文件指针);

功能：使文件指针变量与文件“脱钩”，释放文件结构体和文件指针。

返回值：关闭成功时返回值为 0；否则（如磁盘空间不足、写保护或关闭已经关闭的文件）返回非零值（如 EOF，即-1 等），表示有错误发生。

例如，“fclose(fp);”表示关闭文件 fp。

11.5 文件的读写

对文件的读和写是最常用的文件操作。在 C 语言中提供了多种文件读写的函数，分别如下。

- 字符读写函数：fgetc 和 fputc。
- 字符串读写函数：fgets 和 fputs。
- 数据块读写函数：fread 和 fwrite。
- 格式化读写函数：fscanf 和 fprintf。

使用以上函数都要求包含头文件 stdio.h。

11.5.1 字符读写函数 fgetc 和 fputc

字符读写函数是以字符（字节）为单位的读写函数。每次可从文件读出或向文件写入一个字符。

1．读字符函数 fgetc

fgetc 函数的功能是从指定的文件中读一个字符，函数调用的形式为

字符变量=fgetc(文件指针);

例如，“ch=fgetc(fp);”的意义是从打开的文件 fp 中读取一个字符并送入 ch 中。

对于 fgetc 函数的使用有以下几点说明。

1）在 fgetc 函数调用中，读取的文件必须是以读或读写方式打开的。

2）读取字符的结果也可以不向字符变量赋值。例如，使用“fgetc(fp);”读出的字符不能保存或不能利用。

3）在文件内部有一个位置指针。用来指向文件的当前读写字节。在文件打开时，该指针总是指向文件的第一个字节。使用 fgetc 函数后，该位置指针将向后移动一个字节，因此，可连续多次使用 fgetc 函数读取多个字符。应注意文件指针和文件内部的位置指针不是

同一个概念。文件指针是指向整个文件的，须在程序中定义说明，只要不重新赋值，文件指针的值是不变的。文件内部的位置指针用以指示文件内部的当前读写位置，每读写一次，该指针均向后移动，它不需要在程序中定义说明，而是由系统自动设置的。

【例 11-2】 读入文件 c1.txt，在屏幕上输出。

```
#include<stdio.h>
int main(void)
{  FILE *fp;int ch;
   if((fp=fopen("c:\\project\\example\\c1.txt","rt"))==NULL)
   { printf("\nCannot open file strike any key exit!");getch();exit(1); }
   ch=fgetc(fp);
   while(ch!=EOF) { putchar(ch); ch=fgetc(fp); }
   fclose(fp);
}
```

说明：本例程序的功能是从文件中逐个读取字符，在屏幕上显示。程序定义了文件指针 fp，以读文本文件的方式打开文件“c:\project\example\c.txt”，并使 fp 指向该文件。如打开文件出错，给出提示并退出程序。程序第 6 行先读出一个字符，然后进入循环，只要读出的字符不是文件结束标志（每个文件末有一结束标志 EOF）就把该字符显示在屏幕上，再读入下一字符。每读一次，文件内部的位置指针向后移动一个字符，文件结束时，该指针指向 EOF。执行本程序将显示整个 c1.txt 文件的内容。

2．写字符函数 fputc

fputc 函数的功能是把一个字符写入指定的文件中，函数调用的形式为

fputc(字符量,文件指针);

其中，待写入的字符量可以是字符常量或变量。例如，“fputc('a',fp);”的意义是把字符 a 写入 fp 所指向的文件中。

对于 fputc 函数的使用也要说明几点。

1）被写入的文件可以用写、读写、追加方式打开，用写或读写方式打开一个已存在的文件时将清除原有的文件内容，写入字符从文件首开始。如需保留原有文件内容，希望写入的字符在文件末开始存放，必须以追加方式打开文件。被写入的文件若不存在，则创建该文件。

2）每写入一个字符，文件内部位置指针向后移动一个字节。

3）fputc 函数有一个返回值，如写入成功则返回写入的字符，否则返回一个 EOF。可用此来判断写入是否成功。

【例 11-3】 从键盘输入一行字符，写入一个文件，再把该文件内容读出显示在屏幕上。

```
#include<conio.h>    //getch()函数头文件
int main(void)
{  FILE *fp;char ch;
   if((fp=fopen("string.txt","wt+"))==NULL)
   { printf("Cannot open file strike any key exit!");getch();exit(1); }
   printf("input a string:\n"); ch=getchar();
```

```
    while (ch!='\n')
    {
        fputc(ch,fp);ch=getchar();
    }
    rewind(fp);
    ch=fgetc(fp);
    while(ch!=EOF)
    {
        putchar(ch);ch=fgetc(fp);
    }
    printf("\n");
    fclose(fp);
}
```

程序中第 4 行以读写文本文件的方式打开文件 string.txt。程序第 6 行从键盘读入一个字符后进入循环，当读入字符不为回车符时，则把该字符写入文件之中，然后继续从键盘读入下一字符。每输入一个字符，文件内部位置指针向后移动一个字节。写入完毕，该指针已指向文件末。如要把文件从头读出，须把指针移向文件头，程序第 11 行 rewind 函数用于把 fp 所指文件的内部位置指针移到文件头。第 12 至 16 行用于读出文件中的一行内容。

【例 11-4】 把命令行参数中的前一个文件名标识的文件，复制到后一个文件名标识的文件中，如命令行中只有一个文件名则把该文件写到标准输出文件（显示器）中。

```
#include<conio.h>
int main(int argc,char *argv[])
{   FILE *fp1,*fp2; char ch;
    if(argc==1)
    { printf("have not enter file name strike any key exit");getch(); exit(0);}
    if((fp1=fopen(argv[1],"rt"))==NULL)
    { printf("Cannot open %s\n",argv[1]);getch(); exit(1);}
    if(argc==2) fp2=stdout;          //stdout 标准输出文件指针，可赋值给 fp2 文件指针
    else if((fp2=fopen(argv[2],"wt+"))==NULL)
    { printf("Cannot open %s\n",argv[1]); getch(); exit(1);}
    while((ch=fgetc(fp1))!=EOF) fputc(ch,fp2);        //真正的复制功能由本语句完成
    fclose(fp1); fclose(fp2);
}
```

说明：本程序为带参的 main 函数。程序中定义了两个文件指针 fp1 和 fp2，要分别打开指向命令行参数中给出的文件。如命令行参数中没有给出文件名，则给出提示信息。程序第 8 行表示如果只给出一个文件名，则使 fp2 指向标准输出文件（即显示器）。程序第 11 行用循环语句逐个读出文件 1 中的字符再送到文件 2 中；再次运行时，给出了一个文件名，故输出给标准输出文件 stdout，即在显示器上显示文件内容；第三次运行，给出了两个文件名，因此把 string.txt 中的内容读出，写入到 OK.txt 之中。可用 MS-DOS 命令 type 显示 OK.txt 的内容（MS-DOS 窗口输入命令：type OK.txt），如图 11-1 所示。

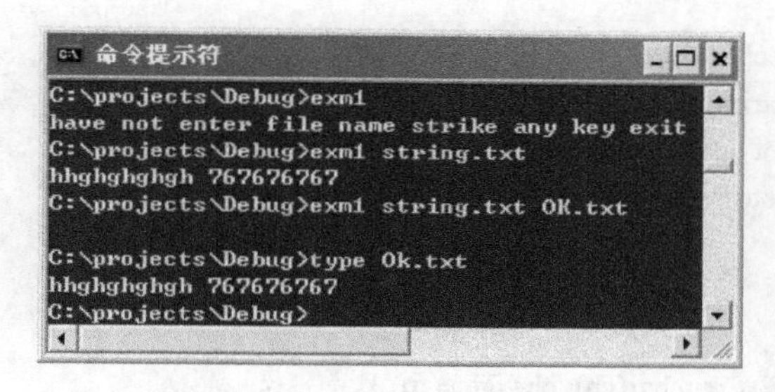

图 11-1　例 11-4 运行示意图

11.5.2　字符串读写函数 fgets 和 fputs

1．读字符串函数 fgets

函数的功能是从指定的文件中读一个字符串到字符数组中，函数调用的形式为

fgets(字符数组名,n,文件指针);

其中，n 是一个正整数，表示从文件中读出的字符串不超过 n-1 个字符。在读入最后一个字符后加上串结束标志'\0'。例如，“fgets(str,n,fp);”的意义是从 fp 所指的文件中读出 n-1 个字符送入字符数组 str 中。

【例 11-5】 从 string.txt 文件中读入一个含 10 个字符的字符串。

```
int main(void)
{   FILE *fp; char str[11];
    if((fp=fopen("string.txt","rt"))==NULL)
    { printf("\nCannot open file strike any key exit!"); getch(); exit(1);}
    fgets(str,11,fp);
    printf("\n%s\n",str); fclose(fp);
}
```

说明：本例定义了一个字符数组 str 共 11 个字节，在以读文本文件的方式打开文件 string.txt 后，从中读出 10 个字符送入 str 数组，在数组最后一个单元内将加上'\0'，然后在屏幕上显示输出 str 数组。输出的 10 个字符正是例 11-3 程序生成文件中的前 10 个字符。

对 fgets 函数有两点说明。

1）在读出 n-1 个字符之前，如遇到了换行符或 EOF，则读出结束。

2）fgets 函数也有返回值，其返回值是字符数组的首地址。

2．写字符串函数 fputs

fputs 函数的功能是向指定的文件写入一个字符串，其调用形式为

fputs(字符串,文件指针);

其中，字符串可以是字符串常量，也可以是字符数组名，或指针变量。例如，“fputs("abcd",fp);”的意义是把字符串“abcd”写入 fp 所指的文件之中。

【例 11-6】 在例 11-3 中建立的文件 string.txt 中追加一个字符串。

```
int main(void)
```

```
{   FILE *fp; char ch,st[20];
    if((fp=fopen("string.txt","at+"))==NULL)
    { printf("Cannot open file strike any key exit!"); getch(); exit(1);}
    printf("input a string:\n"); scanf("%s",st);
    fputs(st,fp);
    rewind(fp);
    ch=fgetc(fp);
    while(ch!=EOF){ putchar(ch); ch=fgetc(fp);}
    printf("\n"); fclose(fp);
}
```

说明：本例要求在 string.txt 文件末加写字符串，因此，在程序第 3 行以追加读写文本文件的方式打开文件 string.txt。然后输入字符串，并用 fputs 函数把该串写入文件 string.txt。在程序第 7 行用 rewind 函数把文件内部位置指针移到文件首。再进入循环逐个显示当前文件中的全部内容。

11.5.3 数据块读写函数 fread 和 fwrite

C 语言还提供了用于整块数据读写的函数。可用来读写一组数据，如一个数组元素、一个结构变量的值等。

1）读数据块函数调用的一般形式为

```
fread(buffer,size,count,fp);
```

2）写数据块函数调用的一般形式为

```
fwrite(buffer,size,count,fp);
```

其中，buffer 是一个指针，在 fread 函数中，它表示存放输入数据的首地址，在 fwrite 函数中，它表示存放输出数据的首地址；size 表示数据块的字节数；count 表示要读写的数据块块数；fp 表示文件指针。

例如，"fread(fa,4,5,fp);"的意义是从 fp 所指的文件中，每次读 4 个字节（一个实数）送入实数组 fa 中，连续读 5 次，即读 5 个实数到 fa 中。

【例 11-7】 从键盘输入两个学生数据，写入一个文件中，再读出这两个学生的数据显示在屏幕上。

```
#include <stdio.h>
#include <stdlib.h>
#include <conio.h>
struct student
{   char name[10];
    int num;
    int age;
    char addr[15];
}stua[2],stub[2],*pp,*qq;
int main(void)
{   FILE *fp; int i;
```

```
    pp=stua; qq=stub;
    if((fp=fopen("stu_list","wb+"))==NULL)
    { printf("Cannot open file strike any key exit!"); getch(); exit(1); }
    printf("\ninput data\n");
    for(i=0;i<2;i++,pp++)scanf("%s%d%d%s",pp->name,&pp->num,&pp->age,pp->addr);
    pp=stua;
    fwrite(pp,sizeof(struct student),2,fp);
    rewind(fp);
    fread(qq,sizeof(struct student),2,fp);
    printf("\n\nname\tnumber          age          addr\n");
    for(i=0;i<2;i++,qq++)
    printf("%s\t%5d%7d          %s\n",qq->name,qq->num,qq->age,qq->addr);
    fclose(fp);
}
```

说明：本例程序定义了一个结构 student，说明了两个结构数组 stua 和 stub 以及两个结构指针变量 pp 和 qq。pp 指向 stua，qq 指向 stub。程序第 10 行以读写方式打开二进制文件"stu_list"，输入两个学生数据之后，写入该文件中，然后把文件内部位置指针移到文件首，读出两个学生数据后，在屏幕上显示。

11.5.4 格式化读写函数 fscanf 和 fprintf

fscanf 函数、fprintf 函数与前面使用的 scanf 和 printf 函数的功能相似，都是格式化读写函数。两者的区别在于 fscanf 函数和 fprintf 函数的读写对象不是键盘和显示器，而是磁盘文件。这两个函数的调用格式为

fscanf(文件指针,格式字符串,输入表列);
fprintf(文件指针,格式字符串,输出表列);

例如，"fscanf(fp,"%d%s",&i,s); fprintf(fp,"%d%c",j,ch);"。

【例 11-8】 用 fscanf 和 fprintf 函数完成例 11-7 的问题。

```
struct student{char name[10];int num;int age;char addr[15];}stua[2],stub[2],*pp,*qq;
int main(void)
{   FILE *fp; char ch; int i;
    pp=stua; qq=stub;
    if((fp=fopen("stu_list ","wt+"))==NULL)
    { printf("Cannot open file strike any key exit!"); getch(); exit(1); }
    printf("\ninput data\n");
    for(i=0;i<2;i++,pp++) scanf("%s%d%d%s",pp->name,&pp->num,&pp->age,pp->addr);
    pp=stua;
    for(i=0;i<2;i++,pp++)
      fprintf(fp,"%s %d %d %s\n",pp->name,pp->num,pp->age,pp->addr);
    rewind(fp);
    for(i=0;i<2;i++,qq++)
      fscanf(fp,"%s %d %d %s\n",qq->name,&qq->num,&qq->age,qq->addr);
    printf("\n\nname\tnumber          age          addr\n");
```

```
    qq=stub;
    for(i=0;i<2;i++,qq++)
        printf("%s\t%5d    %7d          %s\n",qq->name,qq->num, qq->age, qq->addr);
    fclose(fp);
}
```

说明：与例 11-7 相比，本程序中 fscanf 和 fprintf 函数每次只能读写一个结构数组元素，因此采用了循环语句来读写全部数组元素。还要注意指针变量 pp 和 qq，由于循环改变了它们的值，因此在程序的 9 和 16 行分别对它们重新赋予了数组的首地址。

11.6 文件的随机读写

前面介绍的对文件的读写方式都是顺序读写，即读写文件只能从头开始，顺序读写各个数据。但在实际问题中常要求只读写文件中某一指定的部分。为了解决这个问题，可移动文件内部的位置指针到需要读写的位置，再进行读写，这种读写称为随机读写。

实现随机读写的关键是要按要求移动位置指针，这称为文件定位。

11.6.1 文件定位

移动文件内部位置指针的函数主要有两个，即 rewind 函数和 fseek 函数。

rewind 函数前面已多次使用过，其调用形式为

rewind(文件指针);

它的功能是把文件内部的位置指针移到文件首。

下面主要介绍 fseek 函数。fseek 函数用来移动文件内部位置指针，其调用形式为

fseek(文件指针,位移量,起始点);

其中，“文件指针”指向被移动的文件；“位移量”表示移动的字节数，要求位移量是 long 类型数据，以便在文件长度大于 64KB 时不会出错，当用常量表示位移量时，要求加扩展名“L”；“起始点”表示从何处开始计算位移量，规定的起始点有 3 种：文件首、当前位置和文件尾，表示方法如表 11-2 所示。

表 11-2 起始点的表示方法

起始点	表示符号	数字表示	起始点	表示符号	数字表示
文件首	SEEK_SET	0	文件尾	SEEK_END	2
当前位置	SEEK_CUR	1			

例如，“fseek(fp,100L,0);”的意义是把位置指针移到离文件首 100 个字节处。

还要说明的是 fseek 函数一般用于二进制文件。在文本文件中由于要进行转换，故往往计算的位置会出现错误。

11.6.2 文件随机读写实例

在移动位置指针之后，即可用前面介绍的任一种读写函数进行读写。由于一般是读写一

个数据块，因此常用 fread 和 fwrite 函数。下面用例题来说明文件的随机读写。

【例 11-9】 在学生文件 stu_list 中读出第二个学生的数据。

```
struct student{ char name[10];int num;int age;char addr[15];} stu,*qq;
int main(void)
{   FILE *fp; char ch; int i=1;
    qq=&stu;
    if((fp=fopen("stu_list","rb"))==NULL)
    { printf("Cannot open file strike any key exit!"); getch(); exit(1); }
    rewind(fp);   //这里不是必需的
    fseek(fp,i*sizeof(struct student),0);
    fread(qq,sizeof(struct student),1,fp);
    printf("\n\nname\tnumber          age          addr\n");
    printf("%s\t%5d   %7d          %s\n",qq->name,qq->num,qq->age,qq->addr);
    fclose(fp);
}
```

说明：文件 stu_list 已由例 11-7 的程序建立，本程序用随机读出的方法读出第二个学生的数据。程序中定义 stu 为 student 类型变量，qq 为指向 stu 的指针。以读二进制文件方式打开文件，程序第 8 行移动文件位置指针。其中的 i 值为 1，表示从文件头开始，移动一个 student 类型的长度，然后读出的数据即为第二个学生的数据。

11.7 文件检测函数

C 语言中常用的文件检测函数有以下几个。

1．文件结束检测函数 feof

调用格式：feof(文件指针);

功能：判断文件是否处于文件结束位置，如文件结束，则返回非零值（即真），否则为 0。

2．文件操作出错检测函数 ferror

ferror 函数调用格式：ferror(文件指针);

功能：检查文件在用各种输入/输出函数进行读写时是否出错。如 ferror 返回值为 0 表示未出错，否则表示有错。

3．文件清错函数 clearerr

clearerr 函数调用格式：clearerr(文件指针);

功能：本函数用于清除出错标志和文件结束标志，使它们为 0 值。

【例 11-10】 ferror 与 clearerr 函数举例。

```
int main(void)
{ FILE *fp; char ch='0';
  fp = fopen("DUMMY.FIL", "w");      //打开一个只写文件
  ch = fgetc(fp);                    //对一个只写文件去强制读操作（肯定要出错的）
  printf("%c\n",ch);
  if (ferror(fp))
  { printf("Error reading from DUMMY.FIL,error code:%d\n",ferror(fp));//显示错误信息
```

```
        clearerr(fp);                //错误或 EOF 指示复位，这样可以根据错误状态进行后续操作
        printf("After clear error, error code: %d\n",ferror(fp)); //error code is 0
    }
    fputc('A',fp);                   //清除错误后输出一个字符
    fclose(fp);
}
```

11.8 库文件

C 语言系统提供了丰富的系统文件，称为库文件，C 的库文件分为两类，一类是扩展名为".h"的文件，称为头文件。在".h"文件中包含了常量定义、类型定义、宏定义、函数原型以及各种编译选择设置等信息。另一类是扩展名为".lib"的函数库，包括了各种函数的目标代码，供用户在程序中调用。通常在程序中调用一个库函数时，要在调用之前包含该函数原型所在的".h" 文件。库文件具体参见 C 编译器安装目录中的“include”子目录与“lib”子目录的相关文件。

11.9 应用实例

【例 11-11】 电话计费功能的实现，其中电话通信信息存放在 dial.txt 文件中。

```
#include <stdio.h>
int main(void)
{   char str[80];int h1,h2,m1,m2,s1,s2;
    long t_start,t_end, interval; int c; double fee = 0;
    FILE *fin;
    fin = fopen("dial.txt","r");
    if (!fin) return -1;
    while (!feof(fin)) {
        if (!fgets(str,80,fin)) break;
        if (str[0]=='i') continue;
        h1 =(str[2]-48) * 10 + str[3]-48;
        m1 =(str[5]-48) * 10 + str[6]-48;
        s1 =(str[8]-48) * 10 + str[9]-48;
        h2 =(str[11]-48) * 10 + str[12]-48;
        m2 =(str[14]-48) * 10 + str[15]-48;
        s2 =(str[17]-48) * 10 + str[18]-48;
        t_start =h1*60*60 + m1*60 + s1;          /* 通话开始时间 */
        t_end = h2*60*60 + m2*60 + s2;           /* 通话结束时间 */
        if (t_end<t_start)                       /* 若通话开始和结束时间跨日*/
            interval = 24*60*60-t_start + t_end;
        else interval =t_end-t_start;
        c = interval/60;                         /* 计算完整分钟数表示的通话时间*/
        if (interval % 60) c++,c+=1,c=c+1;
```

```
        fee += c * 0.08;
    }
    fclose(fin);
    printf("您好你本月的电话费用是：\n");
    printf("fee = %.2lf\n",fee);
}
```

说明：dial.txt 文本文件的内容，类似如下：

```
o 14:05:23 14:11:25 82346789
i 15:10:00 16:01:15 13890000000
o 10:53:12 11:07:05 63000123
o 23:01:12 00:12:15 13356789001
```

【例 11-12】 向文件 string.txt 中追加一个字符串。

```
#include <stdio.h>
int main(void)
{   FILE *fp; char ch,st[80];
    if((fp=fopen("string.txt","a"))==NULL) /*  以追加方式打开一个文件 */
    {   printf("Cannot open file strike any key exit!"); getch();
        exit(1);                    /*  打开不成功的处理方式 */
    }
    printf("input a string:\n");
    scanf("%s",st);                 /*  从键盘读入一个串 */
    fputs(st,fp);                   /*  将串写入文件中 */
    fclose(fp);
    if((fp=fopen("string.txt","r"))==NULL)
    {   printf("Cannot open file strike any key exit!");getch();
        exit(2);                    /*  打开不成功的处理方式 */
    }
    ch=fgetc(fp);                   /*  读取文件中的第一个字符 */
    while(ch!=EOF)                  /*  反复打印读出的字符，再读下一个字符 */
    {   putchar(ch); ch=fgetc(fp);
    }
    printf("\n");
    fclose(fp);                     /*  操作完成，关闭文件 */
}
```

11.10　本章小结

C 语言中的文件不是看作由记录组成的，而是被看成一个字符（或字节）的序列，即把文件当作一个“流”，称为流文件，并主要按字节顺序进行处理。

C 语言流式文件按编码方式可以分为二进制文件和 ASCII 码文件（文本文件）。

C 语言中用文件指针标识文件，当一个文件被打开时，可取得该文件指针。

文件在读写之前必须打开，读写等操作结束后应该及时关闭。

文件可按只读、只写、读写、追加 4 种操作方式打开，同时还应该指定文件的类型是二进制文件还是文本文件。

文件可按字节、字符串、数据块为单位读写，文件也可按指定的格式进行读写。

文件内部的位置指针可指示当前的读写位置，移动该指针可以对文件实现随机读写。

特别注意：

1）“FILE *文件指针变量”中 FILE 的 4 个字母都要大写。

2）文件操作 3 步骤：fopen()打开文件→fread()/fwrite()、fgetc()/fputc()、fgets()/fputs()、fscanf()/fprintf()等函数进行文件读写操作→fclose()关闭文件。

3）“文件指针名=fopen(文件名,使用文件方式);”，若打开失败，fopen()将返回一个空指针 NULL，文件名中若有反斜杠(\)，应以转义符\\来表示，使用文件方式有：“(r,w,a)(t,b)(+，)”组合形成 12 种方式，每种方式要理解其含义并合理选用。

4）EOF 是预定义符号常量（代表值-1），代表文件结束符，在移动文件指针或文件字符读取时，用于判断是否到文件末尾了。

11.11 习题

第 11 章
习题参考答案

一、选择题

1．C 语言可以处理的文件类型是（　　）。

A．文本文件和数据文件　　B．文本文件和二进制文件

C．数据文件和二进制文件　　D．以上都不完全

2．当顺利执行了文件关闭操作时，fclose()函数的返回值是（　　）。

A．1　　B．TRUE　　C．0　　D．-1

3．下面表示文件指针变量的是（　　）。

A．FILE *fp　　B．FILE fp　　C．FILER *fp　　D．file *fp

4．若 fp 是指向某文件的指针，且已指到该文件的末尾，则 C 语言函数 feof()的返回值是（　　）。

A．EOF　　B．非 0 值　　C．NULL　　D．-1

5．需要以写方式打开当前目录下一个名为 file1.txt 的文本文件，下列正确的选项是（　　）。

A．fopen("file1.txt", "w");　　B．fopen("file1.txt", "r");

C．fopen("file1.txt", "wb");　　D．fopen("file1.txt", "rb");

6．fscanf()函数的正确调用形式是（　　）。

A．fscanf(文件指针,格式字符串,输出列表);

B．fscanf(格式字符串,输出列表,文件指针);

C．fscanf(格式字符串,文件指针,输出列表);

D．fscanf(文件指针,格式字符串,输入列表);

7．fseek()函数用来移动文件的位置指针，它的调用形式是（　　）。

A．fseek(文件号,位移量,起始点);　　B．fseek(文件号,位移方向,位移量);

C．fseek(位移方向,位移量,文件号);　　　　D．fseek(文件号,起始点,位移量);

8．若调用 fputc()函数输出字符成功，则其返回值是（　　）。

A．1　　　　B．EOF　　　　C．输出的字符　　　　D．0

9．如果要将存放在双精度型数组 x[10]中的 10 个数写到文件指针所指向的文件中，正确的语句是（　　）。

A．for(i=0;i<50;i++) fputc(x[i],fp);　　　　B．for(i=0;i<10;i++) fputc(&x[i],fp);

C．for(i=0;i<10;i++) fputc(&x[i],8,1,fp);　　　　D．fwrite(x,8,10, fp);

10．已知函数的调用形式为“fread(buffer,size,count,fp);”，其中 buffer 代表的是（　　）。

A．一个指针，指向要读入数据的存放地址

B．一个文件指针，指向要读的文件

C．一个整形变量，代表要读入的数据项总数

D．一个存储区，存放要读的数据项

二、阅读程序并写出运行结果

1．设文件 file1.txt 已存在，写出下列程序段实现的功能：________。

```
FILE *fp;
fp=fopen("file1.txt","r");
while(!feof(fp)) putchar(fgetc(fp));
```

2．假设文件 a.c 和 b.c 已存在，写出下列程序实现的功能。

```
#include <stdio.h>
int main(void)
{   FILE *fp1,*fp2; char ch;
    fp1=fopen("a.c","r");
    fp2=fopen("b.c","w");
    while(!feof(fp1)){ ch=fgetc(fp1); fputc(ch,fp2);}
    fclose(fp1); fclose(fp2);
}
```

第 11 章
扩展习题及其
参考答案

三、简答与编程题

1．文件打开与关闭的含义是什么？为什么要打开和关闭文件？

2．从键盘输入一个字符串，将其中的小写字母全部转换成大写字母，然后输出到磁盘文件“test”中保存，输入的字符串以“！”结束。

实验 11　文件及其应用

一、实验目的

1）掌握文件、文件指针的概念。

2）学会使用文件打开、关闭、读、写等文件操作函数。

二、实验内容

1．改错题

下列程序的功能为：随机产生 1000 个整数，写入一个文本文件中。纠正程序中存在的错误，以实现其功能。

```
#include <stdio.h>
#include <stdlib.h>
#include <time.h>
int main(void)
{   int x[1000],I,k;
    FILE *fp2;
    srand((unsigned) time(NULL));
    for(i=0;i<1000;i++) x[i]=rand();
    fp2=fopen("data2.dat","wb");
    if (fp2==NULL)
    {
        printf("Open error \n");exit(0);
    }
    for(int k=0;k<1000;k++) fwrite(x[k],sizeof(int),fp2);
    fclose(fp2);
}
```

2．程序填空题

下列程序的功能为：从键盘输入字符，直到输入 EOF（〈Ctrl+Z〉键）为止。对于输入的小写字母，先转换为相应的大写字母，其他字符不变，然后逐个输出到文件 text.txt 中，行结束符('\n')也作为一个字符对待，最后统计文件中的字符个数和行数。补充完善程序以实现其功能。

```
#include <stdio.h>
int main(void)
{   FILE *fp;
    char c;
    int i=0,no=0,line=0;
    if ((fp=fopen("text.txt",________________))==NULL)
    {   printf("can't open this file.\n");
        exit(0);
    }
    printf("please input a string.\n");
    while((c=getchar())!=EOF)
    {
        if(c>='a' && c<='z') ______________;
        fputc(________________,fp);
    }
    fclose(fp);
    if ((fp=fopen("text.txt","r"))==NULL)
```

```
    {   printf("can't open this file.\n");
        exit(0);
    }
    while (!feof(fp))
    {   c=__________________;
        no++;
        if (________________) line++;
    }
    printf("line=%d character_no=%d\n",line,no);
    fclose(fp);
}
```

3．编程题

1）设文件 number.dat 中放了一组整数，编程计算并输出文件中正整数之和、负整数之和。

2）根据提示从键盘输入一个已存在的文本文件的完整文件名，再输入另一个已存在的文本文件的完整文件名，然后将源文本文件的内容追加到目的文本文件的原内容之后，并在程序运行过程中显示源文件和目的文件中的文件内容，以此来验证程序执行结果。

3）有 5 个学生，每个学生有 3 门课的成绩，从键盘输入以上数据（包括学生号、姓名、3 门课成绩），计算出平均成绩，将原有数据和计算出的平均分数，按学号、姓名、3 门课的成绩、平均成绩顺序存放在磁盘文件“stud.dat”中。

第 12 章　预处理命令

C 语言提供了多种预处理功能，如宏定义、文件包含、条件编译等。合理地使用预处理功能编写的程序便于阅读、修改、移植和调试，也有利于模块化程序设计。本章介绍常用的几种预处理功能。

学习重点和难点：

- 宏定义
- 文件包含
- 条件编译

学习本章后，读者将学会预处理命令的基本使用，并将充分体现出 C 语言的编程与预编译特色。

12.1　C 语言预处理概述

在前面各章中，已多次使用过以“#”开头的预处理命令，如包含命令#include、宏定义命令#define 等。这些以“#”开头的语句统称为编译预处理命令。

C 语言中，预处理命令必须在一行的开头以“#”开始，末尾不加分号，并且每条命令独占一行，以区别于一般的 C 语句。在源程序中，这些预处理命令一般都放在函数之外，而且是放在源文件的前面部分（尽管它们可以放在“宏名”在程序中首次出现之前的任何位置），它们称为预处理部分。

所谓预处理是指在进行编译的第一遍扫描（词法扫描和语法分析）之前所做的工作。预处理是 C 语言的一个重要功能，它由预处理程序（编译系统模块之一）负责完成。当对一个源文件进行编译时，系统将自动引用预处理程序对源程序中的预处理部分作处理，处理完毕自动对源程序进行编译。

C 语言始终遵循“最经济地使用资源”的最小原则，让 C 语言程序只具有必要的成分，所有非必要的功能都以“补丁”的方式，由语言之外的预处理命令或库函数提供。于是就有了一系列的预处理命令和庞大的函数库。就连处理预处理命令的预处理器也独立于编译器。这种小巧的模块化语言结构，使得程序的组织方式非常灵活方便。

12.2　宏定义

在 C 语言源程序中允许用一个标识符来表示一个字符串，称为“宏”。被定义为“宏”的标识符称为“宏名”。在编译预处理时，对程序中所有出现的“宏名”，都用宏定义中的字符串去代换，这称为“宏代换”或“宏展开”。

宏定义是由源程序中的宏定义命令完成的。宏代换是由预处理程序自动完成的。在C语言中，“宏”分为有参数和无参数两种。下面分别讨论这两种“宏”的定义和调用。

12.2.1 无参宏定义

无参宏的宏名后不带参数。其定义的一般形式为

#define　标识符　字符串

其中，“#”表示这是一条预处理命令，凡是以“#”开头的均为预处理命令；“define”为宏定义命令；“标识符”为所定义的宏名；“字符串”可以是常数、表达式、格式串等。

在前面介绍过的符号常量的定义就是一种无参宏定义。此外，经常对程序中反复使用的表达式进行宏定义。例如，“#define M (y*y+3*y)”的作用是指定标识符 M 来代替表达式(y*y+3*y)。在编写源程序时，所有的(y*y+3*y)都可由 M 代替，而对源程序作编译时，将先由预处理程序进行宏代换，即用(y*y+3*y)表达式去置换所有的宏名M，然后进行编译。

【例 12-1】 无参宏定义举例。

```
#define M (y*y+3*y)
int main(void){
    int s,y;
    printf("input a number:");scanf("%d",&y);
    s=3*M+4*M+5*M;
    printf("s=%d\n",s);
}
```

程序中首先进行宏定义，定义M来替代表达式(y*y+3*y)，在s=3*M+4*M+5* M中作了宏调用。在预处理时经宏展开后该语句变为

```
s=3*(y*y+3*y)+4*(y*y+3*y)+5*(y*y+3*y);
```

但要注意的是，在宏定义中表达式(y*y+3*y)两边的括号不能少，否则会发生错误。如当作以下定义后，即“#difine M y*y+3*y”，在宏展开时将得到下述语句：“s=3*y*y+3*y+4*y*y+3*y+5*y*y+3*y；”这相当于：$s=3y^2+3y+4y^2+3y+5y^2+3y$。

显然与原题意要求不符，计算结果当然是错误的。因此，在作宏定义时必须十分注意，应保证在宏代换之后不发生错误。

对于宏定义还要说明以下几点。

1）宏定义是用宏名来表示一个字符串，在宏展开时又以该字符串取代宏名，这只是一种简单的代换，字符串中可以含任何字符，可以是常数，也可以是表达式，预处理程序对它不作任何检查。如有错误，只能在编译已被宏展开后的源程序时发现。

2）宏定义不是说明或语句，在行末不必加分号，如加上分号则连分号也一起置换。

3）宏定义一般写在函数之外，其作用域为宏定义命令起、到其所在源程序文件结束。如要终止其作用域可使用# undef命令。例如：

```
#define PI 3.14159
int main(void)
{
```

```
    ...
}
#undef PI
fun1()
{
    ...
}
```

表示 PI 只在 main 函数中有效，在 fun1 中无效。

4）宏名在源程序中若用引号括起来，则预处理程序不对其作宏代换。

【例 12-2】 不对引号内标识符作宏代换。

```
#define OK 100
int main(void)
{
    printf("OK"); printf("\n");
}
```

以上程序中定义宏名 OK 表示 100，但在 printf 语句中 OK 被引号括起来，因此不作宏代换。程序的运行结果为：OK，这表示把“OK”当字符串处理。

5）宏定义允许嵌套，在宏定义的字符串中可以使用已经定义的宏名。在宏展开时由预处理程序层层代换。

例如：

```
#define PI 3.1415926
#define S PI*y*y      /* PI 是已定义的宏名*/
```

语句“printf("%f",S);”，在宏代换后变为“printf("%f",3.1415926*y*y);”。

6）习惯上宏名用大写字母表示，以便于与变量区别。但也允许用小写字母。

7）可用宏定义表示数据类型，使书写方便。例如：

```
#define STU struct student
```

在程序中可用 STU 作变量说明：

```
STU body[5],*p;
#define INTEGER   int
```

在程序中即可用 INTEGER 作整型变量说明，即“INTEGER a,b;”。

应注意用宏定义表示数据类型和用 typedef 定义数据说明符的区别。

宏定义只是简单的字符串代换，是在预处理时完成的，而 typedef 是在编译时处理的，它不是作简单的代换，而是对类型说明符重新命名。被命名的标识符具有类型定义说明的功能。

```
#define PIN1 int *
typedef (int *) PIN2;
```

从形式上看这两条语句相似，但在实际使用中却不相同。下面用 PIN1，PIN2 说明变量时就可以看出它们的区别。

“PIN1 a,b;”在宏代换后变成“int *a,b;”，表示 a 是指向整型的指针变量，而 b 是整型变量。然而，"PIN2 a,b;"表示 a，b 都是指向整型的指针变量，因为 PIN2 是一个类型说明符。由这个例子可见，宏定义虽然也可表示数据类型，但毕竟是作字符代换。在使用时要分外小心，以免出错。

原则上，尽量用 typedef 而不是宏定义去定义类型。

对"输出格式"作宏定义，可以减少书写麻烦。

【例 12-3】 对"输出格式"作宏定义应用。

```
#define P printf
#define D "%d\n"
#define F "%f\n"
int main(void){
    int a=5, c=8, e=11;
    float b=3.8, d=9.7, f=21.08;
    P(D F,a,b);   //C 语言中可以："%d\n""%f\n"=="%d\n%f\n"
    P(D F,c,d);
    P(D F,e,f);
}
```

注意：宏定义不分配内存，变量定义分配内存。宏展开只作替换，不作计算，不作表达式求解。

12.2.2 有参宏定义

C 语言允许宏带有参数。在宏定义中的参数称为形式参数，在宏调用中的参数称为实际参数。对带参数的宏，在调用中不仅要宏展开，而且要用实参去代换形参。

带参宏定义的一般形式为

#define　宏名(形参表)　字符串

其中，在字符串中含有各个形参。

带参宏调用的一般形式为

宏名(实参表);

例如：

```
#define M(y) y*y+3*y          /*宏定义*/
  ...
k=M(5);                       /*宏调用*/
  ...
```

在宏调用时，用实参 5 去代替形参 y，经预处理宏展开后的语句为 k=5*5+3*5。

【例 12-4】 带参宏定义举例。

```
#define MAX(a,b) (a>b)?a:b
int main(void){
    int x,y,max;
    printf("input two numbers: "); scanf("%d%d",&x,&y);
```

```
    max=MAX(x,y);
    printf("max=%d\n",max);
}
```

上例程序的第 1 行进行带参宏定义，用宏名 MAX 表示条件表达式(a>b)?a:b，形参 a，b 均出现在条件表达式中。程序第 7 行中“max=MAX(x,y);”为宏调用，实参 x，y 将代换形参 a，b。宏展开后该语句为“max=(x>y)?x:y;”，用于计算 x，y 中的大数。

对于带参的宏定义有以下问题需要说明。

1）带参宏定义中，宏名和形参表左括号之间不能有空格出现。

例如，把“#define MAX(a,b) (a>b)?a:b”写为“#define MAX (a,b) (a>b)?a:b”，将被认为是无参宏定义，宏名 MAX 代表字符串“(a,b) (a>b)?a:b”。宏展开时，宏调用语句“max=MAX(x,y);”将变为“max=(a,b) (a>b)?a:b(x,y);”，这显然是错误的。

2）在带参宏定义中，形式参数不分配内存单元，因此不必作类型定义（如例 12-5 SQ(y) 中的 y）。而宏调用中的实参有具体的值，要用它们去代换形参，因此必须作类型说明（如 SQ(a+1)中的 a）。这是与函数中的情况不同的。在函数中，形参和实参是两个不同的量，各有自己的作用域，调用时要把实参值赋予形参，进行“值传递”。而在带参宏中，只是符号代换，不存在值传递的问题。

3）在宏定义中的形参是标识符，而宏调用中的实参可以是表达式。

【例 12-5】 宏调用中的实参可以是表达式的例子。

```
#define SQ(y) (y)*(y)
int main(void){
    int a,sq;
    printf("input a number:      ");
    scanf("%d",&a);
    sq=SQ(a+1);
    printf("sq=%d\n",sq);
}
```

程序中第 1 行为宏定义，形参为 y。程序第 6 行宏调用中实参为 a+1，是一个表达式，在宏展开时，用 a+1 代换 y，再用(y)*(y) 代换 sq，得到如下语句：

```
sq=(a+1)*(a+1);
```

这与函数的调用是不同的，函数调用时要把实参表达式的值求出来再赋予形参。而宏代换中对实参表达式不作计算直接照原样代换。

另外，对于函数调用，对实参要进行类型检查，如果实参与形参类型不一致，应进行类型转换，如果无法转换，编译时会出错。但是宏定义不会作类型检查。

4）在宏定义中，字符串内的形参通常要用括号括起来以避免出错。在例 12-5 的宏定义中(y)*(y)表达式的 y 都用括号括起来，因此结果是正确的。如果去掉括号，把程序改为例 12-6 中的形式。

【例 12-6】 宏代换只作符号代换的举例。

```
#define SQ(y) y*y
int main(void){
```

```
        int a,sq;
        printf("input a number:       ");
        scanf("%d",&a);
        sq=SQ(a+1);
        printf("sq=%d\n",sq);
    }
```

运行结果：

```
input a number:3
sq=7
```

同样输入 3，但结果却是不一样的。问题在哪里呢？这是由于代换只作符号代换而不作其他处理而造成的。宏代换后将得到以下语句“sq=a+1*a+1;”。由于 a 为 3，故 sq 的值为 7。这显然与题意相违背，因此参数两边的括号是不能少的。有时即使在参数两边加括号还是不够的，请看例 12-7。

【例 12-7】 带参宏定义括号应用之一。

```
#define SQ(y) (y)*(y)
int main(void){
    int a,sq;
    printf("input a number:   "); scanf("%d",&a);
    sq=160/SQ(a+1);
    printf("sq=%d\n",sq);
}
```

本程序与例 12-5 相比，只把宏调用语句改为“sq=160/SQ(a+1);”。

运行本程序如输入值仍为 3 时，希望结果为 10。但实际运行的结果如下：

```
input a number:3
sq=160
```

为什么会得到这样的结果呢？分析宏调用语句，在宏代换之后变为“sq=160/(a+1)*(a+1);”，a 为 3 时，由于“/”和“*”运算符的优先级和结合性相同，则先作 160/(3+1)得 40，再作 40*(3+1)最后得 160。为了得到正确答案应在宏定义中的整个字符串外加括号，程序修改见例 12-8。

【例 12-8】 带参宏定义括号应用之二。

```
#define SQ(y) ((y)*(y))
int main(void){
    int a,sq;
    printf("input a number:   "); scanf("%d",&a);
    sq=160/SQ(a+1);
    printf("sq=%d\n",sq);
}
```

以上讨论说明，对于宏定义不仅应在参数两侧加括号，也应在整个字符串外加括号。

带参的宏和带参函数很相似，但有本质上的不同，除上面已谈到的各点外，把同一表达式用函数处理与用宏处理两者的结果有可能是不同的。

【例 12-9】 同一表达式用函数处理与用宏处理的差异。

```
int main(void){
    int i=1; while(i<=5) printf("%d\n",SQ(i++));
}
SQ(int y)
{
    return((y)*(y));
}
```

运行结果：
```
1
4
9
16
25
```

【例 12-10】 函数调用与宏处理的差异。

```
#define SQ(y) ((y)*(y))
int main(void){
    int i=1;
    while(i<=5) printf("%d\n",SQ(i++));
}
```

运行结果：VC++ 2010 中
```
1
9
25
```
；Win-TC 中
```
2
12
30
```

说明： *在例 12-9 中函数名为 SQ，形参为 y，函数体表达式为((y)*(y))。在例 12-10 中宏名为 SQ，形参也为 y，字符串表达式为((y)*(y))。例 12-9 的函数调用为 SQ(i++)，例 12-10 的宏调用为 SQ(i++)，实参也是相同的。从输出结果来看，却大不相同。*

在 Win-TC 环境中，例 12-9 中的函数调用是把实参 i 值传给形参 y 后自增 1，然后输出函数值，因而要循环 5 次，输出 1～5 的平方值。而在例 12-10 中宏调用时，只作代换，SQ(i++)被代换为((i++)*(i++))。在第一次循环时，由于 i 等于 1，其计算过程为：表达式中前一个 i 初值为 1，然后 i 自增 1 变为 2，因此表达式中第 2 个 i 初值为 2，相乘的结果也为 2，然后 i 值再自增 1，得 3。在第二次循环时，i 值已为 3，因此表达式中前一个 i 为 3，后一个 i 为 4，乘积为 12，然后 i 再自增 1 变为 5。进入第三次循环，由于 i 值已为 5，所以这将是最后一次循环。计算表达式的值为 5*6 等于 30。i 值再自增 1 变为 6，不再满足循环条件，停止循环。

在 VC++ 2010 中，例 12-10 的运行结果是不同的，其不同的原因是对含++、--的处理逻辑上的不同。

从以上分析可以看出函数调用和宏调用两者在形式上相似，在本质上是完全不同的。

5）函数只能有一个返回值，而用宏可以设法得到多个结果。这是因为宏定义也可用来定义多个语句，在宏调用时，把这些语句又代换到源程序内。

【例 12-11】 函数只能有一个返回值，而用宏可以设法得到多个结果。

```
#define SSSV(s1,s2,s3,v) s1=l*w;s2=l*h;s3=w*h;v=w*l*h;
```

```
int main(void){
    int l=3,w=4,h=5,sa,sb,sc,vv;
    SSSV(sa,sb,sc,vv);
    printf("sa=%d\nsb=%d\nsc=%d\nvv=%d\n",sa,sb,sc,vv);
}
```

程序第一行为宏定义，用宏名 SSSV 表示 4 个赋值语句，4 个形参分别为 4 个赋值符左部的变量。在宏调用时，把 4 个语句展开并用实参代替形参，把计算结果送入实参之中。

12.3 文件包含命令

文件包含是 C 语言预处理程序的另一个重要功能。

文件包含命令行的一般形式为

#include <文件名>　或　#include "文件名"

在前面已多次用此命令包含过库函数的头文件。例如：

```
#include <stdio.h>
#include "math.h"
```

文件包含命令的功能是把指定的文件插入该命令行位置以取代该命令行，从而把指定的文件和当前的源程序文件连成一个源文件。

在程序设计中，文件包含是很有用的。一个大的程序可以分为多个模块，由多个程序员分别编程。有些公用的符号常量或宏定义等可单独组成一个文件，在其他文件的开头用包含命令包含该文件即可使用。这样可避免在每个文件开头都去书写那些公用量，从而节省时间，并减少出错。

对文件包含命令还要说明以下几点。

1）包含命令中的文件名可以用双引号括起来，也可以用尖括号括起来。例如，以下写法都是允许的。

```
#include "stdio.h"
#include <math.h>
```

但是这两种形式是有区别的：使用尖括号表示在包含文件目录中去查找（包含目录是由用户在设置环境时设置的，往往是编译系统的安装目录），而不在源文件目录去查找；使用双引号则表示首先在当前的源文件目录中查找，若未找到才到包含目录中去查找。用户编程时可根据自己文件所在的目录来选择某一种命令形式。

2）一个 include 命令只能指定一个被包含文件，若有多个文件要包含，则需用多个 include 命令。

3）文件包含允许嵌套，即在一个被包含的文件中又可以包含另一个文件。

12.4 C 语言条件编译

一般情况下，源程序中所有的行都参加编译。但有时希望对其中一部分内容只在满足一定条件时才进行编译，也就是让编译器对源程序内容按指定的条件进行取舍，这就是“条件编译”。

预处理程序提供了条件编译的功能。可以按不同的条件去编译不同的程序部分，因而产生不同的目标代码文件。这对于程序的移植和调试是很有用的。条件编译有 3 种形式，下面分别介绍。

1. 第一种形式

```
#ifdef  标识符
    程序段 1
#else
    程序段 2
#endif
```

它的功能是如果标识符已被#define 命令定义过，则对程序段 1 进行编译；否则对程序段 2 进行编译。如果没有程序段 2（为空），本格式中的#else 可以没有，即可以写为

```
#ifdef  标识符
    程序段
#endif
```

【例 12-12】 C 语言条件编译之一。

```
#define NUM ok
int main(void){
    struct student
    {   int num;
        char *name;
        char sex;
        float score;
    } *ps;
    ps=(struct student*)malloc(sizeof(struct student));
    ps->num=102;
    ps->name="Zhang ping";
    ps->sex='M';
    ps->score=62.5;
    #ifdef NUM
        printf("Number=%d\nScore=%f\n",ps->num,ps->score);
    #else
        printf("Name=%s\nSex=%c\n",ps->name,ps->sex);
    #endif
    free(ps);
}
```

由于在程序的第 14 行插入了条件编译预处理命令，因此要根据 NUM 是否被定义过来决定编译哪一条 printf 语句。而在程序的第 1 行已对 NUM 作过宏定义，因此应对第一个 printf 语句作编译，故运行结果是输出了学号和成绩。

在程序的第一行宏定义中，定义 NUM 表示字符串 OK，其实也可以为任何字符串，甚

至不给出任何字符串，写为“#define NUM”也具有同样的意义。只有取消程序的第一行才会去编译第二个 printf 语句。读者可上机验证。

2．第二种形式

```
#ifndef 标识符
    程序段 1
#else
    程序段 2
#endif
```

与第一种形式的区别是将“ifdef”改为“ifndef”。它的功能是，如果标识符未被#define 命令定义过，则对程序段 1 进行编译，否则对程序段 2 进行编译。这与第一种形式的功能正相反。

3．第三种形式

```
#if 常量表达式
    程序段 1
#else
    程序段 2
#endif
```

它的功能是，如常量表达式的值为真（非 0），则对程序段 1 进行编译，否则对程序段 2 进行编译。因此可以使程序在不同条件下，完成不同的功能。

【例 12-13】 C 语言条件编译之二。

```
#define R 1
int main(void){
    float c,r,s;
    printf ("input a number:    "); scanf("%f",&c);
    #if R
      r=3.14159*c*c;
      printf("area of round is: %f\n",r);
    #else
      s=c*c;
      printf("area of square is: %f\n",s);
    #endif
}
```

本例中采用了第三种形式的条件编译。在程序第一行宏定义中，定义 R 为 1，因此在条件编译时，常量表达式的值为真，故计算并输出圆面积。

上面介绍的条件编译当然也可以用条件语句来实现。但是用条件语句将会对整个源程序进行编译，生成的目标代码程序很长，而采用条件编译，则根据条件只编译其中的程序段 1 或程序段 2，生成的目标程序较短。如果条件选择的程序段很长，采用条件编译的方法是十分必要的。

使用条件编译的好处是，除了可以减少目标程序的大小外，还可以区分程序的 DEBUG 版和 RELEASE 版，程序在开发过程中必然有许多程序员加的调试信息，带有调试信息的版本可以作为 DEBUG 版本供内部使用。只需按下面这样编程就可以达到区分版本的目的。

```
#ifdef DEBUG
…
#else
…
#endif
```

12.5 应用实例

【例 12-14】 宏的作用域以及无参宏的使用。

```
#define R (3.0)
#define PI (3.1415926)
#define L (2)*(PI)*(R)
#define begin {
#define end }
#define forever for(;;)
int main(void)
begin        /* { */
printf("L=%f", L);
#undef PI    /* 取消对 PI 的宏定义*/
forever;     /* for(;;); 无限循环*/
end          /* } */
```

【例 12-15】 宏参数中括号的作用。

```
#define S1(a,b) a*b
#define S2(a,b) ((a)*(b))
#define max(a,b) ((a)>(b)?(a):(b))
int main(void)
{   int x=3, y=4, i=5, j=6, s, z;
    s=S1(x+y, x-y); /* s=x+y*x-y; s==11 */
    s=S2(x+y, x-y); /* s=((x+y)*(x-y)); s==-7 */
    z=max(i++, j++); /* z=((i++)>(j++)?(i++):(j++)); */
    /* z==7, i==6, j==8 */
}
```

【例 12-16】 多结果宏定义的使用。

```
#define PI 3.1415926
#define CIRCLE(R,L,S,V) L=2*PI*R;S=PI*R*R;V=4.0/3.0*PI*R*R*R
int main(void){
    double R=10.0,L,S,V;
    CIRCLE(R,L,S,V);
    printf("L=%lf\nS=%lf\nV=%lf\n",L,S,V);
}
```

【例 12-17】 多文件宏定义的使用。

```
/* powers.h 文件 1 */
#define sqr(x) ((x)*(x))
#define cube(x) ((x)*(x)*(x))
#define quad(x) ((x)*(x)*(x)*(x))
/*fileinclude.c 文件 2 */
#include "powers.h"
#define MAX_POWER (10)
int main(void)
{   int n;
    printf("number\t exp2\t exp3\t exp4\n");
    printf("----\t----\t-----\t------\n");
    for(n=1;n<=MAX_POWER;n++)
        printf("%2d\t%3d\t%4d\t%5d\n",n,sqr(n),cube(n), quad(n));
}
```

12.6 本章小结

预处理功能是 C 语言特有的功能，它是在对源程序正式编译前由预处理程序完成的。程序员在程序中用预处理命令来调用这些功能。

宏定义是用一个标识符来表示一个字符串，这个字符串可以是常量、变量或表达式。在宏调用中将用该字符串代换宏名。

宏定义可以带有参数，宏调用时是以实参代换形参，而不是“按值传送”。

为了避免宏代换时发生错误，宏定义中的字符串应加括号，字符串中出现的形式参数两边也应加括号。

文件包含是预处理的一个重要功能，可用来把多个源文件连接成一个源文件进行编译，结果将生成一个目标文件。

条件编译允许只编译源程序中满足条件的程序段，使生成的目标程序较短，从而减少了内存的开销并提高了程序的效率，并可增强程序的可移植性。

使用预处理功能便于程序的修改、阅读、移植和调试，也便于实现模块化程序设计。

特别注意：

1）以“#”开始的预处理命令，并非 C 语言语句，为此预处理命令最右端不用有分号“;”。

2）有参宏定义，在调用时不仅要宏展开，而且要用实参去代换形参，这里只是代换并没有值传递概念。

3）带参宏定义，不仅要在参数两侧加括号，也要在整个代换字符串外加括号，否则会达不到预期效果。

12.7 习题

第 12 章
习题参考答案

一、选择题

1．以下说法正确的是（　　）。

A．define 和 printf 都是 C 语句　　　B．define 是 C 语句，而 printf 不是

C．printf 是 C 语句，但 define 不是　　D．define 和 printf 都不是 C 语句

2．完成编译预处理的工作是在（　　）完成的。

A．编译时　　B．编译前　　C．编译后　　D．执行时

3．下列过程不属于编译预处理的是（　　）。

A．宏定义　　B．文件包含　　C．条件编译　　D．printf()

4．以下叙述中不正确的是（　　）。

A．预处理命令行都必须以#开始　　B．#define IP 是正确的宏定义

C．C 程序在执行过程中对预处理命令行进行处理

D．在程序中凡是以#号开始的行都是预处理命令行

5．在宏定义#define PI 3.1415926 中，用宏名 PI 代替一个（　　）。

A．单精度数　　B．双精度数　　C．常量　　D．字符串

6．设有宏定义#define A　B　abcd，则宏替换时（　　）。

A．宏名 A 用 B　abcd 替换　　B．宏名 A　B 用 abcd 替换

C．宏名 A 和宏名 B 都用 abcd 替换　　D．语法错误，无法替换

7．下列有关宏的叙述中错误的是（　　）。

A．宏名必须使用大写英文字母

B．宏替换不占用程序的运行时间

C．宏参数没有数据类型

D．宏名没有数据类型

8．在#include 命令中，若#include 后面的文件名用双引号定界，则系统寻找被包含文件的方式是（　　）。

A．在 C 语言系统的 include 文件夹中查找

B．在源程序所在文件夹中查找

C．先在 C 语言系统的 include 文件夹中查找，查找失败后再到源程序所在文件夹中查找

D．先在源程序所在文件夹中查找，查找失败后再到 C 语言系统的 include 文件夹中查找

9．程序中定义以下宏：

```
#define W 3
#define L W+4
```

若定义“int val;”且令 val=L*L，则变量 val 的值为（　　）。

A．14　　B．19　　C．24　　D．49

10．程序中定义以下宏：

```
#define A 2
#define B 3*A
#define C B+A
```

若定义“int a;”则表达式 a=C*2 的值为（　　）。

A．4　　B．8　　C．10　　D．16

二、阅读程序并写出运行结果

1．
```
#include <stdio.h>
#define STR    "%d,%c"
#define A 97
int main(void)
{ printf(STR,A,A+2); }
```

2．
```
#define ADD(x) x+x
int main(void)
{   int a=1,b=2,c=3;
    printf("c=%d\n",ADD(a+b)*ADD(a+b));
}
```

三、编程题

1．输入两个整数，求它们相乘的积，用带参宏定义来实现。

2．给年份 year 定义一个宏，以判断该年份是否是闰年，并实现输入年份对闰年的判断。

第 12 章
扩展习题及其
参考答案

第13章 位 运 算

前面介绍的各种运算都是以字节（byte）为最基本单位进行的，然而，有些系统程序中要在位（bit）一级进行运算处理。这正是 C 语言具有低级语言功能的体现，使得 C 语言也能像机器语言或汇编语言那样用来编写系统级程序。所谓位运算是指进行二进制位的操作。

学习重点和难点：

- 位运算符及其表达式
- 位段
- 位运算举例

学习本章后，读者将学会在位一级操作数据，给数据操作提供更多灵活性与独特性。

13.1 C 语言位运算符

C 语言提供了 6 种位运算符：& 按位与；| 按位或；^ 按位异或；~ 取反；<< 左移；>> 右移。运算规则如表 13-1 所示。

表 13-1 位运算规则

b1	b2	b1&b2	b1|b2	b1^b2	~b1	i1<<i2	i1>>i2
0	0	0	0	0	1	i1 二进制形式左移 i2 位(相当于 $i1*2^{i2}$)	i1 二进制形式右移 i2 位(相当于 $i1*2^{-i2}$)
0	1	0	1	1	1		
1	0	0	1	1	0		
1	1	1	1	0	0		

下面分别具体介绍。

1．按位与运算

按位与运算符"&"是双目运算符，其功能是参与运算的两数各对应的二进位相与。只有对应的两个二进位均为 1 时，结果位才为 1，否则为 0。参与运算的数以补码方式出现。

例如：9&5 可写算式如下：

```
  00001001  (9 的二进制补码)
& 00000101  (5 的二进制补码)
  00000001  (1 的二进制补码)
```

可见 9&5=1。

按位与运算通常用来对某些位清 0 或保留某些位。例如，把 a 的高 8 位清 0，保留低 8 位，可作 a&255 运算(255 的二进制数为 0000000011111111)。

【例 13-1】 与运算举例。

```
int main(void){
    int a=9,b=5,c;
    c=a&b;
    printf("a=%d\nb=%d\nc=%d\n",a,b,c);
}
```

2．按位或运算

按位或运算符“|”是双目运算符，其功能是参与运算的两数各对应的二进位相或。只要对应的两个二进位有一个为 1 时，结果位就为 1。参与运算的两个数均以补码出现。

例如，9|5 可写算式如下：

```
  00001001
| 00000101
----------
  00001101   (十进制为 13)
```

可见 9|5=13。

【例 13-2】 或运算举例。

```
int main(void){
    int a=9,b=5,c;
    c=a|b;
    printf("a=%d\nb=%d\nc=%d\n",a,b,c);
}
```

3．按位异或运算

按位异或运算符“^”是双目运算符，其功能是参与运算的两数各对应的二进位相异或，当两对应的二进位相异时，结果为 1。参与运算数仍以补码出现，例如 9^5 可写成算式如下：

```
  00001001
^ 00000101
----------
  00001100   (十进制为 12)
```

【例 13-3】 按位异或运算举例。

```
int main(void){
    int a=9;
    a=a^5;
    printf("a=%d\n",a);
}
```

4．求反运算

求反运算符～为单目运算符，具有右结合性，其功能是对参与运算的数的各二进位按位求反。

例如，～9 的运算为~(0000000000001001)

结果为 1111111111110110

5．左移运算

左移运算符“<<”是双目运算符，其功能把“<<”左边的运算数的各二进位全部左移若干位，由“<<”右边的数指定移动的位数，高位丢弃，低位补 0。

例如 a<<4 指把 a 的各二进位向左移动 4 位。如 a=00000011(十进制 3)，左移 4 位后为 00110000(十进制 48=3x2^4)。

6．右移运算

右移运算符“>>”是双目运算符，其功能是把“>>”左边的运算数的各二进位全部右移若干位，“>>”右边的数指定移动的位数。例如，a=15，a>>2 表示把 000001111 右移为 00000011（十进制 3=(15x2^{-2})的整数部分）。

应该说明的是，对于有符号数，在右移时，符号位将随同移动。当为正数时，最高位补 0，而为负数时，符号位为 1，最高位是补 0 或是补 1 取决于编译系统的规定。Turbo C 以及很多系统都规定为补 1。

【例 13-4】 右移运算举例。

```
int main(void){
    unsigned a,b;
    printf("input a number: "); scanf("%d",&a);
    b=a>>5;
    b=b&15;
    printf("a=%d\tb=%d\n",a,b);
}
```

【例 13-5】 左移运算举例。

```
int main(void){
    char a='a',b='b';int p,c,d;
    p=a;
    p=(p<<8)|b;
    d=p&0xff;
    c=(p&0xff00)>>8;
    printf("a=%d\nb=%d\nc=%d\nd=%d\n",a,b,c,d);
}
```

13.2 C 语言位域（位段）

有些信息在存储时，并不需要占用一个完整的字节，而只需占几个或一个二进制位。例如，在存放一个开关量时，只有 0 和 1 两种状态，用一位二进位即可。为了节省存储空间，并使处理简便，C 语言又提供了一种数据结构，称为“位域”或“位段”。

所谓“位域”是把一个字节中的二进位划分为几个不同的区域，并说明每个区域的位数。每个域有一个域名，允许在程序中按域名进行操作。这样就可以把几个不同的对象用一个字节的二进制位域来表示。

1．位域的定义和位域变量的说明

位域定义与结构定义相仿，其形式为

struct 位域结构名
{ 位域列表 };

其中，位域列表的形式为

类型说明符 位域名：位域长度

例如：

```
struct bits
{   int a:8;
    int b:2;
    int c:6;
};
```

位域变量的说明与结构变量说明的方式相同。可采用先定义后说明，同时定义说明或者直接说明这 3 种方式。

例如：

```
struct bits
{   int a:8;
    int b:2;
    int c:6;
} data;
```

说明 data 为 bits 变量，共占两个字节。其中，位域 a 占 8 位，位域 b 占 2 位，位域 c 占 6 位。

对于位域的定义尚有以下几点说明。

1）一个位域必须存储在同一个字节中，不能跨两个字节。如一个字节所剩空间不够存放另一位域时，应从下一单元起存放该位域。也可以有意使某位域从下一单元开始。

例如：

```
struct bits
{
    unsigned a:4
    unsigned :0         /*空域*/
    unsigned b:4        /*从下一单元开始存放*/
    unsigned c:4
}
```

在这个位域定义中，a 占第一字节的 4 位，后 4 位填 0 表示不使用，b 从第二字节开始，占用 4 位，c 占用 4 位。

2）由于位域不允许跨两个字节，因此位域的长度不能大于一个字节的长度，也就是说不能超过 8 位二进位。

3）位域可以无位域名，这时它只用来做填充或调整位置。无名的位域是不能使用的。例如：

```
struct k
```

```
    {   int a:1
        int :2          /*该 2 位不能使用*/
        int b:3
        int c:2
    };
```

从以上分析可以看出，位域在本质上就是一种结构类型，不过其成员是按二进位分配的。

2．位域的使用

位域的使用和结构成员的使用相同，其一般形式为

位域变量名·位域名

位域允许用各种格式输出。

【例 13-6】 位域使用举例。

```
int main(void){
    struct bits
    {   unsigned a:1;
        unsigned b:3;
        unsigned c:4;
    } bit,*pbit;
    bit.a=1;
    bit.b=7;
    bit.c=15;
    printf("%d,%d,%d\n",bit.a,bit.b,bit.c);
    pbit=&bit;
    pbit->a=0;
    pbit->b&=3;
    pbit->c|=1;
    printf("%d,%d,%d\n",pbit->a,pbit->b,pbit->c);
}
```

例 13-6 程序中定义了位域结构 bits，3 个位域为 a，b，c。说明了 bits 类型的变量 bit 和指向 bits 类型的指针变量 pbit。这表示位域也是可以使用指针的。程序的 7、8、9 三行分别给 3 个位域赋值（应注意赋值不能超过该位域的允许范围）。程序第 10 行以整型量格式输出 3 个域的内容。第 11 行把位域变量 bit 的地址送给指针变量 pbit。第 12 行用指针方式给位域 a 重新赋值，赋为 0。第 13 行使用了复合的位运算符"&=",该行相当于“pbit->b=pbit->b&3”，位域 b 中原有值为 7，与 3 作按位与运算的结果为 3（111&011=011，十进制值为 3）。同样，程序第 14 行中使用了复合位运算符"|=",相当于“pbit->c=pbit->c|1”，其结果为 15。程序第 15 行用指针方式输出了这 3 个域的值。

13.3 应用实例

【例 13-7】 循环右移 n 位（32 位无符号整数）。

分析：在输入整数 a 与要移位位数 n 后，先将 a 的右端 n 位通过左移 32-n 位而移到 b 中的高 n 位中，左移时右端最低位补 0，语句为“b=a<<(32-n);”；再将 a 右移 n 位，其最高

位补 0，语句为"c=a >>n;"；最后将 b 与 c 按位或运算，即"c=c|b;"来实现循环右移 n 位的功能。

```
#include <stdio.h>
int main(void)
{   unsigned a,b,c;
    int n;
    printf("please enter a & n:\n");
    scanf("a=%o,n=%d",&a,&n);
    b=a<<(32-n);              //要循环左移 n 位，改为：b=a>> (32-n);
    printf("a:%o\nb:%o\n",a,b);
    c=a>>n;                   //要循环左移 n 位，改为：c=a<<n;
    printf("c:%o\n",c);
    c=c|b;
    printf("c|b:%o\n",c);
}
```

运行结果：

```
please enter a & n:
a=157653,n=3
a:157653
b:14000000000
c:15765
c|b:14000015765
```

说明：修改含注释的两行，可实现循环左移 n 位的功能。

【例 13-8】 从一个整数 a 中取出右端 4～7 位。

分析：读取 a 后，先右移 4 位放 b 中，再用 0x000F 与 b 按位与运算即可。

```
int main(void)
{   unsigned a,b,c; int m=5,n=4;
    printf("please enter a:");
    scanf("%o",&a);
    b=a>>(m-1);
    c=b & 0x000f; //或 c=b & ~(~0<<n);
    printf("%o,%d\n%o,%d\n",a,a,c,c);
}
```

运行结果：

```
please enter a:337
337,223
15,13
```

说明：输入 a 的值为八进制数 337，即十进制数 223，其二进制形式为 0000000000000-000000000011011111，经计算最后得到 c 为 00000000000000000000000000001101，即八进制 15，十进制 13。

可以任意指定从右端第 m 位开始取其向左端的 n 位。可以修改 5、6 行语句分别为"b=a>>(m-1); c=b&~(~0<<n);"，m，n 可输入或赋值。

【例 13-9】 通过移位直接将十进制整数转换输出为二进制形式。对于 C 语言来说，一个整数在计算机内就是以二进制的形式存储的，所以没有必要再将一个整数经过一系列的运算转换为二进制形式，只要将整数在内存中的二进制表示输出即可。

分析：利用左移与右移操作，从高到低获取整数在内存中的每个二进制数位并输出。

```
void printbit(int x,int n)
{ if(n>0)
    { putchar('0'+((unsigned)(x&(1<<(n-1)))>>(n-1)));/*输出第 n 位，注意其先左移再右移*/
      printbit(x,n-1); /*递归调用，输出 x 的后 n-1 位*/
    }
}
int main(void)
{ int i,x;printf("Input number:"); scanf("%d",&x);
   printf("The number of decimal form is %d\n",x);printf("It's binary form is ");
   printbit(x,sizeof(int)*8);/*x:整数；sizeof(int):int 型在内存中所占的字节数；sizeof(int)*8:int 型对应的二进制位数*/
   putchar('\n');
}
```

说明：主程序中“**printbit(x,sizeof(int)*8);**”语句改为“for(i=sizeof(int)*8;i>=1;i--) putchar('0'+((unsigned)(x&(1<<(i-1)))>>(i-1)));/*输出第 i 位*/;”，则可不用递归函数调用而直接输出。

13.4 本章小结

位运算是 C 语言的一种特殊运算功能，它是以二进制位为单位进行运算的。位运算符只有逻辑位运算和移位运算两类。位运算符可以与赋值符一起组成复合赋值符，如&=、|=、^=、>>=、<<=等。

利用位运算可以完成汇编语言的某些功能，如置位、位清零、移位等，还可进行数据的压缩存储和并行运算。

位域在本质上也是结构类型，不过它的成员按二进制位分配内存。其定义、说明及使用的方式都与结构体相同。位域提供了一种手段，使得可在高级语言中实现数据的压缩，节省了存储空间，同时也提高了程序的效率。

特别注意：

位运算的结果往往与编译器是 16 位、32 位还是 64 位有关（例如，“printf("%u\n",7|-5);”在不同位数编译器下的结果不同），使用的是多少位的编译器，可以通过输出 sizeof(int)（得到 int 字节数）或 sizeof(int *)（得到指针类型字节数）来判断。

第 13 章
习题参考答案

13.5 习题

一、选择题

1．在位运算中，非零操作数每右移一位，其结果相当于（　　）。

A．操作数乘以 2　　B．操作数除以 2

C．操作数除以 16　　D．操作数乘以 16

2．设机器字长为 16 位，表达式~000011 的八进制数是（　　）。

A．0　　B．1111100　　C．177766　　D．177700

3．表达式 0x13&0x17 的值是（　　）。

A．0x17　　B．0x13　　C．0xf8　　D．0xec

4．执行下面程序段后，B 的值是（　　）。

```
int x=3.5,B; char z='A';   B=((x&15) && (z<'a'));
```

A．0　　B．1　　C．2　　D．3

5．若 $x=(10010111)_2$，则表达式(3+(int)(x)) & (~3)的运算结果是（　　）。

A．10011000　　B．10001100　　C．10101000　　D．10110000

6．若有以下语句“int a=3,b=6,c;c=a^b<<2;”，则变量 C 的二进制值是（　　）。

A．00011011　　B．00010100　　C．00011000　　D．00000110

7．有以下程序：

```
int main(void)
{   int a=5,b=1,t;
    t=(a<<2)|b;
    printf("%d\n",t);
}
```

程序运行后的输出结果是（　　）。

A．21　　B．11　　C．6　　D．1

8．有以下程序段“int r=8; printf("%d\n",r>>1);”，输出结果为（　　）。

A．16　　B．8　　C．4　　D．2

9．变量 a 中的数据用二进制表示的形式是 01011101，变量 b 中的数据用二进制表示是 11110000。现要求将 a 的高 4 位取反，低 4 位不变，所要执行的运算是（　　）。

A．a^b　　B．a|b　　C．a&b　　D．a<<4

10．有以下程序段：

```
#include <stdio.h>
int main(void)
{   int a=2,b=2,c=2;
   printf("%d\n",a/b&c);
}
```

输出结果为（　　）。

A．0　　B．1　　C．2　　D．3

二、阅读程序写出运行结果

1．
```
int main(void)
{ unsigned a,b;
  a=125;
  b=a>>3;
  b=b&15;
  printf("a=%d\tb=%d\n",a,b);
```

2．
```
int main(void)
{   char a='a',b='b';
    int p,c,d;
    p=a;
    p=(p<<8)|b;
    d=p&0xff;
```

```
}
```

```
    c=(p&0xff00)>>8;
    printf("a=%d,b=%d,c=%d,d=%d\n",a,b,c,d);
}
```

三、编程题

1．输入两个整数，分别以十进制与十六进制形式输出两整数及其与运算、或运算、异或运算的值，检验运算的正确性。

2．输入整数，分别以十进制与十六进制形式输出该整数及其求反运算、左移 4 位、右移 4 位后的值，检验运算的正确性。

3．定义一个含两个分别 4 位长度的位域名 bit03，bit47 的位域结构体及其变量，对位域变量的成员分别赋值 0 与 15，并输出。

附　录

附录 A　ASCII 与扩展 ASCII 编码表

一、ASCII 编码表

十进制	Hx	Oct	字符	十进制	Hx	Oct	Html	字符	十	Hx	Oct	Html	字符	Dec	Hx	Oct	Html	字符
0	0	000	NUL (null)	32	20	040		Space	64	40	100	@	@	96	60	140	`	`
1	1	001	SOH☺(start of heading)	33	21	041	!	!	65	41	101	A	A	97	61	141	a	a
2	2	002	STX☻(start of text)	34	22	042	"	"	66	42	102	B	B	98	62	142	b	b
3	3	003	ETX♥(end of text)	35	23	043	#	#	67	43	103	C	C	99	63	143	c	c
4	4	004	EOT♦(end of transmission)	36	24	044	$	$	68	44	104	D	D	100	64	144	d	d
5	5	005	ENQ♣(enquiry)	37	25	045	%	%	69	45	105	E	E	101	65	145	e	e
6	6	006	ACK♠(acknowledge)	38	26	046	&	&	70	46	106	F	F	102	66	146	f	f
7	7	007	BEL•(bell)	39	27	047	'	'	71	47	107	G	G	103	67	147	g	g
8	8	010	BS ◘(backspace)	40	28	050	(	(	72	48	110	H	H	104	68	150	h	h
9	9	011	TAB (horizontal tab)	41	29	051	)	)	73	49	111	I	I	105	69	151	i	i
10	A	012	LF (NL line feed, new line)	42	2A	052	*	*	74	4A	112	J	J	106	6A	152	j	j
11	B	013	VT ♂(vertical tab)	43	2B	053	+	+	75	4B	113	K	K	107	6B	153	k	k
12	C	014	FF ♀(NP form feed, new page)	44	2C	054	,	,	76	4C	114	L	L	108	6C	154	l	l
13	D	015	CR (carriage return)	45	2D	055	-	-	77	4D	115	M	M	109	6D	155	m	m
14	E	016	SO ♫(shift out)	46	2E	056	.	.	78	4E	116	N	N	110	6E	156	n	n
15	F	017	SI ☼(shift in)	47	2F	057	/	/	79	4F	117	O	O	111	6F	157	o	o
16	10	020	DLE►(data link escape)	48	30	060	0	0	80	50	120	P	P	112	70	160	p	p
17	11	021	DC1◄(device control 1)	49	31	061	1	1	81	51	121	Q	Q	113	71	161	q	q
18	12	022	DC2↕(device control 2)	50	32	062	2	2	82	52	122	R	R	114	72	162	r	r
19	13	023	DC3‼(device control 3)	51	33	063	3	3	83	53	123	S	S	115	73	163	s	s
20	14	024	DC4¶(device control 4)	52	34	064	4	4	84	54	124	T	T	116	74	164	t	t
21	15	025	NAK§(negative acknowledge)	53	35	065	5	5	85	55	125	U	U	117	75	165	u	u
22	16	026	SYN▬(synchronous idle)	54	36	066	6	6	86	56	126	V	V	118	76	166	v	v
23	17	027	ETB↨(end of trans. block)	55	37	067	7	7	87	57	127	W	W	119	77	167	w	w
24	18	030	CAN↑(cancel)	56	38	070	8	8	88	58	130	X	X	120	78	170	x	x
25	19	031	EM ↓(end of medium)	57	39	071	9	9	89	59	131	Y	Y	121	79	171	y	y
26	1A	032	SUB→(substitute)	58	3A	072	:	:	90	5A	132	Z	Z	122	7A	172	z	z
27	1B	033	ESC←(escape)	59	3B	073	;	;	91	5B	133	[	[	123	7B	173	{	{
28	1C	034	FS ∟(file separator)	60	3C	074	<	<	92	5C	134	\	\	124	7C	174			|
29	1D	035	GS ↔(group separator)	61	3D	075	=	=	93	5D	135	]	]	125	7D	175	}	}
30	1E	036	RS ▲(record separator)	62	3E	076	>	>	94	5E	136	^	^	126	7E	176	~	~
31	1F	037	US ▼(unit separator)	63	3F	077	?	?	95	5F	137	_	_	127	7F	177		DEL

注：可由“int i;for(i=0;i<128;i++) printf("%c ",i);”输出 128 个 ASCII 码符。

二、扩展 ASCII 编码表

十进制	字符	十进制	字符	十进制	字符	十进制	字符	十进制	字符	十进制	字符	十进制	字符	十进制	字符
128	Ç	144	É	160	á	176	░	192	└	208	╨	224	α	240	≡
129	ü	145	æ	161	í	177	▒	193	┴	209	╤	225	ß	241	±
130	é	146	Æ	162	ó	178	▓	194	┬	210	╥	226	Γ	242	≥
131	â	147	ô	163	ú	179	│	195	├	211	╙	227	π	243	≤
132	ä	148	ö	164	ñ	180	┤	196	─	212	╘	228	Σ	244	⌠
133	à	149	ò	165	Ñ	181	╡	197	┼	213	╒	229	σ	245	⌡
134	å	150	û	166	ª	182	╢	198	╞	214	╓	230	µ	246	÷
135	ç	151	ù	167	º	183	╖	199	╟	215	╫	231	τ	247	≈
136	ê	152	ÿ	168	¿	184	╕	200	╚	216	╪	232	Φ	248	°
137	ë	153	Ö	169	⌐	185	╣	201	╔	217	┘	233	Θ	249	·
138	è	154	Ü	170	¬	186	║	202	╩	218	┌	234	Ω	250	·
139	ï	155	¢	171	½	187	╗	203	╦	219	█	235	δ	251	√
140	î	156	£	172	¼	188	╝	204	╠	220	▄	236	∞	252	ⁿ
141	ì	157	¥	173	¡	189	╜	205	═	221	▌	237	φ	253	²
142	Ä	158	₧	174	«	190	╛	206	╬	222	▐	238	ε	254	■
143	Å	159	ƒ	175	»	191	┐	207	╧	223	▀	239	∩	255	

注：可由“int i;for(i=128;i<256;i++) printf("%c ",i);”输出 128 个扩展 ASCII 码符，输出符不尽相同。

附录 B　C 语言运算符及其优先级

优先级	运算符	含　义	运算符类型	结合方向	运算分类
1 (最高)	() [] -> .	圆括号 下标运算符 指向结构体成员运算符 结构体成员运算符		自左向右	表示符
2	! ~ ++ -- - (类型) * & sizeof()	逻辑非运算符 按位取反运算符 自增运算符 自减运算符 负号运算符 类型转换运算符 指针运算符 地址运算符 长度运算符	单目	自右向左	单目类
3	* / %	乘法运算符 除法运算符 求余运算符	双目	自左向右	算术运算符
4	+ -	加法运算符 减法运算符	双目	自左向右	
5	<< >>	左移运算符 右移运算符	双目	自左向右	位操作(1)
6	<、<=、>、>=	关系运算符	双目	自左向右	关系 运算符
7	== !=	等于运算符 不等于运算符	双目	自左向右	
8	&	按位与运算符	双目	自左向右	位操作(2)
9	^	按位异或运算符	双目	自左向右	
10	|	按位或运算符	双目	自左向右	
11	&&	逻辑与运算符	双目	自左向右	逻辑 运算符
12	||	逻辑或运算符	双目	自左向右	
13	?:	条件运算符	三目	自右向左	条件运算符
14	=、+=、-=、*=、 /=、%=、>>=、 <<=、 &=、^=、|=	赋值运算符 （复合赋值运算法）	双目	自右向左	赋值运算符
15(最低)	,	逗号运算符	双目	自左向右	逗号运算符

说明：（1）同一优先级的运算符，运算次序由结合方向决定。

（2）通过加括号，能改变或调节运算顺序。

附录C　C语言关键字大全

附录C
C语言关键字
大全

附录D　C语言程序常见错误汇编

附录D
C语言编程时
常见错误汇编

附录E　VC++ 2010程序调试常见错误信息

附录E
VC++6.0&2010
程序调试常见
错误信息

附录F　C语言库函数

附录F
C语言库常用
函数

附录G　C语言试卷

附录G-1
C语言等级考试
试卷及其参考答
案（全国）

附录G-2
C语言期末考试
试卷及其参考答
案（本校）

参 考 文 献

[1] 谭浩强．C 程序设计[M]．3 版．北京：清华大学出版社，2010.
[2] 吉顺如．C 程序设计教程与实验[M]．北京：清华大学出版社，2011.
[3] 邹修明，马国光．C 语言程序设计[M]．北京：中国计划出版社，2007.
[4] 明日科技．C 语言常用算法分析[M]．北京：清华大学出版社，2012.
[5] 钱雪忠，宋威，钱恒．Python 语言实用教程[M]．北京：机械工业出版社，2018.
[6] 钱雪忠，周黎，钱瑛，等．新编 Visual Basic 程序设计实用教程[M]．北京：机械工业出版社，2004.
[7] 钱雪忠，周黎，钱瑛，等．新编 Visual Basic 程序设计教程[M]．北京：机械工业出版社，2007.
[8] 钱雪忠，吕莹楠，高婷婷，等．新编 C 语言程序设计教程[M]．北京：机械工业出版社，2013.
[9] 杨有安，曹慧雅，陈维，等．C 语言程序设计实践教程[M]．北京：人民邮电出版社，2012.
[10] 常东超，高文来，刘波平，等．C 语言程序设计习题精选与实验指导[M]．3 版．北京：清华大学出版社，2015.
[11] 颜晖，张泳．C 语言程序设计实验与习题指导[M]．北京：高等教育出版社，2010.
[12] 张磊，冯伟昌，黄忠义．C 语言程序设计（第 4 版）实验指导与习题解答[M]．北京：清华大学出版社，2018.
[13] 赵建辉，李国和，张秀美．C 语言学习辅导与实践[M]．北京：电子工业出版社，2018.
[14] 希里什・查万．C 编程技巧-117 个问题解决方案示例[M]．卢涛，译．北京：机械工业出版社，2019.